计算机应用基础

实验实训指导

主　编◎龚义建　卢云霞　姚　远

副主编◎李　勤　邹　静　黄玉兰　叶　佩

華中科技大學出版社
http://www.hustp.com
中国·武汉

图书在版编目(CIP)数据

计算机应用基础实验实训指导/龚义建，卢云霞，姚远主编. —武汉：华中科技大学出版社，2021.9（2024.7重印）
ISBN 978-7-5680-7506-0

Ⅰ.①计… Ⅱ.①龚… ②卢… ③姚… Ⅲ.①电子计算机-高等学校-教学参考资料 Ⅳ.①TP3

中国版本图书馆 CIP 数据核字(2021)第 171792 号

计算机应用基础实验实训指导 龚义建 卢云霞 姚 远 主编

Jisuanji Yingyong Jichu Shiyan Shixun Zhidao

策划编辑：聂亚文
责任编辑：段亚萍
封面设计：孢 子
责任监印：朱 玢
出版发行：华中科技大学出版社(中国·武汉) 电话：(027)81321913
武汉市东湖新技术开发区华工科技园 邮编：430223
录 排：武汉创易图文工作室
印 刷：武汉市首壹印务有限公司
开 本：787mm×1092mm 1/16
印 张：11.25
字 数：295 千字
版 次：2024 年 7月第 1 版第 5 次印刷
定 价：30.00 元

前言

PREFACE

当前，计算机的应用已经渗透到人们生活的各个领域，正在迅速地改变着人们的工作、学习和生活方式，熟练操作计算机、掌握计算机的应用技术已经成为当代大学生必须具备的基本技能。在高校，计算机教育直接影响到教育系统本身，其促进了计算机文化的普及和计算机应用技术的推广，也直接关系到学生的知识结构的优化、技能水平的提高。计算机已经成为信息社会不可缺少的工具，利用计算机进行信息处理的能力已经成为衡量大学生能力素质与文化修养的重要标志。

随着计算机硬件和软件技术的飞速发展，计算机应用基础课程的教学内容和教学方式已发生了很大的变化。本书结合目前计算机及信息技术的发展概况，以及全国计算机等级考试一级 MS Office、二级 MS Office 考试大纲(2020 年版)、全国计算机技术与软件专业技术资格(水平)考试——信息处理技术员考试大纲(2020 年版)编写。

本书特点：

(1)整体框架采用项目教学方式进行编写。

采用以任务为驱动的项目教学方式，将每个实验项目分解为多个子项目，每个子项目中的实验内容包括任务描述、任务目标、任务实施、实验练习等几个部分。

(2)案例丰富、关联性强且切合实际运用。

在每个子项目的任务中都包含一个或多个针对性、实用性强且关联性很强的实例，将知识点融入案例中，从而让学生在完成任务的过程中轻松掌握相关知识。此外，在每个子项目的后面还给出了多个综合性很强的实验练习题，让学生在加强有针对性练习的基础上，达到学以致用的目的。

(3)精心设置的实验课程内容。

根据大多数学校关于计算机应用基础教学的课时安排，精心设置了实验课程内容，主要内容包括三大部分：信息处理应用技术实验项目、信息处理技术综合实训项目、信息处理基础知识纲要和试题训练。其中信息处理应用技术实验项目包含了 Windows 操作系统、文字处理软件(Word)、电子表格处理(Excel)、演示文稿处理(PowerPoint)四个子项目；信息处理技术综合实训项目包含了五个关于 Word、Excel、PowerPoint 知识应用的综合实训项目；信息处理基础知识纲要和试题训练收集整理了近年来全国计算机技术与软件专业技术资格(水平)考试信息处理技术员的考试内容纲要以及信息处理基础知识的试题库，提供给广大师生作为课余时间练习使用。

书中项目使用的相关素材，读者可发送邮件至 1129112545@qq.com 索取。

本书由作者院校“计算机应用基础教学改革示范”课程组经过多年的研究，结合教学实践编写而成，以不断积累、改进和完善教学。本书适应技术发展，更新教学内容和考核方式，优化教材结构，以更好地满足培养应用型人才的教学需要。

本书的作者都是在一线教学多年并具有开发和授课经验的大学教师，参加本书编写与审稿工作的有龚义建、卢云霞、姚远、李勤、邹静、黄玉兰、叶佩等。在本书的编辑和出版过程中，华中科技大学出版社付出了辛勤的劳动并给予了多方面的支持和指导，在此表示衷心的感谢！

由于编者水平有限，书中难免有不妥和错误之处，敬请读者批评指正。

编者

2021 年 7 月

目录

CONTENTS

第1部分　信息处理应用技术实验项目

第2部分　信息处理技术综合实训项目

第1部分

信息处理应用技术实验项目

第1节 Windows 操作系统

实验项目1 Windows 7 的系统设置

【实验目的】

➢理解操作系统的基本概念和 Windows 7 的新特性。

➢掌握对 Windows 7 控制面板的设置。

【实验技术要点】

(1)设置桌面背景。

(2)设置屏幕保护。

(3)设置任务栏。

(4)设置系统日期和时间。

(5)用户管理。

【实验内容】

一、任务描述

(1)桌面背景选用一幅你喜欢的自然风景图片,并选用拉伸方式覆盖整个桌面,换片时间为 30 分钟。

(2)设置屏幕保护,要求选择并插入一组图片,等待时间设置为 5 分钟,幻灯片放映速度为中速。

(3)改变任务栏的位置,将任务栏设置为自动隐藏。

(4)以北京标准时间为准设置系统日期和时间。

(5)创建用户名为 Student 的账户并为该账户设置 8 位密码。

二、任务实施

(1)桌面背景选用一幅你喜欢的自然风景图片,并选用拉伸方式覆盖整个桌面,换片时间为 30 分钟。

①选择【开始】选项卡,单击【控制面板】命令打开【控制面板】窗口,如图 1.1 所示。

②在控制面板的【外观和个性化】栏目下,单击【更改桌面背景】链接,或在桌面空白处右击,在弹出的快捷菜单中选择【个性化】选项,在打开的【个性化】窗口的下方单击【桌面背景】链接,打开【桌面背景】窗口,如图 1.2 所示。

③单击【浏览】按钮,在打开的【浏览文件夹】对话框中找到目标文件夹,如图 1.3 所示。单击【确定】按钮,又返回到【桌面背景】窗口,如图 1.4 所示。

④在【图片位置】下拉列表框中选择【拉伸】选项,单击【全选】按钮,并将“更改图片时间间隔”调整为 30 分钟,然后单击【保存修改】按钮,如图 1.4 所示。再关闭【控制面板】窗口即

可完成桌面背景的设置。

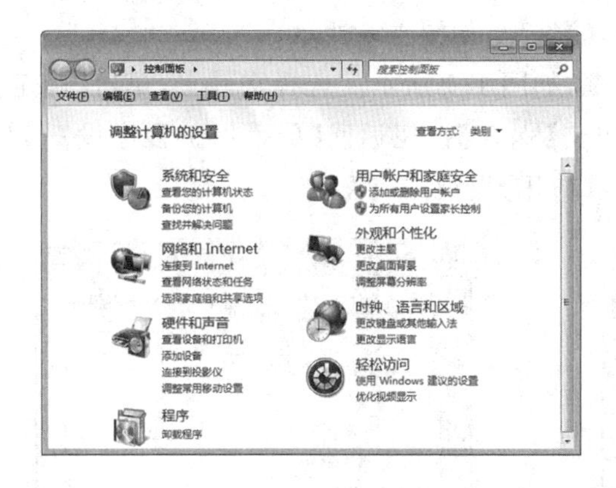

图 1.1 【控制面板】窗口

图 1.2 【桌面背景】窗口一

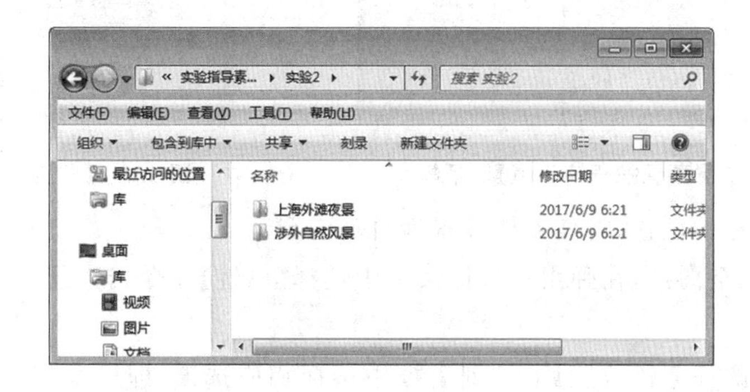

图 1.3 【浏览文件夹】对话框

(2)设置屏幕保护,要求选择并插入一组图片,等待时间设置为 5 分钟,幻灯片放映速度为中速。

①在打开的【个性化】窗口的右下角,单击【屏幕保护程序】链接打开【屏幕保护程序设置】对话框。在【屏幕保护程序】下拉列表框中选择【照片】选项,等待时间调为 5 分钟,如图 1.5 所示。

图 1.4 【桌面背景】窗口二

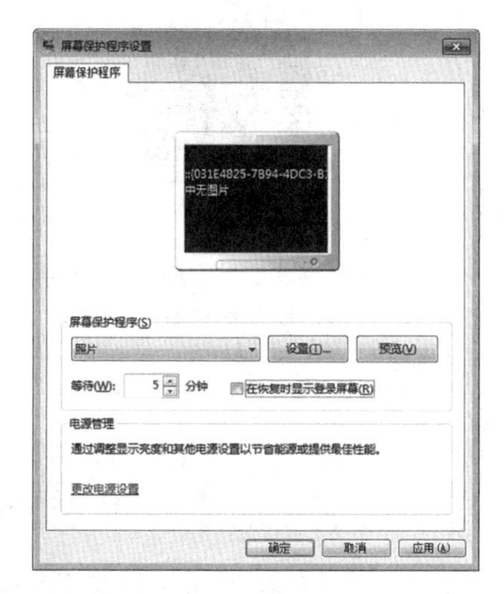

图 1.5 【屏幕保护程序设置】对话框一

②在【屏幕保护程序设置】对话框中单击【设置】按钮打开【照片屏幕保护程序设置】对话框，在【幻灯片放映速度】下拉列表框中选择【中速】选项，如图 1.6 所示。

③单击【浏览】按钮打开【浏览文件夹】对话框，如图 1.7 所示。选择文件夹，单击【确定】按钮返回【照片屏幕保护程序设置】对话框，再单击【保存】按钮返回【屏幕保护程序设置】对话框，如图 1.8 所示。最后再单击【确定】按钮或【应用】按钮完成设置。

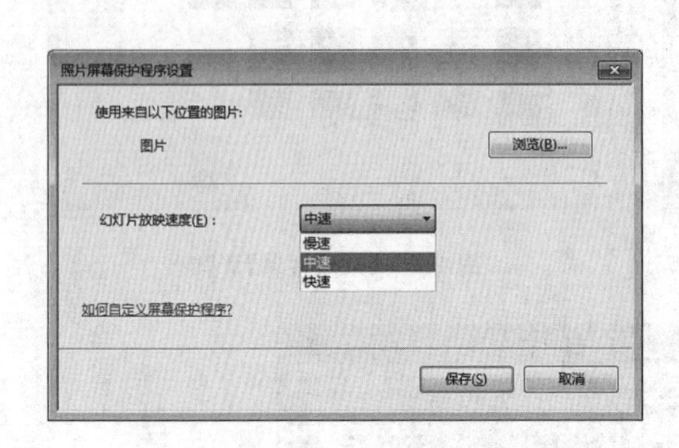

图 1.6 【照片屏幕保护程序设置】对话框

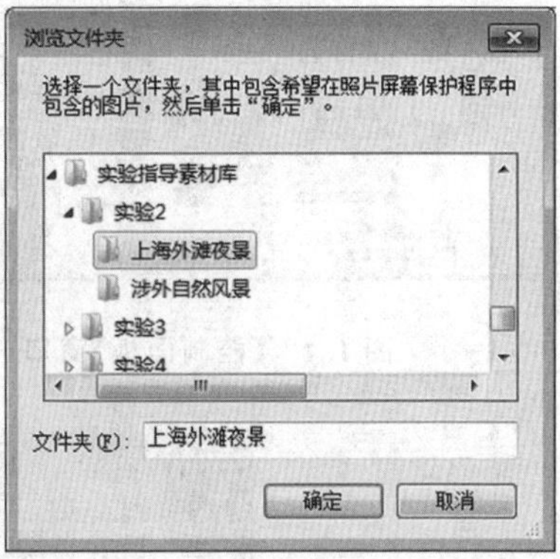

图 1.7 【浏览文件夹】对话框

(3)改变任务栏的位置，将任务栏设置为自动隐藏。

①右击任务栏空白处，在弹出的快捷菜单中选择【属性】命令，打开【任务栏】菜单“属性”对话框。

②在【屏幕上的任务栏位置】下拉列表框中选择相应选项，即可改变任务栏在屏幕上的位置。

③单击选中【任务栏外观】栏中的【自动隐藏任务栏】复选框，即可将任务栏设置为自动隐藏，如图 1.9 所示。

说明：以上两项设置只有在单击【确定】按钮后才生效。

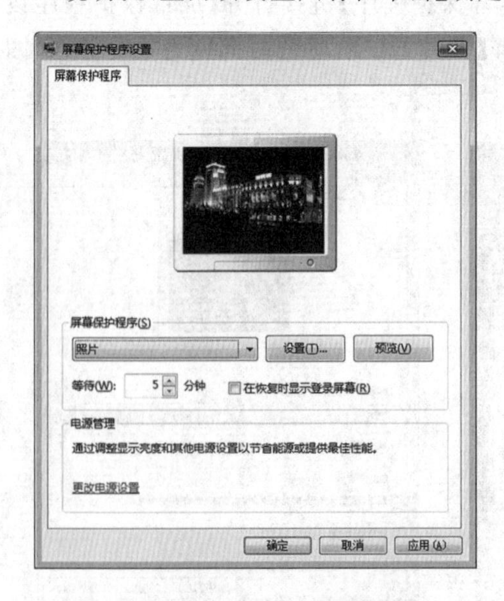

图 1.8 【屏幕保护程序设置】对话框二

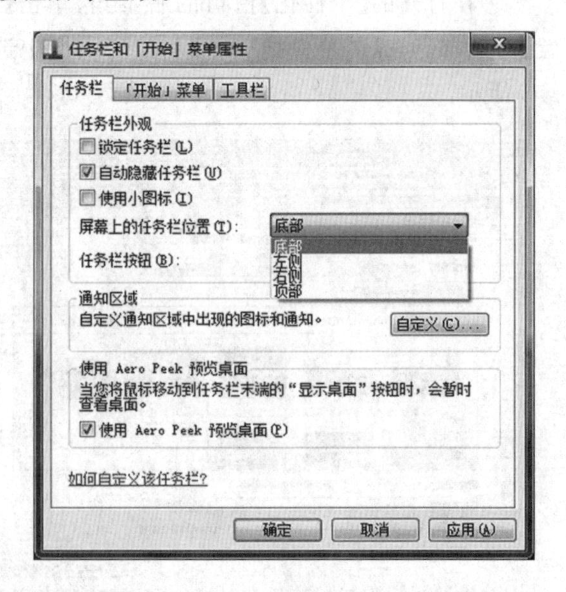

图 1.9 【任务栏】菜单属性对话框

(4)以北京标准时间为准设置系统日期和时间。

①单击任务栏右下角的【日期和时间】图标打开如图 1.10 所示的日期和时间信息提示区。

②单击【更改日期和时间设置】链接打开【日期和时间】对话框,如图 1.11 所示。

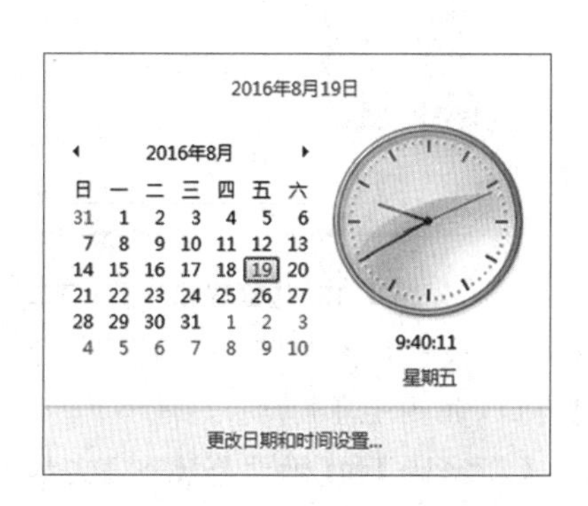

图 1.10　日期和时间信息提示区

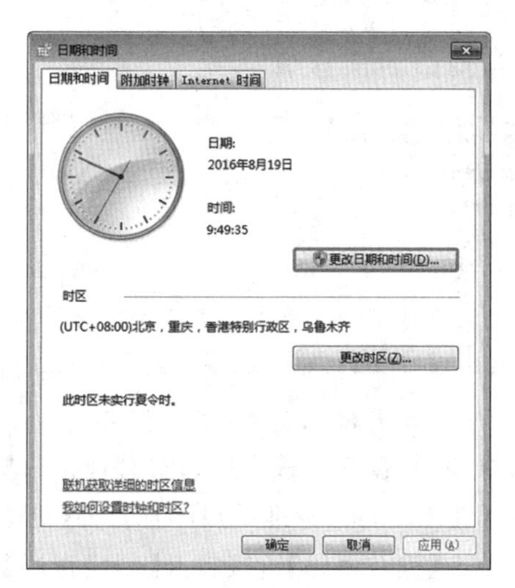

图 1.11　【日期和时间】对话框

③单击【更改日期和时间】按钮打开【日期和时间设置】对话框,单击【日期】框上端左右箭头可调整月份值,单击【日期】框中的数字可选择该月份的日期值,在时钟下的数字框中可修改小时数、分钟数和秒数,如图 1.12 所示。

④单击【确定】按钮返回【日期和时间】对话框,再单击【确定】按钮完成日期和时间的设置。

(5)创建用户名为 Student 的账户并为该账户设置 8 位密码。

①选择选项卡【开始】,单击【控制面板】选项打开【控制面板】窗口,在【用户帐户和家庭安全】栏目下单击【添加或删除用户帐户】链接,打开【管理帐户】窗口,如图 1.13 所示。

②单击【创建一个新帐户】链接打开【创建新帐户】窗口,如图 1.14 所示。

图 1.12　【日期和时间设置】对话框

图 1.13　【管理帐户】窗口一

③在【新帐户名】文本框中输入新账户名“Student”并选择【标准用户】,然后单击【创建帐户】按钮返回到【管理帐户】窗口,如图 1.15 所示。

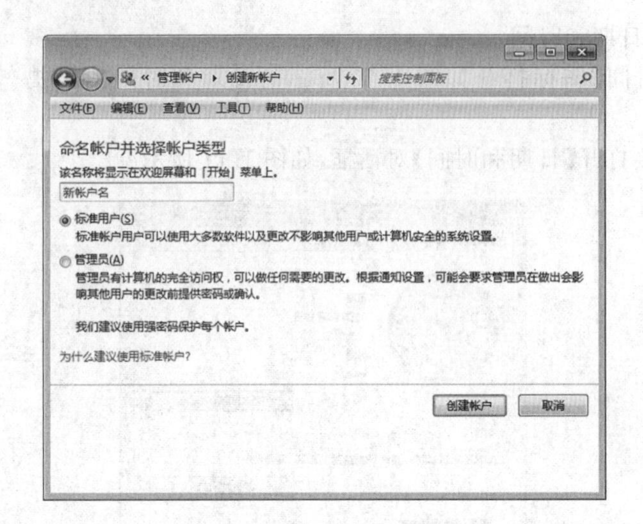

图 1.14 【创建新帐户】窗口

图 1.15 【管理帐户】窗口二

分析说明：创建新账户后，在【管理帐户】窗口新增加了一个名为“Student”的标准用户。

④单击 Student 标准用户图标打开【更改帐户】窗口，如图 1.16 所示。

⑤单击【创建密码】链接打开【创建密码】窗口，在【新密码】和【确认新密码】文本框中均输入相同的 8 位密码，例如“67613862”，然后单击【创建密码】按钮，如图 1.17 所示。最后关闭所有打开的窗口完成设置。

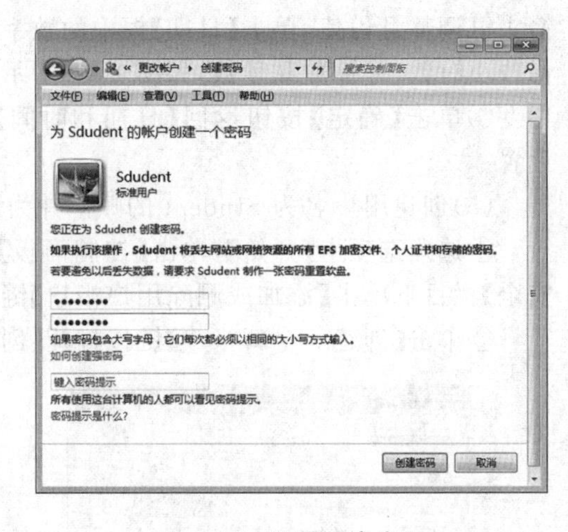

图 1.16 打开【更改帐户】窗口

图 1.17 设置账户密码

【实验练习】

(1)选择一幅人物图片作为计算机桌面背景，调整屏幕保护程序等待时间为 2 分钟。

(2)设置任务栏属性为锁定任务栏。

(3)设置屏幕上任务栏位置为底部，任务栏外观使用小图标。

实验项目 2 Windows 7 的系统维护

【实验目的】

➢理解操作系统的基本概念和 Windows 7 的新特性。

➢掌握常用的系统维护方法。

【实验技术要点】

(1)优盘的安全使用:①优盘的扫描检查;②优盘的安全退出。

(2)磁盘清理。

(3)磁盘信息浏览。

(4)设备管理信息查询。

【实验内容】

一、任务描述

(1)扫描检查优盘并安全退出。

(2)通过运行磁盘清理程序,清空回收站,删除临时文件和不再使用的文件,卸载不再使用的软件等,以达到回收磁盘存储空间的目的。

(3)浏览并记录当前计算机系统中磁盘的分区信息,将其填入如图 1.18 所示的表格中。

存储器		盘符	文件系统类型	空闲空间
磁盘 0	主分区			
	扩展分区			
DVD/CD-ROM				

图 1.18　磁盘信息分区表

(4)进入设备管理界面,填写下列信息:计算机的型号________;处理器的型号________;显示适配器的型号________;磁盘驱动器的型号________;网络适配器的型号________;DVD/CD-ROM 驱动器的型号________。

二、任务实施

(1)扫描检查优盘并安全退出。

①优盘使用前必须进行扫描检查,操作步骤如下。

a. 当把优盘插入计算机主机中的 USB 接口时,在桌面和任务栏中都可看到优盘的图标或优盘的信息提示框,如图 1.19 所示。

图 1.19　优盘的信息提示框

b. 单击【查杀】按钮,或在计算机中右击优盘图标,在弹出的快捷菜单中,如选择【使用 360 杀毒扫描】,系统便对优盘进行扫描检查,弹出【360 安全卫士】窗口,如图 1.20 所示。中间的长条区显示扫描进度。

c. 根据扫描结果决定是否需要处理。如图 1.21 所示为扫描结果的信息显示,由于无病毒,因此不需要查杀。

d. 单击【返回】按钮,再单击右上角的【关闭】按钮关闭窗口即可。

②优盘使用完后安全拔出。优盘使用完后不能随意拔出,否则会损坏数据。安全拔出优盘的步骤如下。

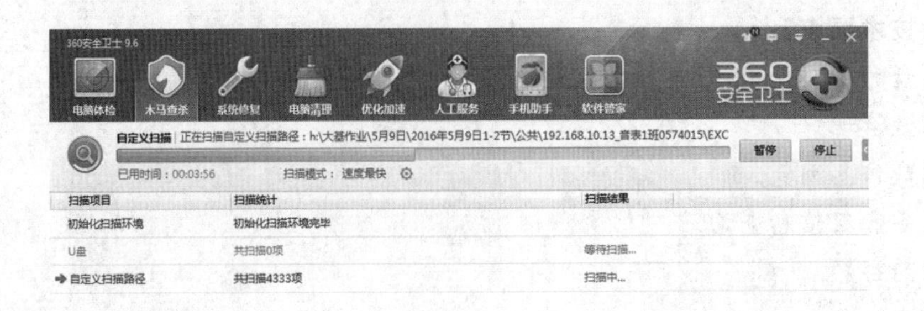

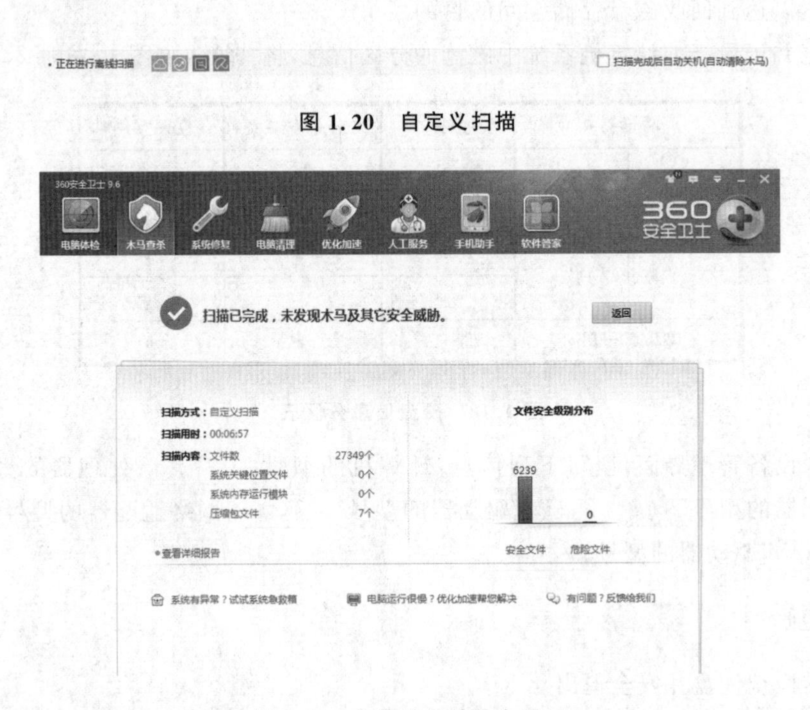

图 1.20 自定义扫描

图 1.21 扫描结果的信息显示

a. 单击任务栏信息提示区的优盘图标，立即弹出【360 U盘保镖】提示框，如图 1.22 所示。

b. 单击【安全弹出】选项，如图 1.23 所示，立即弹出【U盘已安全拔出】提示信息，如图 1.24 所示。

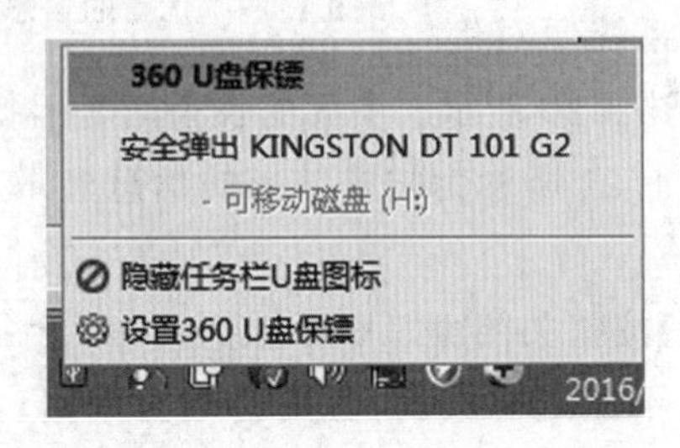

图 1.22 弹出信息提示框

图 1.23 选择【安全弹出】选项

c. 拔出优盘。

(2)通过运行磁盘清理程序,清空回收站,删除临时文件和不再使用的文件,卸载不再使用的软件等,以达到回收磁盘存储空间的目的。

①选择【开始】,单击【程序】按钮,再单击【附件】,选择【系统工具】,单击【磁盘清理】选项,打开【磁盘清理:驱动器选择】对话框,如图 1.25 所示。

②如采用默认选择,即选择 C 盘,单击【确定】按钮,弹出如图 1.26 所示的对话框。

图 1.24 【U 盘已安全拔出】提示

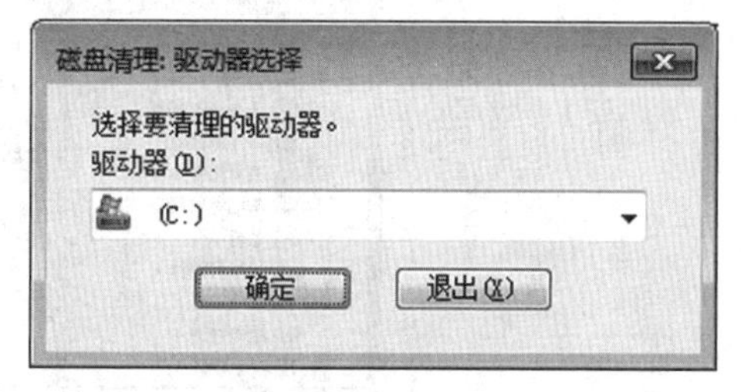

图 1.25 【磁盘清理:驱动器选择】对话框

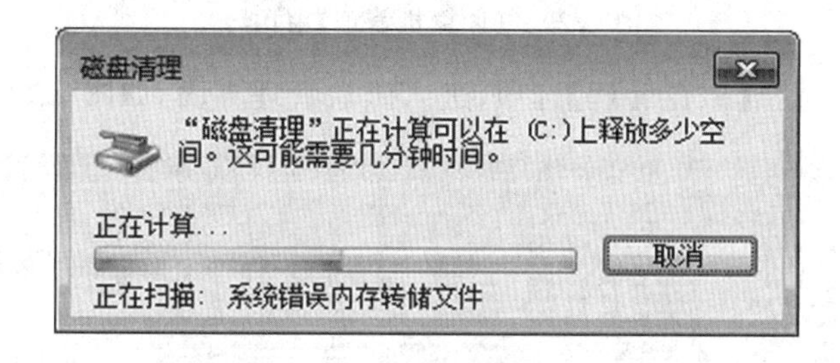

图 1.26 显示计算释放存储空间的进度

该对话框显示正在计算 C 盘可以释放多少存储空间的进度。进度结束后显示如图 1.27 所示信息。该信息显示通过磁盘清理可释放 149 MB 磁盘空间。

③在【要删除的文件】列表框中选择需要删除的临时文件,单击【确定】按钮打开【磁盘清理】对话框,如图 1.28 所示。

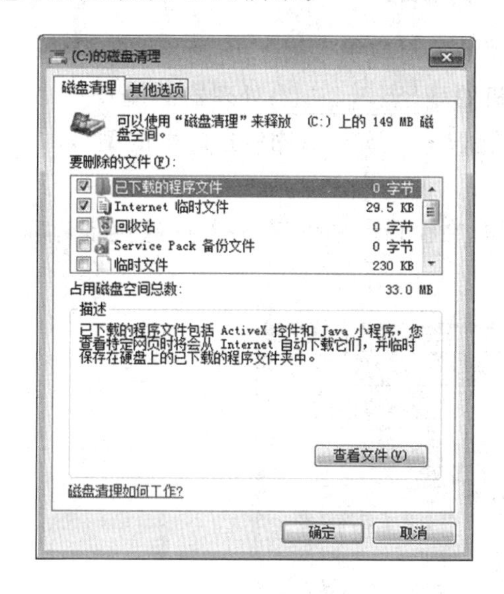

图 1.27 显示 C 盘需要清理的文件

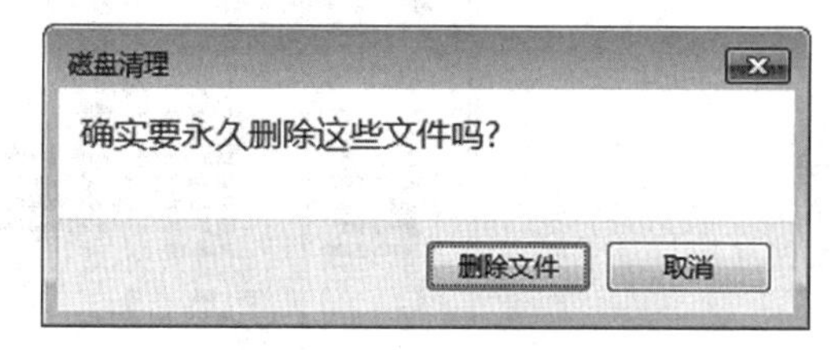

图 1.28 【磁盘清理】对话框

④单击【删除文件】按钮，完成磁盘清理。

(3)浏览并记录当前计算机系统中磁盘的分区信息，将其填入如图 1.18 所示的表格中。

①右击【计算机】图标，从弹出的快捷菜单中选择【管理】命令，打开【计算机管理】窗口，如图 1.29 所示。

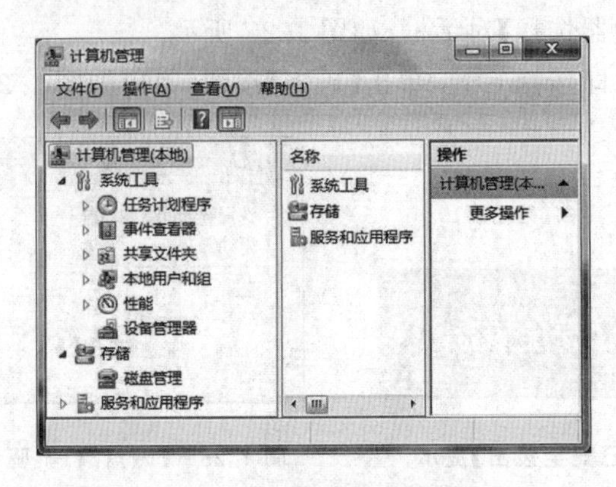

图 1.29 【计算机管理】窗口一

②在左侧窗格中选择【磁盘管理】选项，进入磁盘管理界面，如图 1.30 所示。

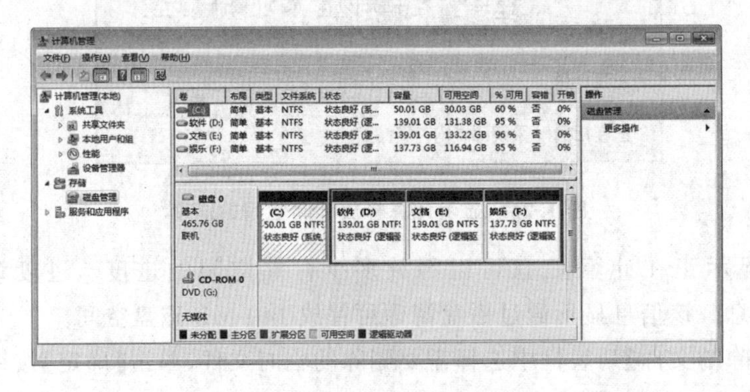

图 1.30 【计算机管理】窗口二

③将图 1.30 中间窗格所显示的磁盘分区相关信息对应填入图 1.18 所示的表格中。

(4)进入设备管理界面，填写下列信息：计算机的型号________；处理器的型号____________；显示适配器的型号________；磁盘驱动器的型号________；网络适配器的型号____________；DVD/CD-ROM 驱动器的型号______。

①右击桌面的【计算机】图标，选择【管理】按钮，在窗口的左侧窗格中选择【设备管理器】选项，进入设备管理界面，如图 1.31 所示。

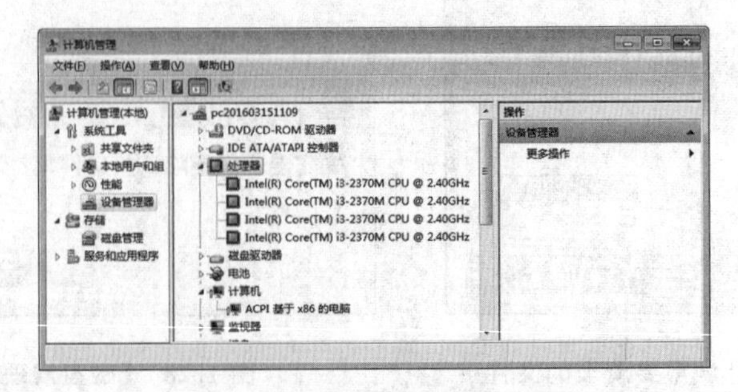

图 1.31 【计算机管理】窗口三

②在中间窗格中选择某选项，即可查看相应设备的型号。

【实验练习】

(1)拷贝桌面任一文档到U盘，再安全拔出U盘。

(2)格式化D盘。

(3)将网页的浏览记录删除。

(4)查询计算机的型号和显示适配器的型号。

实验项目3 Windows 7的文件管理

【实验目的】

➢理解操作系统的基本概念和Windows 7的新特性。

➢掌握Windows 7的文件与文件夹的常规操作。

➢掌握文件与文件夹的搜索方法。

➢掌握回收站的设置与使用。

【实验技术要点】

(1)文件与文件夹的常规操作。

(2)文件和文件夹的搜索。

(3)回收站的设置与使用。

【实验内容】

一、任务描述

1.文件与文件夹的常规操作

(1)在D盘根目录下建立两个一级文件夹“Jsj1”和“Jsj2”，再在Jsj1文件夹下建立两个二级文件夹“mmm”和“nnn”。

(2)在Jsj2文件夹中新建4个文件，分别为“wj1.txt”“wj2.txt”“wj3.txt”“wj4.txt”。

(3)将上题建立的四个文件复制到Jsj1文件夹中。

(4)将Jsj1文件夹中的wj2.txt和wj3.txt文件移动到nnn文件夹中。

(5)删除Jsj1文件夹中的wj4.txt文件到回收站中，然后再将其恢复。

(6)在Jsj2文件夹中建立【记事本】的快捷方式。

(7)将mmm文件夹的属性设置为隐藏。

(8)设置显示或不显示隐藏的文件和文件夹。观察前后文件夹mmm的变化。

(9)设置系统显示或不显示文件类型的后缀名(扩展名)，观察Jsj2文件夹中各文件名称的变化。

2.文件和文件夹的搜索

(1)查找D盘上所有扩展名为.txt的文件。

(2)查找C盘上文件名中第二个字符为a、第四个字符为b、扩展名为jpg的文件，并将搜索结果以文件名“JPG文件.Search.ms”保存在【我的文档】文件夹中。

(3)查找D盘上上星期修改过的所有*.jpg文件，如果查找到，将它们复制到C:\JSJ12\ABC1中。

(4)查找计算机上所有大于 128 MB 的文件。

3. 回收站的设置与使用

(1)设置各个磁盘驱动器的回收站容量:C 盘回收站的最大存储空间为该盘容量的 10%,其余磁盘的回收站最大存储空间为该盘容量的 8%。

(2)在桌面上分别建立【Windows 资源管理器】快捷方式和【记事本】快捷方式。

(3)在桌面上建立文件名为“Mytest. txt”的文本文件。

(4)删除桌面上已经建立的【Windows 资源管理器】快捷方式和【记事本】快捷方式。

(5)恢复刚删除的【Windows 资源管理器】快捷方式和【记事本】快捷方式。

(6)永久删除桌面上已经建立的 Mytest. txt 文件对象,使之不可恢复。

二、任务实施

(1)在 D 盘根目录下建立两个一级文件夹“Jsj1”和“Jsj2”,再在 Jsj1 文件夹下建立两个二级文件夹“mmm”和“nnn”。

①进入 D 盘根目录下,单击【文件】|【新建】按钮,单击【文件夹】命令;或右击空白处,在弹出的快捷菜单中选择【新建】|【文件夹】命令,即可生成新的文件夹。

②新文件夹的名字呈现蓝色可编辑状态,编辑名称为任务指定的名称 Jsj1。

③用同样方法在 D 盘根目录下建立 Jsj2 文件夹。

④进入 Jsj1 文件夹,用同样方法建立两个二级文件夹 mmm 和 nnn。

(2)在 Jsj2 文件夹中新建 4 个文件,分别为“wj1. txt”“wj2. txt”“wj3. txt”“wj4. txt”。

①进入 Jsj2 文件夹,单击【文件】,选择【新建】按钮,单击【文本文档】命令;或右击空白处,在弹出的快捷菜单中选择【新建】,单击【文本文档】命令,即可生成新的文件。

②新文件的名字呈现蓝色可编辑状态,编辑名称为任务指定的名称 wj1. txt。

③用同样方法在 Jsj2 文件夹中建立 wj2. txt、wj3. txt、wj4. txt。

(3)将上题建立的四个文件复制到 Jsj1 文件夹中。

①进入 Jsj2 文件夹,按快捷键【Ctrl+A】,或单击【编辑】,选择【全选】命令。

②右击被选中对象,在弹出的快捷菜单中选择【复制】命令;或单击【编辑】,选择【复制】命令。

③找到 D 盘,双击 Jsj1 图标再次进入 Jsj1 文件夹。

④单击【编辑】,选择【粘贴】命令,或右击空白处,在弹出的快捷菜单中选择【粘贴】命令。

(4)将 Jsj1 文件夹中的 wj2. txt 和 wj3. txt 文件移动到 nnn 文件夹中。

①进入 Jsj1 文件夹,单击选中 wj2. txt 文件,按住【Ctrl】键的同时单击选中 wj3. txt。

②单击【编辑】|【剪切】命令,或右击被选中对象,在弹出的快捷菜单中选择【剪切】命令。

③进入 nnn 文件夹,单击【编辑】|【粘贴】命令,或右击空白处,在弹出的快捷菜单中选择【粘贴】命令。

(5)删除 Jsj1 文件夹中的 wj4. txt 文件到回收站中,然后再将其恢复。

①进入 Jsj1 文件夹,单击选中 wj4. txt 文件,按【Delete】键,或单击【文件】,选择【删除】命令,或右击 wj4. txt 文件,在弹出的快捷菜单中选择【删除】命令,弹出【删除文件】对话框,单击【是】按钮,即将 wj4. txt 文件移动到了回收站。

②进入回收站,选中 wj4. txt 文件,单击【还原此项目】按钮,或选择【文件】,单击【还原】

命令，或右击 wj4. txt 文件，在弹出的快捷菜单中选择【还原】命令，wj4. txt 文件又恢复到了 Jsj1 文件夹中。

(6)在 Jsj2 文件夹中建立【记事本】的快捷方式。

单击【开始】，选择【所有文件】命令，单击【附件】菜单，单击选中【记事本】图标，并将其拖移到 Jsj2 文件夹窗口，则【记事本】的快捷方式创建成功。

(7)将 mmm 文件夹的属性设置为隐藏。

①进入 Jsj1 文件夹，选中 mmm 文件夹，单击【文件】|【属性】命令，或右击 mmm 文件夹，在弹出的快捷菜单中选择【属性】命令，弹出【mmm 属性】对话框，如图 1.32 所示。

②在【属性】栏，单击勾选【隐藏】复选框。

③单击【确定】按钮。(此时，mmm 文件夹的颜色由深黄色变为浅黄色)

(8)设置显示或不显示隐藏的文件和文件夹。观察前后文件夹 mmm 的变化。

①进入 Jsj1 文件夹，单击【组织】，选择【文件夹和搜索选项】命令，或选择【工具】|【文件夹选项】命令，打开【文件夹选项】对话框。

②切换至【查看】选项卡，拖动【高级设置】框旁边的滚动条可浏览并设置各条目。在【隐藏文件和文件夹】条目中有两个单选按钮，如图 1.33 所示。如选择【不显示隐藏的文件、文件夹或驱动器】，则设置为"隐藏"属性的文件或文件夹将不显示；如选择【显示隐藏的文件、文件夹和驱动器】，则设置为"隐藏"属性的文件或文件夹将仍旧显示。

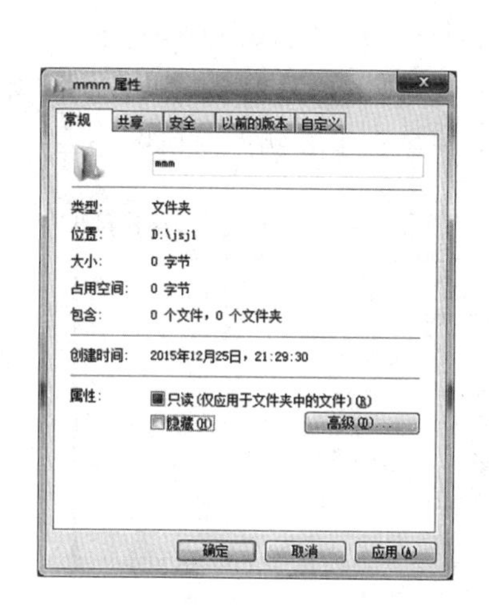

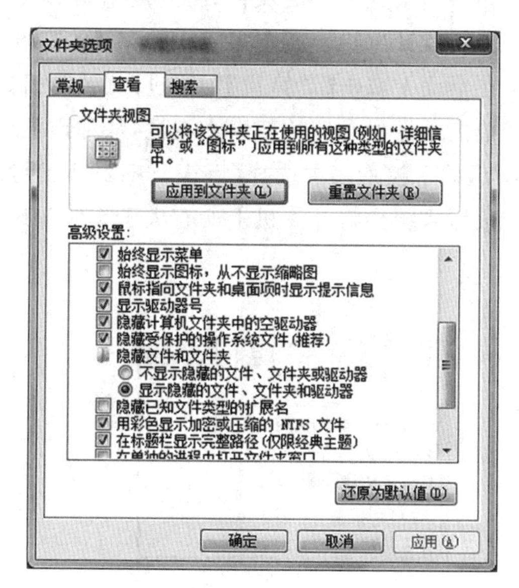

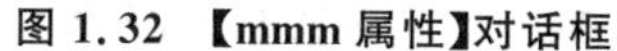

图 1.32 【mmm 属性】对话框

图 1.33 【文件夹选项】对话框

(9)设置系统显示或不显示文件类型的后缀名(扩展名)，观察 Jsj2 文件夹中各文件名称的变化。

①进入 Jsj2 文件夹，单击【组织】|【文件夹和搜索选项】命令，或选择【工具】|【文件夹选项】命令，打开【文件夹选项】对话框。

②切换至【查看】选项卡，拖动【高级设置】框旁边的滚动条可浏览并设置各条目。勾选【隐藏已知文件类型的扩展名】复选框，则文件扩展名隐藏；取消勾选【隐藏已知文件类型的扩展名】复选框，则文件扩展名显示。

(10)查找 D 盘上所有扩展名为. txt 的文件。

①选择进入D盘。

②在地址栏右侧文本框中输入"＊.txt"后按【Enter】键，系统便立即开始搜索，并将搜索结果按不同文件名和路径显示在右侧的窗格中。

提示：在搜索时，可使用通配符"?"和"＊"，"?"表示任意一个字符，"＊"表示任意一个字符串。

(11)查找C盘上文件名中第二个字符为a、第四个字符为b、扩展名为jpg的文件，并将搜索结果以文件名"JPG文件.Search.ms"保存在【我的文档】文件夹中。

①进入C盘，在地址栏右侧的搜索文本框中输入"? a? b＊.jpg"后按【Enter】键，系统便开始搜索。

②搜索结束后，单击【保存搜索】按钮，弹出【另存为】对话框，在地址栏中选择【我的文档】路径，在【文件名】文本框中键入"JPG文件"，在【保存类型】下拉列表中选择【保存的搜索结果(＊.Search.ms)】选项。

(12)查找D盘上上星期修改过的所有＊.jpg文件，如果查找到，将它们复制到C:\JSJ12\ABC1中。

①进入D盘，在地址栏右侧的搜索文本框中输入"＊.jpg"，选择修改日期为上星期，如图1.34所示，按【Enter】键系统便立即开始搜索。

②如果搜索到＊.jpg文件，将其复制到C:\JSJ12\ABC1文件夹中。

(13)查找计算机上所有大于128 MB的文件。

①在桌面上双击【计算机】图标进入【计算机】窗口。

②单击地址栏右侧的搜索文本框，从弹出的下拉列表中选择【大小】选项，在弹出的如图1.35所示的下拉列表中选择【巨大(>128 MB)】选项，按【Enter】键，系统便立即开始搜索，搜索结束后系统会将计算机上所有大于128 MB的文件显示于右侧的窗格中。

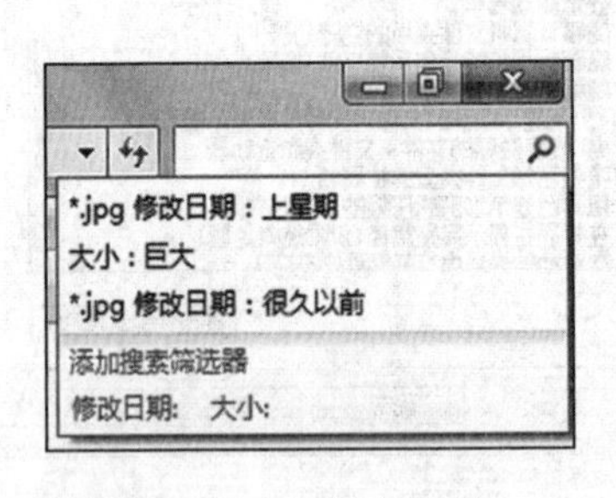

图1.34 搜索框的下拉列表

图1.35 【大小】选项的下拉列表

(14)设置各个磁盘驱动器的回收站容量：C盘回收站的最大存储空间为该盘容量的10%，其余磁盘的回收站最大存储空间为该盘容量的8%。

①右击【回收站】图标，在弹出的快捷菜单中选择【属性】命令，打开【回收站属性】对话框，如图1.36所示。

②然后分别对C盘和其他盘的回收站最大存储空间进行设置即可。

(15)在桌面上分别建立【Windows资源管理器】快捷方式和【记事本】快捷方式。

①单击【开始】|【所有程序】|【附件】命令，打开【附件】菜单。

②右击【Windows资源管理器】命令，在弹出的快捷菜单中选择【发送到】|【桌面快捷方

式】命令，即可在桌面上建立【Windows资源管理器】快捷方式。

③用同样的方法可在桌面上建立【记事本】快捷方式。

(16)在桌面上建立文件名为“Mytest.txt”的文本文件。

①右击桌面空白处，在弹出的快捷菜单中选择【新建】|【文本文档】命令，桌面上出现【新建文本文档.txt】图标。

②按【F2】键，此时新文件的名字呈蓝色可编辑状态，编辑名称为任务指定的名称Mytest.txt。

(17)删除桌面上已经建立的【Windows资源管理器】快捷方式和【记事本】快捷方式。

①选中【Windows资源管理器】快捷方式图标。

②按【Delete】键，或在其快捷菜单中选择【删除】命令，在弹出的【删除快捷方式】对话框中单击【是】按钮，如图1.37所示，即可删除所选对象。

图1.36 【回收站属性】对话框

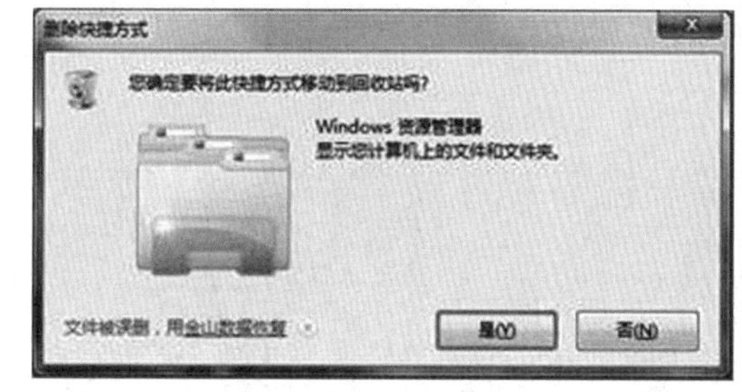

图1.37 确认删除

③用同样方法删除【记事本】快捷方式。

(18)恢复刚删除的【Windows资源管理器】快捷方式和【记事本】快捷方式。

①打开【回收站】窗口，选定待恢复对象。

②选择【文件】|【还原】命令，或在其快捷菜单中选择【还原】命令，待恢复对象即可回到原来的位置。

(19)永久删除桌面上已经建立的Mytest.txt文件对象，使之不可恢复。

①在桌面上选中要永久性删除对象Mytest.txt文件。

②按住【Shift】键的同时再按【Delete】键打开【删除文件】对话框，如图1.38所示，单击【是】按钮，即可永久性删除所选对象。按这种方式删除的文件/文件夹或快捷方式图标不会进入回收站，也无法恢复，故为永久性删除。

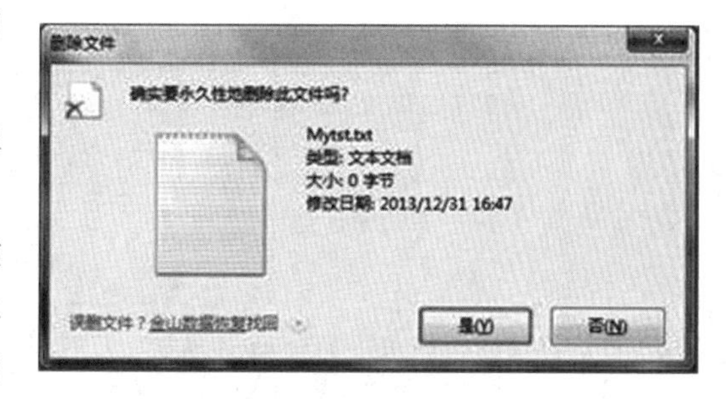

图1.38 确认永久性删除

【实验练习】

(1)在D盘的根目录下新建一个文件夹,取名“练习题”。将该文件夹设置为隐藏文件夹。

(2)在D盘查找隐藏文件夹“练习题”,在“练习题”文件夹中新建一个记事本文档,取名“习题1”。

(3)将上述“练习题”文件夹移动到C盘的根目录下。

(4)在C盘下永久性删除“练习题”文件夹。

第2节 文字处理软件

实验项目1 文档的基本操作

【实验目的】

➢熟悉 Word 2010 的工作界面。

➢掌握文档的新建、输入、保存、另存和打开的方法。

➢全面认识并熟练掌握文档的基本编辑方法。

【实验技术要点】

(1)认识 Word 2010 工作界面:①快速访问工具栏;②标题栏;③选项卡和功能区;④文档编辑区;⑤状态栏;⑥设置界面。

(2)文档的基本操作:①新建文档;②输入文档;③保存文档;④打开文档;⑤关闭文档。

(3)文档的编辑方法:①段落格式化;②文本格式化;③美化文档。

【实验内容】

一、任务描述

(1)选择【开始】|【所有程序】|【Microsoft Office 】|【Microsoft Office Word 2010】命令,启动 Word 2010。新建一个名为"含羞草"的 word 文档,并按要求保存文档。

(2)按照要求输入文档,内容如下:

含羞草简介

含羞草为什么会有这种奇怪的行为?原来它的老家在热带美洲地区,那儿常常有猛烈的狂风暴雨,而含羞草的枝叶又很柔弱,在刮风下雨时将叶片合拢就减少了被摧折的危险。

最近有个科学家在研究中还发现含羞草合拢叶片是为了保护叶片不被昆虫吃掉,因为当一些昆虫落脚在它的叶片上时,正准备大嚼一顿,而叶片突然关闭,一下子就把毫无准备的昆虫吓跑了。

在所有会运动的植物中,最有趣的是一种印度的跳舞草,它的叶子就像贪玩的孩子,不管是白天还是黑夜,总是做着划圈运动,仿佛舞蹈家在永不疲倦地跳着华尔兹舞。

(3)设置标题字体:深蓝,字号 20;字符间距缩放 80%;居中,加着重号。

(4)设置正文字体:黑色;字号 12;字符间距缩放 90%;多倍行距 1.25。将正文文字由简体转换成繁体。设置页面颜色为"橄榄色,强调文字颜色 3,淡色 80%"。

(5)将文档的最后一句"仿佛舞蹈家在永不疲倦地跳著華爾滋舞。"设为黑体字,加粗,加双下划线。

(6)将正文的三段文字均设为 4 号字,蓝色,正文所有段落首行缩进 2 字符。

(7)将正文开头的"含"字设置为首字下沉,字体为隶书,下沉行数为 2。

(8)为正文第一段添加边框:带阴影双实线,蓝色,线宽 1.5 磅,底纹填充为"茶色,背景 2"。

(9)插入艺术字“含羞草”,制作成正文的水印(衬于第三段文字下方)。

二、任务目标

实验任务完成后,最终效果如图 1.39 所示。

三、任务实施

(1)新建空白文档。

在默认状态下,启动 Word 2010 后系统会自动创建一个新文档,标题栏显示“文档 1-Microsoft Word”,选择【文件】菜单中的【保存】命令,弹出【另存为】对话框,如图 1.40 所示。修改文件名,将“Doc1. docx”修改为“含羞草. docx”,单击【保存】按钮,如图 1.41 所示。

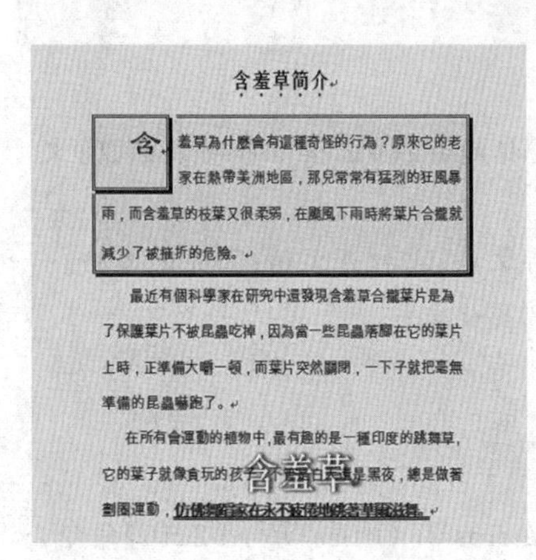

含羞草简介

含羞草為什麼會有這種奇怪的行為？原來它的老家在熱帶美洲地區，那兒常常有猛烈的狂風暴雨，而含羞草的枝葉又很柔弱，在颱風下雨時將葉片合攏就減少了被摧折的危險。

最近有個科學家在研究中還發現含羞草合攏葉片是為了保護葉片不被昆蟲吃掉，因為當一些昆蟲落腳在它的葉片上時，正準備大嚼一頓，而葉片突然關閉，一下子就把毫無準備的昆蟲嚇跑了。

在所有會運動的植物中,最有趣的是一種印度的跳舞草,它的葉子就像貪玩的孩子，[illegible]是黑夜，總是做著割圈運動，[illegible]

图 1.39 “含羞草”文档最终效果

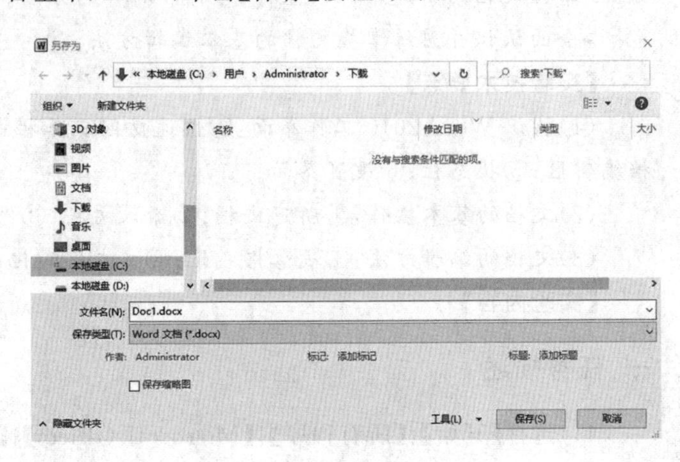

图 1.40 【另存为】对话框

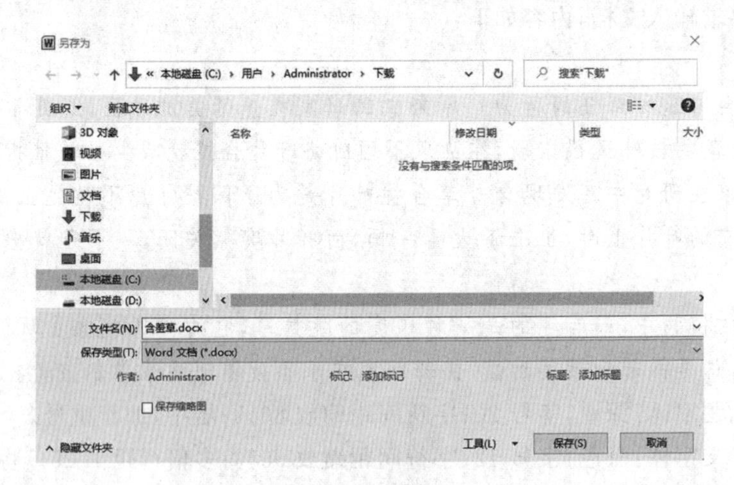

图 1.41 保存文档

(2)输入文档内容。在输入文本时,每一行都顶格输入,不要使用空格键进行字间距的调整以及标题居中、段落首行缩进的设置。当一个段落结束时才按【Enter】键。

(3)选定标题,单击【开始】选项卡,在【字体】组里单击【字体颜色】按钮,将标题文字的颜色设置为深蓝,字号设为 20,在【字体】对话框中选择【高级】选项卡,设置字符间距缩放 80%,在【字体】选项卡中选择加着重号,单击【确定】按钮。在【段落】组里单击【居中】按钮,将标题设置为居中。如图1.42所示。

(4)选定正文,单击【开始】选项卡,在【字号】下拉列表框中将正文文字的字号设置为12,在【字体】对话框中选择【高级】选项卡,在【高级】选项卡中设置字符间距缩放90%,单击【确定】按钮。打开【段落】对话框,在【行距】下拉列表框中选择【多倍行距】,设置值为1.25,然后单击【确定】按钮。

(5)选定正文,选择【审阅】选项卡,单击【简转繁】命令。

(6)选择【页面布局】选项卡,在【页面颜色】下拉列表框里选择主题颜色为"橄榄色,强调文字颜色3,淡色80%"的色块。如图1.43所示。

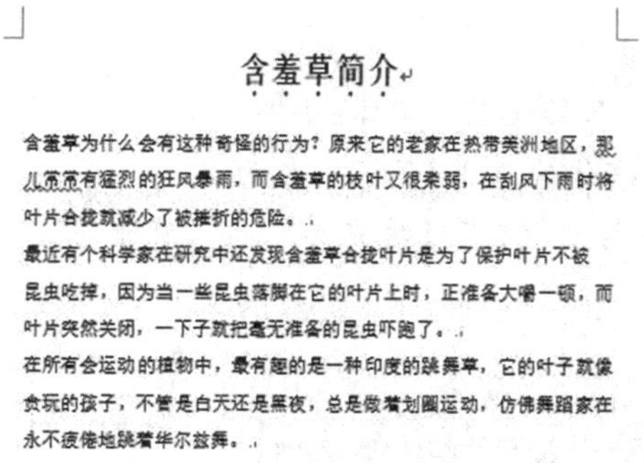

图1.42　设置标题效果

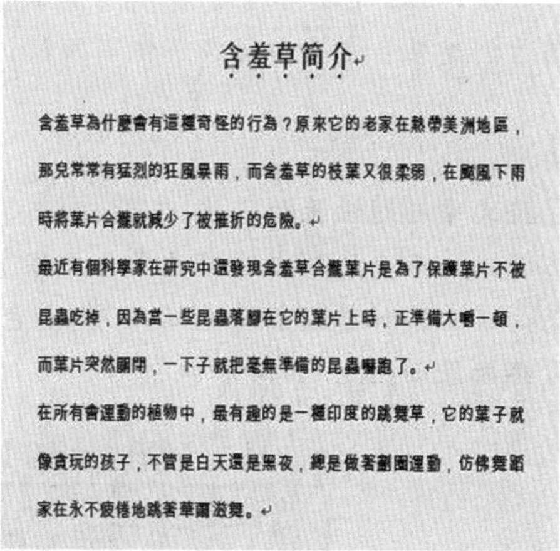

图1.43　设置页面效果

(7)选定文档的最后一句"仿佛舞蹈家在永不疲倦地跳著華爾滋舞。",单击【开始】选项卡,将文字设置为黑体,加粗,在【字体】对话框里【下划线线型】中单击双线,给文字加双下划线。

(8)选定正文,单击【开始】选项卡,将正文文字设置为4号字,蓝色,打开【段落】对话框,在【特殊格式】的下拉框里选择首行缩进2字符。

(9)选择正文开头的文字"含",单击【插入】选项卡里【文本】组中的【首字下沉】按钮,选择【首字下沉选项】,在弹出的对话框中单击【下沉】,字体为隶书,下沉行数为2。如图1.44所示。

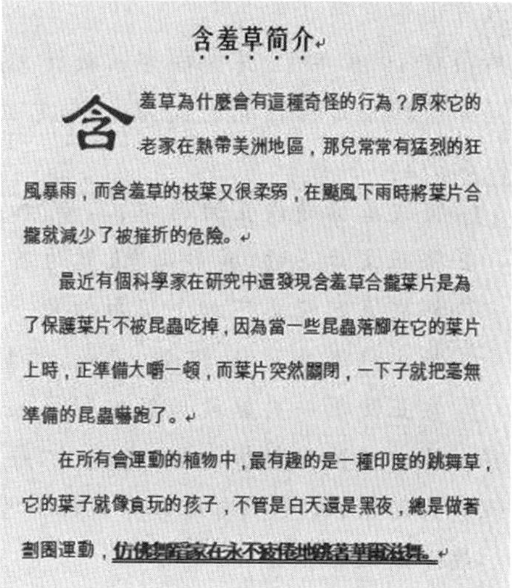

(10)选择正文第一段,在【开始】选项卡的【段落】组中打开【边框和底纹】对话框,在【边框】选项卡设置为阴影,样式为双线,颜色为蓝色,线的宽度为1.5磅;在【底纹】选项卡填充颜色为"茶色,背景2",单击【确定】按钮。

(11)单击【插入】选项卡,在【文本】组里单击【艺术字】按钮,在下拉列表框内选择"填充-白色,投影",在文本框内输入"含羞草",选中艺术字,单击鼠标右键,选择【置于底层】|【衬于文字下方】,将其拖动到第三段文字下方。最终效果如

图1.44　设置首字下沉效果

图 1.39 所示。

【实验练习】

(1)创建 Word 文档“新时期”。按照题目要求完成后,用 Word 的保存功能直接存盘。
新时期中共党史阶段划分
《征途》撰文指出,以中共十一届三中全会为标志,我国进入改革开放新时期。新时期党史可划分为四个阶段,之前是一个过渡阶段。1976 年 10 月粉碎“四人帮”至 1978 年 12 月党的十一届三中全会召开前为过渡阶段;十一届三中全会至 1982 年 8 月党的十二大召开前为拨乱反正和改革开放的起步阶段;1982 年 9 月党的十二大召开至 1991 年 12 月为改革开放的全面展开阶段;1992 年 1 月邓小平“南方谈话”和 10 月党的十四大召开至 2000 年 12 月进入新世纪前为创建社会主义市场经济体制阶段;2001 年 1 月进入新世纪后为全面建设小康社会阶段。

要求:

①将文章标题设置为宋体、二号、加粗、居中;正文设置为宋体、小四;

②将正文开头的“《征途》”设置为首字下沉,字体为隶书,下沉行数为 2;

③为正文添加单线条的边框,3 磅,颜色设置为红色,底纹填充为“茶色,背景 2”。

最终效果如图 1.45 所示。

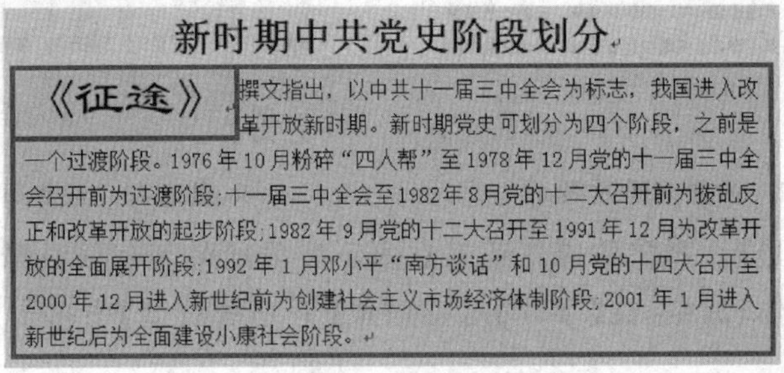

新时期中共党史阶段划分

《征途》撰文指出,以中共十一届三中全会为标志,我国进入改革开放新时期。新时期党史可划分为四个阶段,之前是一个过渡阶段。1976 年 10 月粉碎“四人帮”至 1978 年 12 月党的十一届三中全会召开前为过渡阶段;十一届三中全会至1982年8月党的十二大召开前为拨乱反正和改革开放的起步阶段;1982 年 9 月党的十二大召开至 1991 年 12 月为改革开放的全面展开阶段;1992 年 1 月邓小平“南方谈话”和 10 月党的十四大召开至 2000 年 12 月进入新世纪前为创建社会主义市场经济体制阶段;2001 年 1 月进入新世纪后为全面建设小康社会阶段。

图 1.45 “新时期”文档效果

(2)创建 Word 文档“武夷山”。按照题目要求完成后,用 Word 的保存功能直接存盘。
碧水丹山话武夷
武夷山在 1999 年 12 月被联合国教科文组织列入《世界文化与自然遗产名录》。武夷山位于中国东南部福建省西北的武夷山市,总面积达 99975 公顷。

要求:

①将文章标题设置为楷体、二号、加粗、居中;正文设置为宋体、小四。

②将正文开头的“武夷山”设置为首字下沉,字体为隶书,下沉行数为 2。

③将文章标题文字加上阴影效果。

④为文档添加页眉,宋体、五号、倾斜、浅蓝,内容为“世界文化与自然遗产”。

⑤在正文第一自然段后另起行录入第二段文字:
武夷山的自然风光独树一帜,尤其以“丹霞地貌”著称于世。九曲溪沿岸的奇峰和峭壁,映衬着清澈的河水,构成一幅奇妙秀美的杰出景观。

最终效果如图 1.46 所示。

(3)创建 Word 文档“人大三次会议”。按照题目要求完成后,用 Word 的保存功能直接存盘。

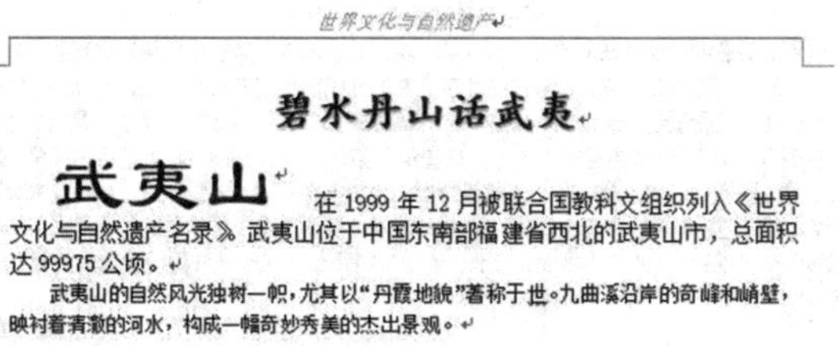

世界文化与自然遗产

碧水丹山话武夷

武夷山在1999年12月被联合国教科文组织列入《世界文化与自然遗产名录》。武夷山位于中国东南部福建省西北的武夷山市，总面积达99975公顷。

武夷山的自然风光独树一帜，尤其以“丹霞地貌”著称于世。九曲溪沿岸的奇峰和峭壁，映衬着清澈的河水，构成一幅奇妙秀美的杰出景观。

图1.46 “武夷山”文档效果

十一届全国人大三次会议在人民大会堂开幕。国务院总理温家宝的政府工作报告中出现了许多新名词，例如：

1.“三网”融合——是指电信网、广播电视网和互联网融合发展，实现三网互联互通、资源共享，为用户提供话音、数据和广播电视等多种服务。加快推进三网融合对于提高国民经济信息化水平，满足人民群众日益多样的生产、生活服务需求，形成新的经济增长点，具有重要意义。

2.物联网——是指通过信息传感设备，按照约定的协议，把任何物品与互联网连接起来，进行信息交换和通信，以实现智能化识别、定位、跟踪、监控和管理的一种网络。它是在互联网基础上延伸和扩展的网络。

要求：

①给正文设置外细内粗的双边框，粗细为4.5磅，颜色为蓝色；

②将第一段的文字字体设置为黑体、四号；

③将第二段、第三段的标题文字字体设置为四号、华文行楷，其余文字字体设置为宋体、四号。

(4)创建Word文档“社会主义和谐社会”。按照题目要求完成后，用Word的保存功能直接存盘。

社会主义和谐社会

构建社会主义和谐社会是中国推进经济社会发展的重要目标，也是中国经济社会发展的重要保障。构建和谐社会是科学发展观的核心内容，是经济和社会发展的最终归宿，是党从全面建设小康社会全局出发提出的一项重大战略任务。和谐社会是民主法治、公平正义、诚信友爱、充满活力、安定有序、人与自然和谐相处的社会。具体表现为农村与城市和谐发展，人与自然和谐发展，人与社会和谐发展，社会与经济和谐发展，政治与经济和谐发展，物质文明与精神文明和谐发展。

要求：

①将标题设置为宋体、四号、加粗、居中、红色；

②将正文文字设置为宋体、五号，并为正文内容最后一句话加下划线；

③为正文添加红色边框。

(5)依据图1.47创建Word文档“坦赞铁路”，按照题目要求完成后，用Word的保存功能直接存盘。

要求：

①将文章标题设置为宋体、二号、加粗、居中；正文设置为宋体、小四；

②将正文开头的“坦”字设置为首字下沉，字体为隶书，下沉行数为2；

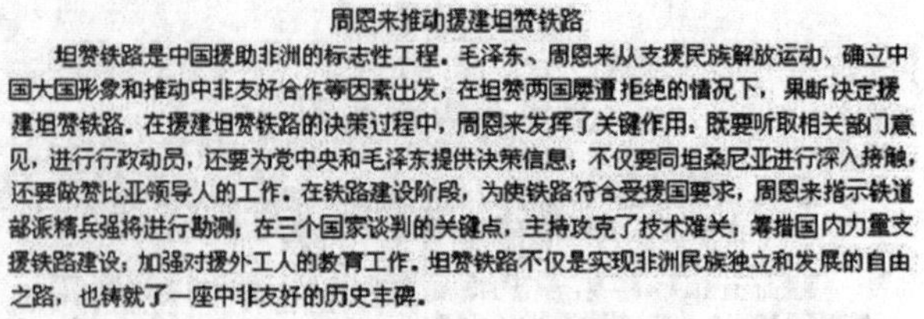

周恩来推动援建坦赞铁路

坦赞铁路是中国援助非洲的标志性工程。毛泽东、周恩来从支援民族解放运动、确立中国大国形象和推动中非友好合作等因素出发，在坦赞两国屡遭拒绝的情况下，果断决定援建坦赞铁路。在援建坦赞铁路的决策过程中，周恩来发挥了关键作用：既要听取相关部门意见，进行行政动员，还要为党中央和毛泽东提供决策信息；不仅要同坦桑尼亚进行深入接触，还要做赞比亚领导人的工作。在铁路建设阶段，为使铁路符合受援国要求，周恩来指示铁道部派精兵强将进行勘测；在三个国家谈判的关键点，主持攻克了技术难关；筹措国内力量支援铁路建设；加强对援外工人的教育工作。坦赞铁路不仅是实现非洲民族独立和发展的自由之路，也铸就了一座中非友好的历史丰碑。

图 1.47 “坦赞铁路”文档内容

③为文档添加红色“丰碑”文字水印，宋体，水平方向。

(6)创建 Word 文档“网络故障”，按照题目要求完成后，用 Word 的保存功能直接存盘。

网络故障的原因

我们知道能够引起网络故障的因素有多种，但总的来说可以简单地将它们分为网络连接、软件属性配置和网络协议这三个方面。

1. 网络连接故障——网络连接应该是发生网络故障之后首先应当考虑的问题。通常网络连接错误会涉及网卡、网线、集线器等设备，如果其中有一个部分出现问题，必然会导致网络故障。

2. 软件属性配置故障——计算机的配置选项、应用程序的参数设置不正确也有可能导致网络故障。

3. 网络协议故障——没有网络协议就没有网络。如果缺少合适的网络协议，那么局域网中的网络设备和计算机之间就无法建立通信连接，网络就不能够正常运行。

要求：

①将文章标题设置为三号、楷体，加粗，字符间距设置为加宽 2.11 磅；

②给正文设置单线边框，宽度设置为 3 磅，颜色设置为红色；

③将文中的项目编号改为红色、实心正方形的项目符号；

④将文中的段落标题字体设置为小三、隶书，并设置为“红日西斜”的渐变填充效果。

实验项目 2 文档的排版、图形

【实验目的】

➢掌握文档格式、段落格式、页面格式的设置方法。

➢掌握图片、图形的插入和编辑方法，掌握图文混排的方法。

➢掌握文档整体页面的排版和编辑方法。

➢掌握页眉、页脚和页码的设置方法。

【实验技术要点】

(1)文档的排版方法：①设置文本格式；②设置段落格式；③设置项目符号和编号；④设置边框和底纹。

(2)文档的页面设置：①页面设置；②分页与分节；③分栏。

(3)图片：①插入图片；②移动图片；③调整图片大小；④设置图片格式。

(4)图形：①绘制图形；②组合图形；③剪贴画；④艺术字；⑤文本框。

(5)设置页眉、页脚和页码：①设置页眉页脚；②插入页码。

【实验内容】

一、任务描述

(1)新建一个名为“奥运会”的 Word 文档,并按要求保存文档。

(2)按照题目要求输入文档,内容如下:

伦敦奥林匹克运动会绚烂落幕

新华社 2012 年 8 月 14 日电 在沉静悠扬的乐声中,在全场观众的屏息凝视中,象征着 204 个参赛国家和地区的铜花瓣主火炬缓缓分离、熄灭。被国际奥委会主席罗格评价为“欢乐而荣耀”的第 30 届夏季奥林匹克运动会昨天凌晨在伦敦闭幕。

昨晨在伦敦碗体育场内,近 9 万名观众一起分享了“伦敦的一天”和富有英国特色的“音乐聚会”。大钟敲响,“报纸”展开,伦敦人一天的生活开始了。大本钟、伦敦眼、塔桥在“上班族”匆匆的脚步中告诉世界,这是一个复古的现代都市。随后,在璀璨灯光下,时而有乐如天籁的怀旧金曲,带着观众重温那熟悉感人的成长记忆;时而有激情舞步与流行乐曲擦出的绚烂火花,引得万人合唱,掌声不息。

在闭幕式的过程中,还举行了田径最后一项男子马拉松的颁奖仪式。罗格向为乌干达夺得 40 年来第一枚奥林匹克运动会金牌的斯·基普罗蒂奇颁发金牌。

志愿者代表也登上了舞台中央,在全场观众的欢呼声中,接受运动员代表的献花。

近一个半小时的表演后,伦敦市长鲍里斯·约翰逊将五环旗交给罗格,罗格再将五环旗交给里约市长爱德华多·帕埃斯,“里约 8 分钟”随之而来,现场狂欢再掀一个高潮。

4 年之后,奥林匹克运动会将第一次踏上南美大陆,奔向美丽的海滨之城——里约热内卢。

(3)将文中所有“奥林匹克运动会”替换为“奥运会”;在页面底端按照“普通数字 2”样式插入“Ⅰ,Ⅱ,Ⅲ,…”格式的页码,起始页码设置为“Ⅳ”;为页面添加“方框”型、0.75 磅、红色(标准色)、双线边框;设置页面颜色的填充效果样式为“纹理/蓝色面巾纸”。

(4)将标题段文字(“伦敦奥运会绚烂落幕”)设置为二号、深红色(标准色)、黑体、加粗、居中、段后间距 1 行,并设置文字效果的“发光和柔化边缘”样式为“预设/发光变体/橄榄色,11 pt 发光,强调文字颜色 3”。

(5)将正文各段落(“新华社……里约热内卢。”)设置为 1.3 倍行距;将正文第一段(“新华社……在伦敦闭幕。”)起始处的文字“新华社 2012 年 8 月 14 日电”设置为黑体;设置正文第一段首字下沉 2 行,距正文 0.3 厘米;设置正文第二段(“昨晨……掌声不息。”)首行缩进 2 字符;为正文其余段落(“在闭幕式……里约热内卢。”)添加项目符号“◆”。

(6)将正文第二段文字字符间距加宽 2 磅,并将整段分为两栏,间距 5 字符,加分隔线。

(7)在文档中插入图形,按要求绘制图形。

二、任务目标

实验任务完成后,最终效果如图 1.48 所示。

三、任务实施

(1)新建一个名为“奥运会”的 Word 文档并保存,按题目要求输入文档内容。

(2)将文中所有“奥林匹克运动会”替换为“奥运会”;在页面底端按照“普通数字 2”样式

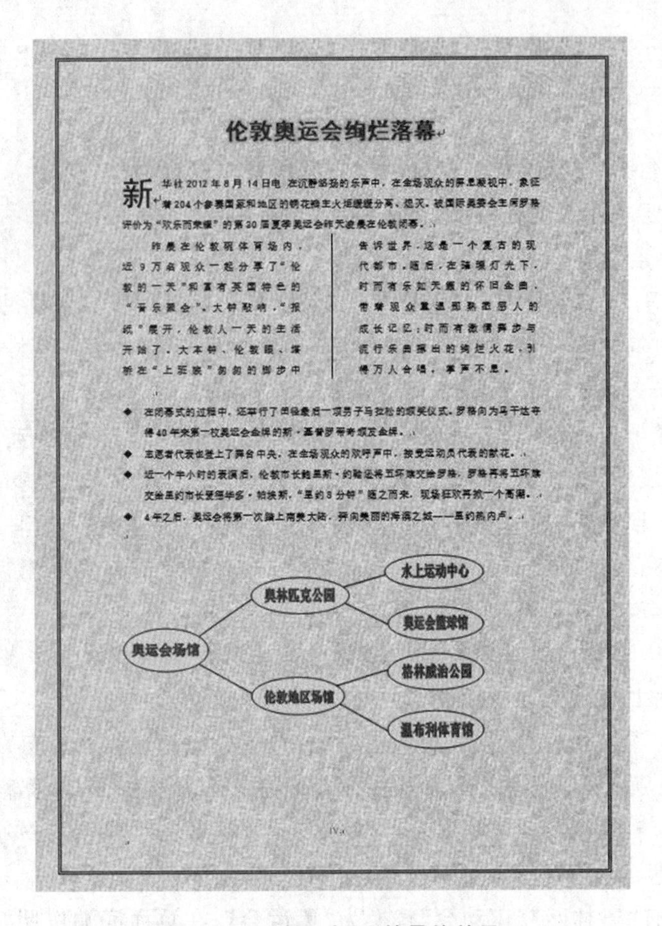

伦敦奥运会绚烂落幕

新华社2012年8月14日电 在沉静悠扬的乐声中，在全场观众的屏息凝视中，象征着204个参赛国家和地区的铜花瓣主火炬缓缓分离、熄灭。被国际奥委会主席罗格评价为“欢乐而荣耀”的第30届夏季奥运会昨天凌晨在伦敦闭幕。

昨晨在伦敦碗体育场内，近9万名观众一起分享了“伦敦的一天”和富有英国特色的“音乐聚会”。大钟敲响，“报纸”展开，伦敦人一天的生活开始了。大本钟、伦敦眼、塔桥在“上班族”匆匆的脚步中告诉世界，这是一个复古的现代都市。随后，在璀璨灯光下，时而有乐如天籁的怀旧金曲，带着观众重温那熟悉感人的成长记忆；时而有激情舞步与流行乐曲擦出的绚烂火花，引得万人合唱，掌声不息。

- 在闭幕式的过程中，还举行了田径最后一项男子马拉松的颁奖仪式。罗格向为乌干达夺得40年来第一枚奥运会金牌的新·基普罗蒂奇颁发金牌。
- 志愿者代表也登上了舞台中央，在全场观众的欢呼声中，接受运动员代表的献花。
- 近一个半小时的表演后，伦敦市长鲍里斯·约翰逊将五环旗交给罗格，罗格再将五环旗交给里约市长爱德华多·帕埃斯。“里约8分钟”随之而来，现场狂欢再掀一个高潮。
- 4年之后，奥运会将第一次踏上南美大陆，奔向美丽的海滨之城——里约热内卢。

图 1.48 “奥运会”文档最终效果

插入“Ⅰ，Ⅱ，Ⅲ，…”格式的页码，起始页码设置为“Ⅳ”；为页面添加“方框”型、0.75 磅、红色（标准色）、双线边框；设置页面颜色的填充效果样式为“纹理/蓝色面巾纸”。

操作步骤：

①按键盘上的 Ctrl＋A 选定全文。选择【开始】选项卡，单击【编辑】组中的【替换】按钮，弹出【查找和替换】对话框，在【查找内容】中输入“奥林匹克运动会”，在【替换为】中输入“奥运会”，然后单击【全部替换】按钮，关闭【查找和替换】对话框。

②选择【插入】选项卡，单击【页眉和页脚】组中的【页脚】下拉按钮，执行【编辑页脚】命令，即可进入其编辑状态。在【设计】选项卡单击【页码】按钮，在下拉列表框中选择【设置页码格式】，弹出【页码格式】对话框。【编号格式】选择“Ⅰ，Ⅱ，Ⅲ，…”，在【页码编号】下方的【起始页码】中，将起始页码设置为“Ⅳ”，单击【确定】按钮。单击【页码】|【页面底端】|【普通数字 2】，即可看到页码“Ⅳ”在页面底端居中显示，单击【关闭页眉和页脚】按钮。

③在【开始】选项卡的【段落】组中，单击【段落】组中的【边框和底纹】下拉按钮，在【边框和底纹】对话框里，选择【页面边框】标签项。选择【设置】中的【方框】，【样式】设置为双线，【颜色】设置为红色，在【宽度】下拉列表框中选择“0.75 磅”。单击【确定】按钮。

④在【页面布局】选项卡的【页面背景】组中，单击【页面颜色】按钮，在下拉列表框中选择【填充效果】，弹出【填充效果】对话框，选择【纹理】标签项，设置纹理为“蓝色面巾纸”，单击【确定】按钮。如图 1.49 所示。

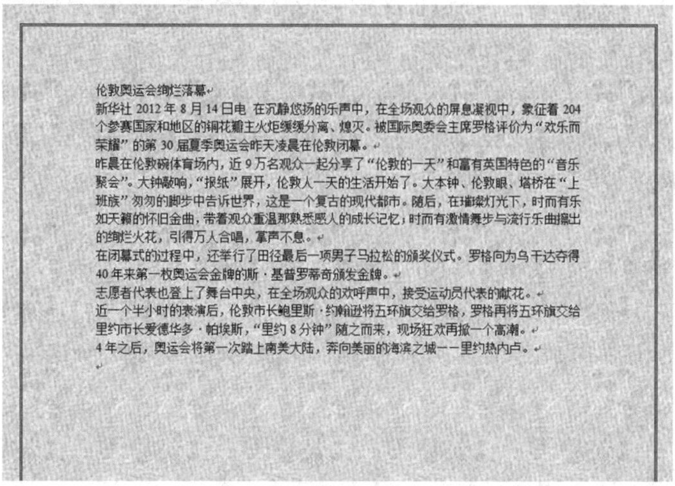

伦敦奥运会绚烂落幕
新华社2012年8月14日电 在沉静悠扬的乐声中，在全场观众的屏息凝视中，象征着204个参赛国家和地区的铜花瓣主火炬缓缓分离、熄灭。被国际奥委会主席罗格评价为“欢乐而荣耀”的第30届夏季奥运会昨天凌晨在伦敦闭幕。
昨晨在伦敦碗体育场内，近9万名观众一起分享了“伦敦的一天”和富有英国特色的“音乐聚会”。大钟敲响，“报纸”展开，伦敦人一天的生活开始了。大本钟、伦敦眼、塔桥在“上班族”匆匆的脚步中告诉世界，这是一个复古的现代都市。随后，在璀璨灯光下，时而有乐如天籁的怀旧金曲，带着观众重温那熟悉感人的成长记忆；时而有激情舞步与流行乐曲擦出的绚烂火花，引得万人合唱，掌声不息。
在闭幕式的过程中，还举行了田径最后一项男子马拉松的颁奖仪式。罗格向为乌干达夺得40年来第一枚奥运会金牌的斯·基普罗蒂奇颁发金牌。
志愿者代表也登上了舞台中央，在全场观众的欢呼声中，接受运动员代表的献花。
近一个半小时的表演后，伦敦市长鲍里斯·约翰逊将五环旗交给罗格，罗格再将五环旗交给里约市长爱德华多·帕埃斯，“里约8分钟”随之而来，现场狂欢再掀一个高潮。
4年之后，奥运会将第一次踏上南美大陆，奔向美丽的海滨之城——里约热内卢。

图1.49 设置边框和底纹效果

(3)将标题段文字(“伦敦奥运会绚烂落幕”)设置为二号、深红色(标准色)、黑体、加粗、居中、段后间距1行，并设置文字效果的“发光和柔化边缘”样式为“预设/发光变体/橄榄色，11 pt发光，强调文字颜色3”。

操作步骤：

①选定标题文字(“伦敦奥运会绚烂落幕”)，在【开始】选项卡的【字体】组中，设置标题为二号、深红色(标准色)、黑体、加粗、居中。打开【段落】对话框，设置段后间距为1行。单击【确定】按钮。

②打开【字体】对话框，单击最下方的【文字效果】按钮，弹出【设置文本效果格式】对话框，在对话框中找到【发光和柔化边缘】，并设置文字效果的“发光和柔化边缘”样式为“预设/发光变体/橄榄色，11 pt发光，强调文字颜色3”。如图1.50所示。

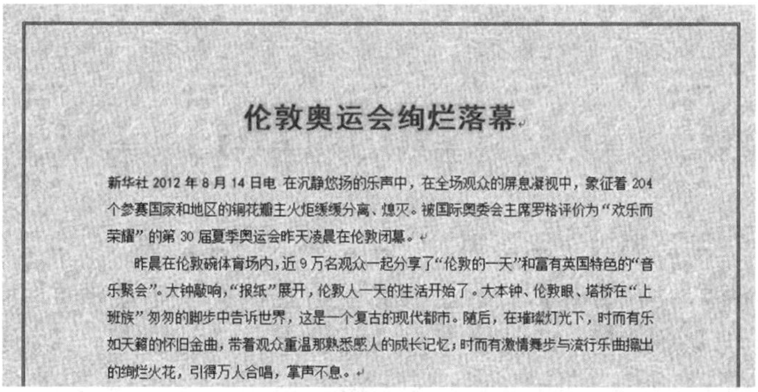

伦敦奥运会绚烂落幕

新华社2012年8月14日电 在沉静悠扬的乐声中，在全场观众的屏息凝视中，象征着204个参赛国家和地区的铜花瓣主火炬缓缓分离、熄灭。被国际奥委会主席罗格评价为“欢乐而荣耀”的第30届夏季奥运会昨天凌晨在伦敦闭幕。
　　昨晨在伦敦碗体育场内，近9万名观众一起分享了“伦敦的一天”和富有英国特色的“音乐聚会”。大钟敲响，“报纸”展开，伦敦人一天的生活开始了。大本钟、伦敦眼、塔桥在“上班族”匆匆的脚步中告诉世界，这是一个复古的现代都市。随后，在璀璨灯光下，时而有乐如天籁的怀旧金曲，带着观众重温那熟悉感人的成长记忆；时而有激情舞步与流行乐曲擦出的绚烂火花，引得万人合唱，掌声不息。

图1.50 设置标题效果

(4)将正文各段落(“新华社……里约热内卢。”)设置为1.3倍行距；将正文第一段(“新华社……在伦敦闭幕。”)起始处的文字“新华社2012年8月14日电”设置为黑体；设置正文第一段首字下沉2行，距正文0.3厘米；设置正文第二段(“昨晨……掌声不息。”)首行缩进2字符；为正文其余段落(“在闭幕式……里约热内卢。”)添加项目符号“◆”。

操作步骤：

①选定正文，在【开始】选项卡的【段落】组中，打开【段落】对话框，在【行距】下拉列表框

中选择【多倍行距】,设置值为 1.3。将正文第一段(“新华社……在伦敦闭幕。”)起始处的文字“新华社 2012 年 8 月 14 日电”设置为黑体。

②将光标定位在第一段的开头,在【插入】选项卡的【文本】组中,找到【首字下沉】,单击【首字下沉】|【首字下沉选项】,弹出【首字下沉】对话框,设置【位置】为下沉,【下沉行数】设置为 2,距正文 0.3 厘米,单击【确定】按钮。

③选定正文第二段(“昨晨……掌声不息。”),在【开始】选项卡的【段落】组中,打开【段落】对话框,设置【特殊格式】为首行缩进 2 字符,单击【确定】按钮。

④选定正文其余段落(“在闭幕式……里约热内卢。”),在【开始】选项卡的【段落】组中,单击【项目符号】下拉按钮,在【项目符号库】中单击【◆】。完成对页面的设置。如图 1.51 所示。

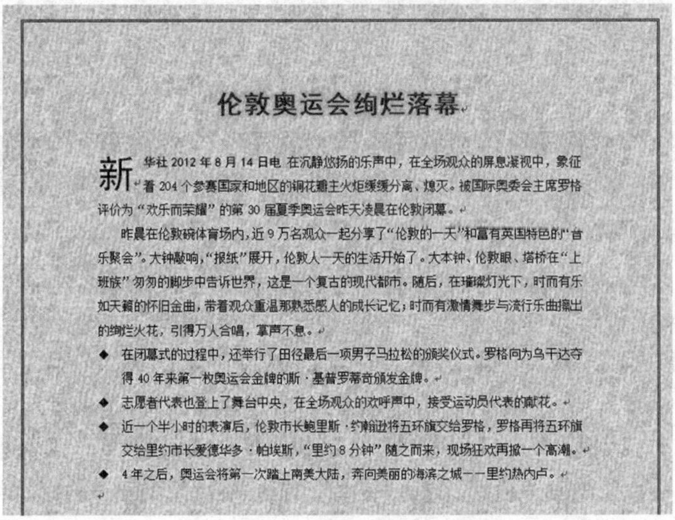

伦敦奥运会绚烂落幕

新华社 2012 年 8 月 14 日电 在沉静悠扬的乐声中,在全场观众的屏息凝视中,象征着 204 个参赛国家和地区的铜花瓣主火炬缓缓分离、熄灭。被国际奥委会主席罗格评价为“欢乐而荣耀”的第 30 届夏季奥运会昨天凌晨在伦敦闭幕。

昨晨在伦敦碗体育场内,近 9 万名观众一起分享了“伦敦的一天”和富有英国特色的“音乐聚会”。大钟敲响,“报纸”展开,伦敦人一天的生活开始了。大本钟、伦敦眼、塔桥在“上班族”匆匆的脚步中告诉世界,这是一个复古的现代都市。随后,在璀璨灯光下,时而有乐如天籁的怀旧金曲,带着观众重温那熟悉感人的成长记忆;时而有激情舞步与流行乐曲擦出的绚烂火花,引得万人合唱,掌声不息。

◆ 在闭幕式的过程中,还举行了田径最后一项男子马拉松的颁奖仪式。罗格向为乌干达夺得 40 年来第一枚奥运会金牌的斯·基普罗蒂奇颁发金牌。
◆ 志愿者代表也登上了舞台中央,在全场观众的欢呼声中,接受运动员代表的献花。
◆ 近一个半小时的表演后,伦敦市长鲍里斯·约翰逊将五环旗交给罗格,罗格再将五环旗交给里约市长爱德华多·帕埃斯,“里约 8 分钟”随之而来,现场狂欢再掀一个高潮。
◆ 4 年之后,奥运会将第一次踏上南美大陆,奔向美丽的海滨之城——里约热内卢。

图 1.51 设置项目符号效果

(5)将正文第二段文字字符间距加宽 2 磅,并将整段分为两栏,间距 5 字符,加分隔线。

操作步骤:

①选定第二段文字,打开【字体】对话框,选择【高级】选项卡,设置【字符间距】为加宽 2 磅。

②选定第二段文字,选择【页面布局】选项卡,单击【页面设置】组中的【分栏】下拉按钮,执行【更多分栏】命令,打开【分栏】对话框。在【栏数】框内,选择要分的栏数 2,间距 5 字符。单击【分隔线】前的复选框,然后单击【确定】按钮。如图 1.52 所示。

(6)在文档中插入图形,按以下要求绘制图形:

①文字均为艺术字,大小为 14 号,颜色为红色;

②图形的形状轮廓为深蓝,粗细为 1 磅,填充颜色为“水绿色,淡色 80%”;

③将所有图形和线条组合成一个图形,如图 1.53 所示。

操作步骤:

①在【插入】选项卡的【插图】组中单击【形状】按钮,在下拉列表框中选择椭圆形状,鼠标光标显示为十字架,按下鼠标并拖动,呈现出椭圆。在【格式】选项卡的【形状样式】组中单击【形状轮廓】按钮,设置形状轮廓颜色为深蓝,粗细为 1 磅;单击【形状填充】按钮,设置填充颜

伦敦奥运会绚烂落幕

新华社2012年8月14日电 在沉静悠扬的乐声中，在全场观众的屏息凝视中，象征着204个参赛国家和地区的铜花瓣主火炬缓缓分离、熄灭。被国际奥委会主席罗格评价为“欢乐而荣耀”的第30届夏季奥运会昨天凌晨在伦敦闭幕。

昨晨在伦敦碗体育场内，近9万名观众一起分享了“伦敦的一天”和富有英国特色的“音乐聚会”。大钟敲响，“报纸”展开，伦敦人一天的生活开始了。大本钟、伦敦眼、塔桥在“上班族”匆匆的脚步中告诉世界，这是一个复古的现代都市。随后，在璀璨灯光下，时而有乐如天籁的怀旧金曲，带着观众重温那熟悉感人的成长记忆；时而有激情舞步与流行乐曲擦出的绚烂火花，引得万人合唱，掌声不息。

- 在闭幕式的过程中，还举行了田径最后一项男子马拉松的颁奖仪式。罗格向为乌干达夺得40年来第一枚奥运会金牌的斯·基普罗蒂奇颁发金牌。
- 志愿者代表也登上了舞台中央，在全场观众的欢呼声中，接受运动员代表的献花。
- 近一个半小时的表演后，伦敦市长鲍里斯·约翰逊将五环旗交给罗格，罗格再将五环旗交给里约市长爱德华多·帕埃斯，“里约8分钟”随之而来，现场狂欢再掀一个高潮。
- 4年之后，奥运会将第一次踏上南美大陆，奔向美丽的海滨之城——里约热内卢。

图 1.52 设置分栏效果

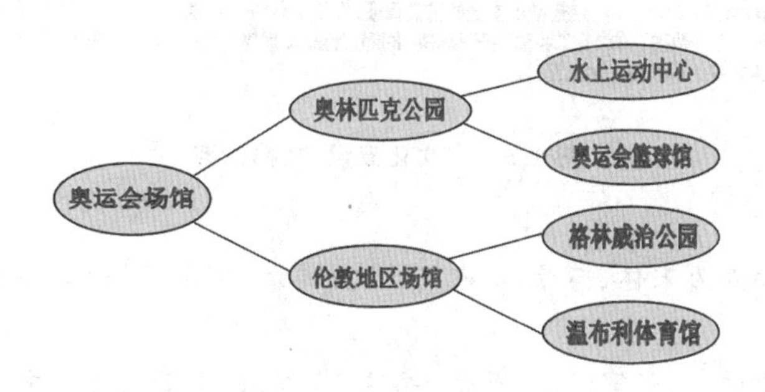

图 1.53 绘制图形

色为“水绿色，淡色 80%”。

②选中椭圆单击右键，选择【添加文字】，此时在椭圆内出现光标闪烁，单击【插入】选项卡，在【文本】组中单击【艺术字】按钮，选择“填充-无，轮廓”样式，出现文本框，在文本框内输入“奥运会场馆”，将输入的文字“奥运会场馆”设置大小为 14 号，颜色为红色；以同样的方法绘制出其他椭圆和里面的文字。

③在【插入】选项卡的【插图】组中单击【形状】按钮，在下拉列表框中选择直线，鼠标光标显示为十字架，按下鼠标并拖动，呈现出直线，绘制直线将椭圆连接起来。

④选中第一个椭圆，按住 Shift 键，用鼠标点选其他的线条和图形。选中所有图形和线条后，单击鼠标右键，选择【组合】|【组合】，即可将所有图形和线条组合成一个图形，如图 1.53 所示。在文档中插入绘制的图形，最终效果如图 1.48 所示。

【实验练习】

(1)根据图 1.54 创建 Word 文档“雷锋精神”。按题目要求完成后，用 Word 的保存功能直接存盘。

要求：

①将文章标题设置为宋体、二号、加粗、居中；正文设置为宋体、小四；

结合时代主题，弘扬雷锋精神

2012年是雷锋同志逝世50周年，转眼间，雷锋精神已经穿过半个世纪的岁月，激励了几代人的成长。“把有限的生命投入到无限的为人民群众服务中去”，雷锋精神既是对雷锋事迹所表现出来的先进思想、道德观念和崇高品质的概括总结，又是社会主义价值观念的人格载体，为构建社会主义和谐社会提供了不竭的精神动力。在当代，弘扬爱岗敬业、无私奉献、勤俭节约的雷锋精神就要与弘扬社会主义新风尚相结合，使之具有新的时代内涵，展现新的时代风貌。

图1.54 “雷锋精神”文档内容

②将正文开头的“2012”设置为首字下沉，字体为隶书，下沉行数为2；

③为正文添加双线型边框，粗细为3磅，颜色为红色，并将底纹填充为“茶色，背景2”；

④为文档添加页眉，内容为“雷锋精神”。

(2)根据图1.55创建Word文档“文化建设”。按题目要求完成后，用Word的保存功能直接存盘。

习仲勋与革命根据地的文化建设

中国共产党领导的新民主主义文化是人民大众的文化，必须依靠大众并为大众服务。习仲勋在领导根据地的文化建设时，一直坚持这一原则和方向。陕甘宁边区第二师范创建时正处于战时困难环境。习仲勋指示说：“学校要依靠群众，依靠地方党支部和乡政府，要和驻地群众保持密切联系，这是学校安全的重要保证。”不仅学校安全要靠群众，学校生产困难也通过习仲勋建议的“变工互助”得以解决。同时，学校教育要“适合于人民的需要”，培养的人才要为群众生产生活服务。

图1.55 “文化建设”文档内容

要求：

①将文章标题设置为宋体、二号、加粗、居中并添加“宝石蓝”的文字效果；正文设置为宋体、小四；

②页面设置为横向，纸张宽度21厘米，高度15厘米，页面内容居中对齐；

③为正文添加双线条的边框，3磅，颜色设置为红色，底纹填充为“灰色-40%”；

④为文档添加灰色-40%“样例”文字水印，宋体，半透明，斜式。

(3)根据图1.56创建Word文档“金砖国家”。按照题目要求完成后，用Word的保存功能直接存盘。

金砖国家

“金砖国家”最初是指巴西、俄罗斯、印度和中国。因为这四个国家英文首字母组成的“BRIC”一词，其发音与英文的“砖块”非常相似，所以被称为“金砖四国”。2010年12月，“金砖四国”一致商定，吸收南非作为正式成员加入该合作组织，改称为“金砖国家”，英文缩写为“BRICS ”。目前，金砖国家国土面积占全世界领土面积26%，人口占世界总人口的42%左右。近年来，金砖国家经济总体保持稳定快速增长，成为全球经济增长的引擎。金砖国家国内生产总值约占全球总量20%，贸易额占全球贸易额15%，对全球的经济贡献率约50%。

图1.56 “金砖国家”文档内容

要求：

①将文章标题设置为宋体、二号、加粗、居中；正文设置为宋体、小四；

②将正文内容分为两栏，栏间设置分隔线；

③为正文添加双线型边框，粗细为3磅，颜色为红色，并将底纹填充为“橙色，淡色80%”；为文档添加页眉，内容为“金砖国家——BRICS”。

(4)创建Word文档“宇宙中的一天”。按题目要求完成后,用Word的保存功能直接存盘。

宇宙中的一天

一个航天员曾经这样描述宇宙间的一天:早晨,计算机控制的钟唤醒我们起床。醒来拉开窗帘看宇宙空间,阳光灿烂,天色真美。可是不大一会儿,太阳没有了,天暗下来了,黑夜来临了,我们想又该睡觉了吧。真是有趣极了,一会儿是早晨,一会儿是黑夜……

人们长期的生活习惯是“日出而作,日落而息”,睡眠一般都安排在夜晚。飞船在航天飞行中的昼夜周期和我们在地球上的昼夜周期是不同的。空间飞行时的一次日落日出,周期长短不一,因为它和飞船绕地球飞行的轨道高低相关。轨道高,昼夜周期就长;轨道低,昼夜周期就短。飞船航天飞行期间的昼夜周期,白天和黑夜时间长短是不一致的,白天时间长,黑夜时间短,90分钟一个昼夜周期,最长的黑夜仅仅是37分钟。

要求:

①纸张大小设置为自定义、宽21厘米、高17厘米,页面垂直对齐方式为居中;

②段落标题设置为隶书、四号、加粗、居中;正文文字设置为仿宋、五号、行距1.25倍;

③将正文文字内容划分为三栏,每栏间设置分隔线;

④为文档添加页眉,内容为“宇宙探索系列丛书”,并将页眉的文字字体设置为宋体、小五号、斜体、紫色。

(5)用Word软件制作如图1.57所示的用例图。按照题目要求完成后,用Word的保存功能直接存盘。

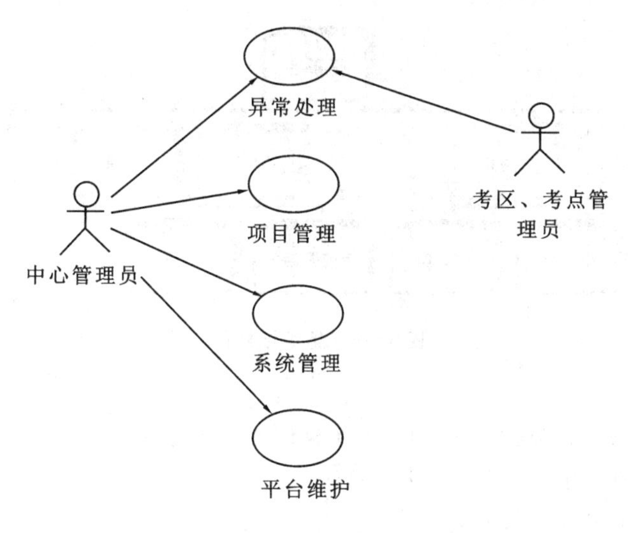

图1.57　用例图

要求:

①用自选图形和插入艺术字命令绘制如图1.57所示的用例图;

②将文字设置为宋体、五号、加粗;

③制作完成的用例图与图示基本一致。

(6)用Word软件制作如图1.58所示的机构改革示意图。按题目要求完成后,用Word的保存功能直接存盘。

要求:

①利用自选图形绘制如图1.58所示的机构改革示意图。

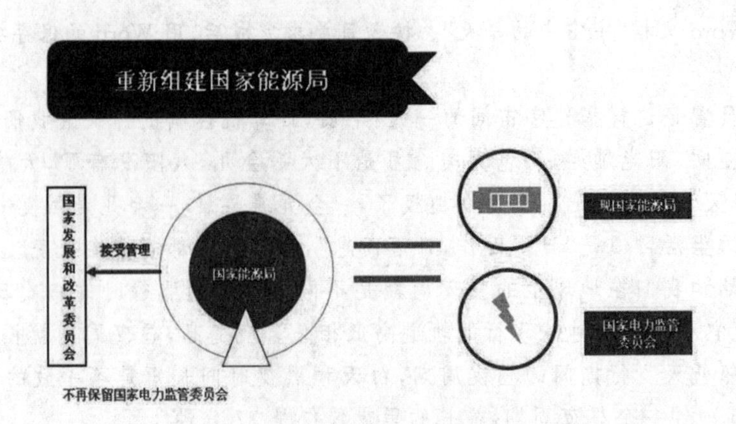

图 1.58 机构改革示意图

②将示意图中的“重新组建国家能源局”文字设置为宋体、小三、白色、加粗；“国家发展和改革委员会”文字设置为宋体、小四、蓝色、加粗；“不再保留国家电力监管委员会”文字设置为宋体、小四、灰色-50%、加粗；“接受管理”文字设置为宋体、小四、红色、加粗；其他文字设置为宋体、小四、白色、加粗。

③绘制完成的机构改革示意图的图形、底纹和样式与图示基本一致。

(7)用 Word 软件制作如图 1.59 所示的组织结构图。按照题目要求完成后，用 Word 的保存功能直接存盘。

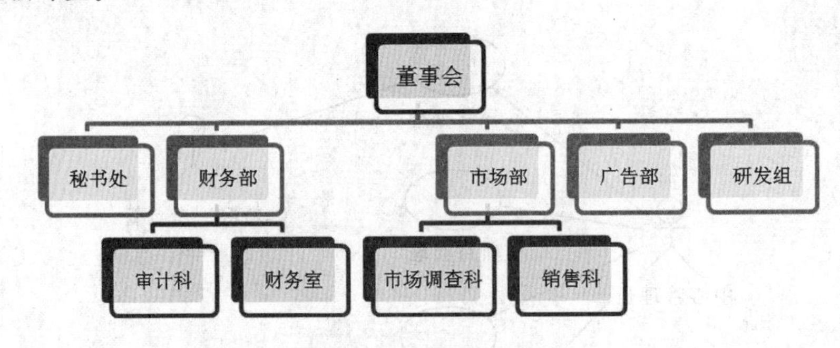

图 1.59 组织结构图

要求：

①利用 SmartArt 图形绘制如图 1.59 所示的组织结构图；

②设置图形中的文字为宋体、11 号字；

③设置组织结构图颜色为彩色；

④设置文字环绕方式为穿越型环绕；

⑤制作完成的组织结构图与图示基本一致。

(8)创建 Word 文档“请柬”。按照题目要求完成后，用 Word 的保存功能直接存盘。

请柬

张英老师：

兹定于 2018 年 2 月 1 日下午 3 时，在校礼堂举行全校教职员工新春联欢会，敬请光临。

实验学校工会

2018 年 1 月 28 日

要求：

①录入习题中的文字，并将“请柬”设置为楷体、三号、加粗，其他文字内容设置为宋体、五号、加粗；

②任意插入一幅图片/剪贴画，并用适当方法对插入的图片进行大小与位置的设置；

③参考图1.60对文字和图片进行排版(要求图片衬于文字下方)；

④制作完成的请柬高度不超过15 cm，宽度不超过12 cm，样式与图1.60所示基本一致。

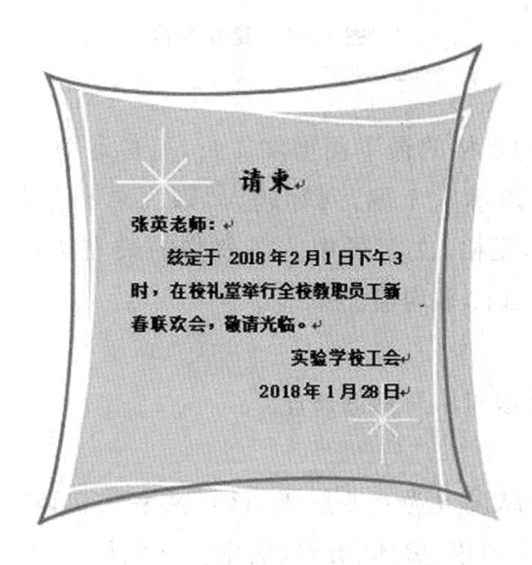

图1.60　文档“请柬”

实验项目3　文档中的表格

【实验目的】

➢掌握Word表格的建立和使用方法。

➢掌握表格的编辑和格式化。

➢掌握表格单元格的合并和表格排序。

➢掌握表格中利用公式进行计算的方法。

【实验技术要点】

(1)创建表格：①插入规则表格；②快速创建表格；③绘制表格。

(2)表格的基本操作：①选择单元格；②插入或删除单元格、行或列；③合并、拆分单元格；④调整行高和列宽。

(3)表格的格式化：①表格中的文字处理；②设置表格的边框；③设置表格的底纹。

(4)表格数据的排序和计算：①排序；②计算。

【实验内容】

一、任务描述

(1)新建一个名为“2019年销售情况”的Word文档，并按要求保存文档。

(2)表格的建立。要求建立如图1.61所示的表格，表格中的数据表示每季度的销售额(单位：元)。

2019 年销售情况				
部门	一季度	二季度	三季度	四季度
家电部	112345.5	254717.3	125487.6	354871.2
服装部	124587.2	98745.6	126547.9	444545.6
食品部	457887.5	441425.6	147578.8	487414.2

图 1.61　建立表格

(3)行、列的增加。

要求在图 1.61 所示的表格的最下面增加 1 行,行标题为“总和”,并利用公式算出各季度的总和。在表格的最右边插入 1 列,列标题为“部门总和”,并利用公式计算出各部门总和。将表格第一行合并单元格,文字居中。在表格的最右边插入 1 列,列标题为“部门平均”,并利用公式计算出各部门平均值。

(4)表格的排序。

要求按各部门的部门总和从高到低排序。

(5)表格的格式化。

要求将表格第一行行高设置为 0.6 厘米,该行文字为粗体、隶书、三号、居中;其余各行的行高为 0.8 厘米,文字为加粗、黑体、五号、居中。并设计表格的样式。

二、任务目标

实验任务完成后,最终效果如图 1.62 所示。

2019 年销售情况					
部门	**一季度**	**二季度**	**三季度**	**四季度**	**部门总和**
食品部	**457887.5**	**441425.6**	**147578.8**	**487414.2**	**1534306.1**
家电部	**112345.5**	**254717.3**	**125487.6**	**354871.2**	**847421.6**
服装部	**124587.2**	**98745.6**	**126547.9**	**444545.6**	**794426.3**
总和	**694820.2**	**794888.5**	**399614.3**	**1286831**	**3176154**

图 1.62　表格最终效果

三、任务实施

(1)新建一个名为“2019 年销售情况”的 Word 文档并保存。

(2)表格的建立。要求建立如图 1.61 所示的表格,表格中的数据表示每季度的销售额(单位:元)。

①启动 Word 2010,在文档窗口中将插入点定位在需插入表格的位置;

②选择【插入】选项卡,单击【表格】组中的【表格】下拉按钮,出现【插入表格】下拉列表框;

③选择表格所需的5行5列后，即可得到一张有实线的5行5列空表格；

④将鼠标直接指向所需的单元格后单击，输入各单元格的文字，完成后的表格如图1.61所示。

(3)行、列的增加。

要求在图1.61所示的表格的最下面增加1行，行标题为“总和”，并利用公式算出各季度的总和。在表格的最右边插入1列，列标题为“部门总和”，并利用公式计算出各部门总和。将表格第一行合并单元格，文字居中。在表格的最右边插入1列，列标题为“部门平均”，并利用公式计算出各部门平均值。

①在图1.61所示表格中移动鼠标到表格最后一个单元格单击，再按【Tab】键，自动增加一行。

②输入行标题“总和”，单击第二个单元格，选择【布局】选项卡，单击【数据】组中的【公式】按钮，在弹出的对话框里输入公式“＝SUM(ABOVE)”，单击【确定】按钮，即可得到一季度总和的结果，同样利用公式得到二、三、四季度的总和。

③选定表格的第五列。

④单击右键，执行【插入】|【在右侧插入列】命令，即可插入第六列。

⑤在第六列输入列标题“部门总和”。

⑥求家电部的部门总和：将光标定位在相应单元格内，选择【布局】选项卡，单击【数据】组中的【公式】按钮，在弹出的对话框里输入公式“＝SUM(LEFT)”，单击【确定】按钮，即可得到家电部的部门总和。同样利用公式可得到其他各部门总和。

⑦选定第一行的六个单元格，单击右键，选择【合并单元格】，使得第一行的六个单元格合并为一个单元格，单击【段落】组中的【居中】按钮，使第一行文本居中显示。

完成后的表格如图1.63所示。

2019年销售情况					
部门	一季度	二季度	三季度	四季度	部门总和
家电部	112345.5	254717.3	125487.6	354871.2	847421.6
服装部	124587.2	98745.6	126547.9	444545.6	794426.3
食品部	457887.5	441425.6	147578.8	487414.2	1534306.1
总和	694820.2	794888.5	399614.3	1286831	3176154

图1.63　增加行和列后的表格

⑧在表格的最右边插入1列，列标题为“部门平均”，并计算它们的值。

A1代表第一列第一行相交处的单元格，B2代表第二列第二行相交处的单元格，以此类推，B3：E3代表第三行第二个单元格到第五单元格的范围，因此家电部的部门平均值公式为AVERAGE(B3：E3)。将光标定位在相应单元格内，选择【布局】选项卡，单击【数据】组中的【公式】按钮，在弹出的对话框里输入公式“＝AVERAGE(B3：E3)”，单击【确定】按钮，即可得到家电部的部门平均值。同样利用公式可得到其他部门的部门平均值。如图1.64所示。

(4)表格的排序。

2019 年销售情况						
部门	一季度	二季度	三季度	四季度	部门总和	部门平均
家电部	112345.5	254717.3	125487.6	354871.2	847421.6	211855.4
服装部	124587.2	98745.6	126547.9	444545.6	794426.3	198606.58
食品部	457887.5	441425.6	147578.8	487414.2	1534306.1	383576.53
总和	694820.2	794888.5	399614.3	1286831	3176154	264679.5

图 1.64 增加“部门平均”后的表格

要求按各部门的部门总和从高到低排序。

①在图 1.64 所示表格中同时选定第三至第五行，在【布局】选项卡的【数据】组中单击【排序】按钮；

②在【主要关键字】下拉列表框选择【列 6】，在【类型】下拉列表框选择【数字】，单击【降序】排序方式，单击【确定】按钮，可看到“部门总和”从高到低进行了排序。

完成后的表格如图 1.65 所示。

2019 年销售情况						
部门	一季度	二季度	三季度	四季度	部门总和	部门平均
食品部	457887.5	441425.6	147578.8	487414.2	1534306.1	383576.53
家电部	112345.5	254717.3	125487.6	354871.2	847421.6	211855.4
服装部	124587.2	98745.6	126547.9	444545.6	794426.3	198606.58
总和	694820.2	794888.5	399614.3	1286831	3176154	264679.5

图 1.65 排序后的表格

(5)表格的格式化。

要求将表格第一行行高设置为 0.6 厘米，该行文字为粗体、隶书、三号、居中；其余各行的行高为 0.8 厘米，文字为加粗、黑体、五号、居中。

①在图 1.65 所示表格中选定第一行，在【布局】选项卡的【单元格大小】组中，设置行高为 0.6 厘米。

②在【开始】选项卡的【字体】组中，设置字体为隶书，字号为三号，加粗，在【段落】组中设置居中。

③同理可完成其他行的行高、字体、字形、字号、对齐方式的设置。

④保持整个表格的选择状态，将所有文字设置加粗。在【设计】|【表格样式】组中单击展开样式列表，在列表中选择第二行的第六种样式“浅色列表-强调文字颜色 5”，单击任意位置取消选中状态，完成销售情况表的制作。

最终效果如图 1.62 所示。

【实验练习】

(1)制作个人简历。

在桌面新建一个名为“个人简历”的 Word 文档，打开并制作如图 1.66 所示的表格。

<table>
<tr><td>姓名</td><td></td><td>性别</td><td></td><td>出生
年月</td><td></td><td rowspan="2">照片</td></tr>
<tr><td>籍贯</td><td></td><td>政治
面貌</td><td></td><td>拟试用
岗位</td><td></td></tr>
<tr><td>最高
学历</td><td></td><td>最高
学位</td><td></td><td>所学
专业</td><td colspan="2"></td></tr>
<tr><td>毕业
学校</td><td></td><td>毕业
时间</td><td colspan="2"></td><td>身高</td><td></td></tr>
<tr><td>通讯
方式</td><td colspan="6">地址：　　　　邮编：　　　　TEL：</td></tr>
<tr><td>学习
工作
经历</td><td colspan="6"></td></tr>
</table>

图 1.66　“个人简历”表格样式

要求：

表格外部框线为双线，内部框线为细线，照片栏用灰色填充，表格中文字字体为小四、仿宋，水平居中。

(2)在桌面新建一个名为“职位表”的 Word 文档，打开并按要求制作图 1.67 所示的表格。

××省国税系统 2019 年考试录用国家公务员职位表

录用单位	职位总数	往届毕业生	应届毕业生	联系人	报名咨询电话
A 市国税局	20	14	6	冯军	0××1-33×××××
B 市国税局	17	13	4	邢延珊	0×××2-39×××××
C 市国税局	20	16	4	赵虎	0××3-29×××××
D 市国税局	8	6	2	景刚	0××4-35×××××
E 市国税局	8	6	2	孟梅亚	0××5-33×××××
F 市国税局	8	8	0	杨光	0××6-26×××××
G 市国税局	15	10	5	赵东阳	0×××7-28×××××
H 市国税局	6	6	0	祁英淑	0××8-31×××××
I 市国税局	12	10	2	袁峰英	0××9-32×××××
J 市国税局	16	11	5	付秀晓	0××0-28×××××
K 市国税局	10	10	0	王俊娟	0×××-×××××××
合　计	**140**	**110**	**30**		

图 1.67　“职位表”表格样式

要求：

标题字体为黑体、三号、加粗。表格外部框线为方框，宽度为 2.25 磅；内部框线为细线，宽度为 0.5 磅。表格中第一行标题文字加粗，表格中文字字体为小四、宋体，水平居中。要求“合计”这一行的“职位总数”“往届毕业生”“应届毕业生”用公式计算出结果。

(3)在桌面新建一个名为“报名登记表”的 Word 文档，打开并按要求制作图 1.68 所示的表格。

××省国税系统 2019 年考试录用国家公务员报名登记表

<table>
<tr><td>姓名</td><td></td><td>性别</td><td></td><td>出生年月</td><td></td><td rowspan="4">（2 寸照片）</td></tr>
<tr><td>民族</td><td></td><td>政治面貌</td><td></td><td>籍贯</td><td></td></tr>
<tr><td colspan="3">毕业院校、专业及毕业时间</td><td colspan="3"></td></tr>
<tr><td>学历</td><td></td><td>学位</td><td></td><td>联系电话</td><td></td></tr>
<tr><td>个人简历</td><td colspan="6"></td></tr>
<tr><td>奖惩情况</td><td colspan="6"></td></tr>
<tr><td>家庭成员及其主要社会关系</td><td colspan="6"></td></tr>
<tr><td>个人特长</td><td colspan="6"></td></tr>
<tr><td rowspan="2">报考志愿</td><td>第一志愿</td><td colspan="2">＿＿＿市国税局</td><td>＿＿＿＿岗位</td><td rowspan="2">是否服从分配</td><td rowspan="2"></td></tr>
<tr><td>第二志愿</td><td colspan="2">＿＿＿市国税局</td><td>＿＿＿＿岗位</td></tr>
<tr><td>省辖市国税局初审审查意见</td><td colspan="2">审查人:
年月日</td><td>省国税局审查意见</td><td colspan="3">审查人:
年月日</td></tr>
</table>

图 1.68 “报名登记表”表格样式

(4)在桌面新建一个名为“求职简历表”的 Word 文档，打开并制作图 1.69 所示的表格。

姓名		性别		出生年月		一寸照片
学历		民族		培养方式		
籍贯				政治面貌		
住址				电话		
通信地址				邮编		

个人履历				
开始时间	结束时间	单位	职务	证明人

在学校期间主要课程成绩							
课程	成绩	课程	成绩	课程	成绩	课程	成绩

专业技能	
个人特长	
求职意向	
院系意见	(盖章) 20 年月日
学校意见	(盖章) 20 年月日

图 1.69 “求职简历表”表格样式

(5)在桌面新建一个名为“成绩表”的 Word 文档,打开并制作图 1.70 所示的表格。

学生成绩表

姓名:张三学号:153001040401　　　　专业:计算机科学与技术

课程名称（包括实验课、学年论文、课程设计、生产实习等）	课程类别（必修、选修）	考试或考查成绩							
		第一学年		第二学年		第三学年		第四学年	
		第一学期	第二学期	第一学期	第二学期	第一学期	第二学期	第一学期	第二学期
大学生思想道德修养	必修	75							
大学语文	必修	80							
计算机导论	必修	85							
数学分析	必修	72							
大学英语	必修		79						
法律基础	必修		80						
高级程序设计	必修		82						
普通物理	必修		82	81					
物理实验	必修		90	91					
线性代数	必修		83						
英语听力	必修	80	85						
体育	必修		70	79	75				
概率论与数理统计	必修			94					
汇编程序设计	必修			90					
离散数学	必修			78					
马克思主义哲学原理	必修			73					
数字逻辑	必修			81					
数字逻辑实验	必修			85					
数据结构	必修				86				
计算机组成原理	必修				82				

图 1.70　“成绩表”表格样式

实验项目 4　文字处理综合操作

【实验目的】

➤掌握创建文档目录的方法。

➤掌握文档中样式的设置。

➤掌握页眉和页码的设置。

【实验技术要点】

(1)创建文档目录:①目录的生成;②目录的修改与更新。

(2)使用样式:①创建样式;②修改样式;③应用样式。

(3)设置页眉页脚:①设置页眉页脚;②奇偶页不同的页眉页脚;③插入页码。

【实验内容】

一、任务描述

(1)新建一个名为“目录”的Word文档,并按要求保存文档。

(2)利用大纲视图输入论文各级标题。

(3)设置多级标题编号。

(4)论文正文内容的录入与编排。

(5)使用“样式”统一设置文档格式。

(6)页眉和页码的设置。

(7)目录的制作。

二、任务目标

实验任务完成后,最终效果如图1.71所示。

目　录

1 前 言......1
2 系统开发工具和技术......3
2.1 系统开发工具......3
2.2 系统开发技术......3
3 系统的定义与需求......5
3.1 系统的定义......5
3.2 系统需求分析......5
4 系统的总体设计......6
4.1 系统功能模块......6
4.2 系统流程分析......7
4.3 数据库表的设计......7
5 系统的详细设计......13
5.1 系统的登录界面......13
5.2 主界面......14
5.3 员工信息管理界面......15
5.4 菜单信息管理界面......16
6 总 结......19
参考文献......20

图1.71　目录效果

三、任务实施

(1)新建一个名为“目录”的Word文档并保存。

(2)利用大纲视图输入论文各级标题。

①在【文件】选项卡中单击【新建】命令,选择创建【空白文档】,在【视图】选项卡的【文档视图】组中,单击【大纲视图】按钮,此时屏幕文本区上面将添加一个大纲工具栏,如图1.72所示。

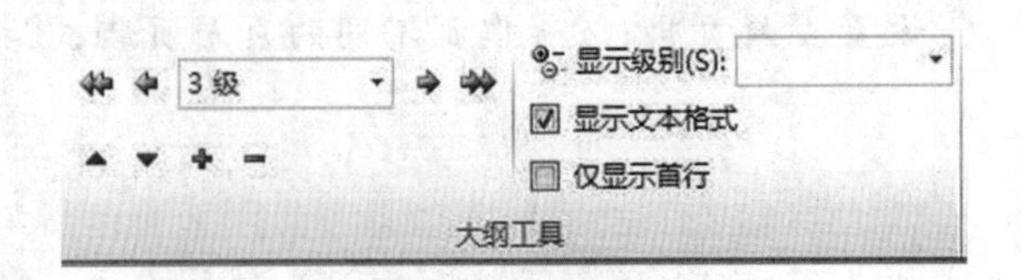

图 1.72　大纲工具栏

②在大纲视图模式中输入各级论文的标题。效果如图 1.73 所示。

③利用大纲工具栏的升降按钮对各级标题进行升降处理并调整它们的顺序结构。

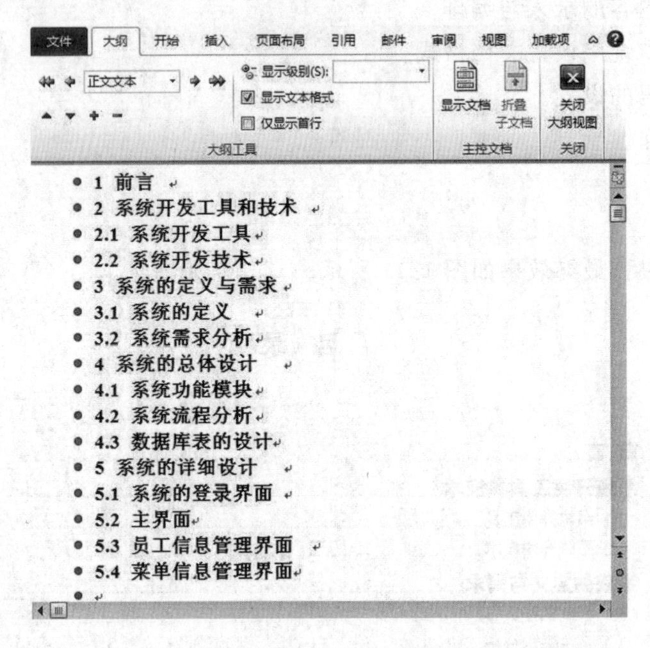

图 1.73　大纲视图

(3)设置多级标题编号。

对于本论文,1 级标题为:1 前言,2 系统开发工具和技术,3 系统的定义与需求……2 级标题为:2.1 系统开发工具,2.2 系统开发技术,3.1 系统的定义,3.2 系统需求分析……在【开始】选项卡的【样式】组中,将 1 级标题的样式设置为【标题 1】,2 级标题的样式设置为【标题 2】。

(4)论文正文内容的录入与编排。

单击【关闭大纲视图】按钮,将文档切换到页面视图,在各级标题下按照纯文本录入方式,输入有关正文内容,然后进行字体和段落的格式设置。

(5)使用"样式"统一设置文档格式。

文档的排版,可以直接套用样式(Word 内置的样式),也可自己新建样式,然后套用自定义的样式。

①直接套用样式。

选定需要套用样式的文本内容,在【开始】选项卡的【样式】组中,单击【其他】按钮▼,从弹出的列表框中选择一种样式,即可将该样式应用于选定的文本内容。

②新建样式。

直接套用系统的样式,可能会觉得效果不好,这时可以自己建立新的样式。操作方法为：在【样式】组中单击【样式】对话框启动器，打开【样式】任务窗格，单击左下角的【新建样式】按钮，在弹出的【根据格式设置创建新样式】对话框中设置样式，如图 1.74 所示。也可以选择设置好的样式进行修改。

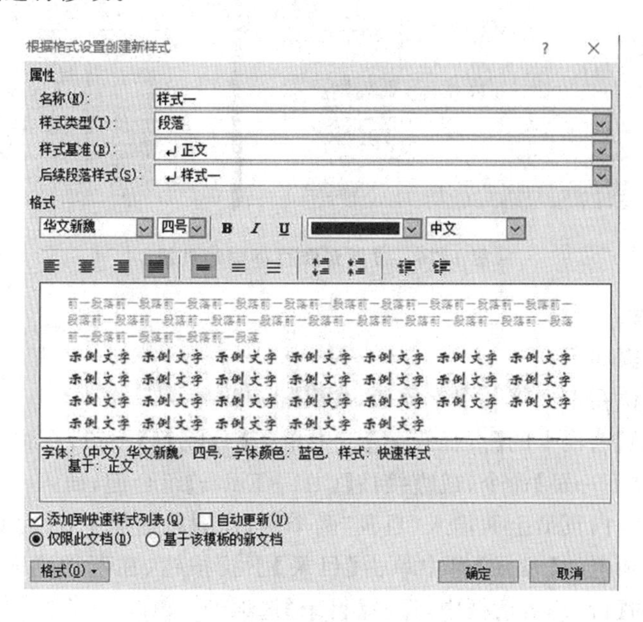

图 1.74　新建样式

③使用自己新建的样式。

例如，新建“样式一”，将文字设置为华文新魏、四号、加粗、蓝色，制作好的样式将自动出现在样式列表框中，如图 1.75 所示，需要时单击即可使用。

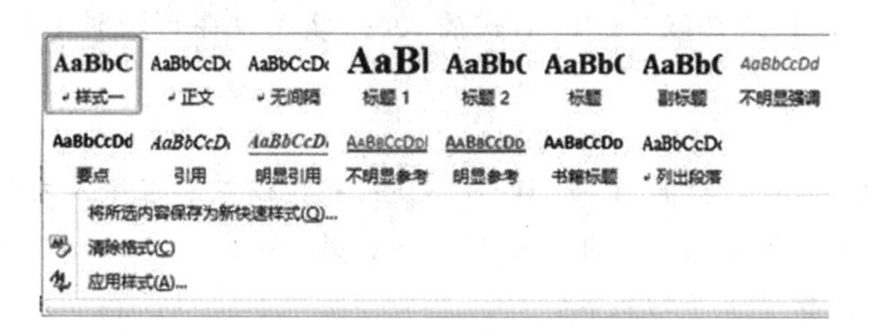

图 1.75　使用新建的样式

(6)页眉和页码的设置。

①插入页码的操作：在【插入】选项卡的【页眉和页脚】组中，单击【页码】按钮，在弹出的菜单中可设置页码的位置和格式。

②插入页眉页脚的操作：在【插入】选项卡的【页眉和页脚】组中，单击【页眉】按钮，在弹出的列表框中选择页眉样式。在【页眉和页脚】组中，单击【页脚】按钮，在弹出的列表框中选择页脚样式。在【设计】选项卡的【关闭】组中单击【关闭页眉和页脚】按钮，完成页眉和页脚的添加。

③设置奇偶页不同页眉的操作：将插入点定位在文档正文第 1 页，在【插入】选项卡的【页眉和页脚】组中，单击【页眉】按钮，在弹出的列表框中选择【编辑页眉】命令，进入页眉和页脚编辑状态，自动打开【页眉和页脚工具】的【设计】选项卡，在【选项】组中，选中【奇偶页不同】复选框，在奇数页的页眉区输入内容，然后在偶数页的页眉区输入内容，在【设计】选项卡

的【关闭】组中单击【关闭页眉和页脚】按钮，退出页眉和页脚编辑状态，查看为奇、偶页创建的页眉。如图 1.76 所示。

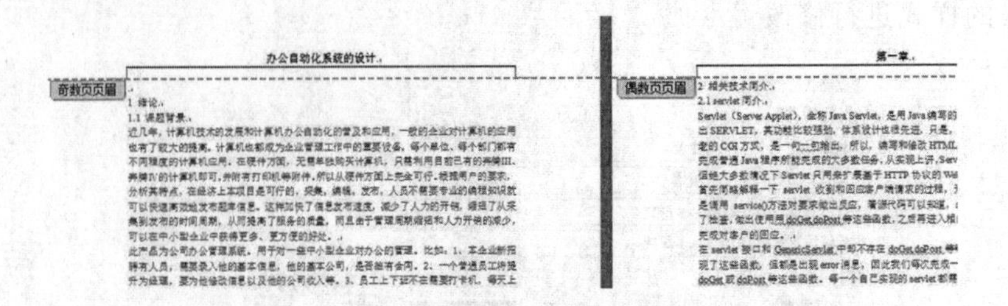

图 1.76　设置奇偶页不同的页眉

(7)目录的制作。

制作目录的步骤如下：

①将插入点定位在正文第一个字前面，按【Enter】键。

②在【页面布局】选项卡的【页面设置】组中单击【分隔符】按钮，在弹出的下拉列表框中选择【分节符】中的【下一页】命令，或直接按【Ctrl+Enter】组合键，插入一个分页符。

③在新建立的空白页最上面输入“目录”两个字，设置段落居中，字号设为 3 号。

④在【引用】选项卡的【目录】组中单击【目录】下拉按钮，在下拉列表框中选择【插入目录】命令。在弹出的【目录】对话框中，选择【目录】选项卡。

⑤在此对话框中，检查【打印预览】中的显示是否符合要求。

⑥根据需要可以选择是否显示页码、页码是否右对齐，并可以设置制表符前导符、目录格式及目录层次，确定无误后，单击【确定】按钮。

完成以上操作后，系统会自动插入目录的内容，如图 1.71 所示。单击做好的目录，会出现灰色的底纹，它表示目录是以“域”的形式插入的，该底纹在打印时不显示。至此，论文的目录制作完成。

【实验练习】

(1)在桌面新建一个名为“目录”的 Word 文档，并按以下要求输入内容和排版：

①参考课本的目录结构为所学课本制作一个目录；

②要求目录不得少于三章的内容。

(2)在上一题完成的基础上，参照课本给目录和正文添加不同的页眉和页脚。

(3)在 Word 中制作“中国特色”文档，内容如下。按照题目要求完成后，用 Word 的保存功能直接存盘。

中国特色社会主义道路是民族复兴的必由之路

一部中国近现代史，是中国人民为求得国家富强、民族独立不懈奋斗的历史。中国共产党把马克思列宁主义的普遍原理同中国革命和建设的具体实际相结合，带领人民推翻了帝国主义、封建主义、官僚资本主义的统治，成功缔造了新中国，确立了社会主义制度，为当代中国的发展进步奠定了基础；又实行改革开放，引领中国人民走上实现民族复兴的伟大道路。历史已雄辩地证明，只有社会主义才能救中国，只有中国特色社会主义才能发展中国。

要求：

①将纸型设置为 A4，高度为 21 cm，宽度为 29.7 cm。

②将段落标题设置为幼圆、三号、红色、居中；正文文字设置为仿宋、四号，行距为 1.2 倍。

③将正文中的“中国特色”加粗，并设置为红色。

④为文档添加页脚，内容为“复兴之路”，并将页脚的文字字体设置为宋体、五号、加粗、居中、浅蓝色。

(4)在 Word 中制作图 1.77 所示的诗词卡片。按照题目要求完成后，用 Word 的保存功能直接存盘。

要求：

①自定义纸张大小，宽度为 20 cm，高度为 16 cm。

②按照图 1.77 进行排版，并将标题设置为宋体、三号、加粗，作者信息设置为宋体、四号，正文设置为黑体、小三、加粗。

③自选图形线条，前景色设置为鲜绿，背景色设置为白色，填充效果设置为“红日西斜”。

图 1.77　诗词卡片

(5)在 Word 中制作“格式工具栏”文档，内容如下。按照题目要求完成后，用 Word 的保存功能直接存盘。

格式工具栏内容的增减

用格式工具栏可以很方便地对选定的内容进行快速设置。例如，如果不是一次性对字体进行多方面的设置，利用格式工具栏选用字体就显得更加方便【参见第 5 章 5.2.1 节“常用文稿的设计与制作”】。

根据需要，格式工具栏中的内容可随时添加和删减，这给编排文档带来很大的便利。格式工具栏内容的增减操作步骤如下。

要求：

①设定纸张大小为 B5，上、下、左、右的页边距分别为 4、14、4、4 厘米。

②标题为华文行楷、三号字、居中、加粗、加底纹。

③正文为小四号字、宋体，1.5 倍行距，两端对齐。第一段首行缩进 2 字符，第二段首字下沉。

④将正文段落中【 】内的文本设置为斜体，缩放 150%。

⑤设置页眉距边界 3 厘米、页脚距边界 13 厘米。页眉、页脚内容分别为“第二章工具栏的使用”“信息处理技术员教程”，字体为方正舒体、四号字、右对齐。页码居中，格式自定。

(6)在 Word 中制作“推进利率市场化”文档，内容如下。按照题目要求完成后，用 Word 的保存功能直接存盘。

推进利率市场化和汇率形成机制改革

中国人民银行货币政策委员会 2013 年第三季度例会日前在北京召开。会议分析了当前国内外经济金融形势。会议认为，当前我国经济金融运行总体平稳，物价形势基本稳定，但也面临不少困难和挑战；全球经济有所好转，但形势依然错综复杂。

会议强调，要认真贯彻落实党的十八大、中央经济工作会议和国务院常务会议精神，密切关注国际国内经济金融最新动向和国际资本流动的变化，按照保持宏观经济政策稳定性、连续性的总体要求，在继续实施稳健的货币政策的同时，着力增强政策的针对性、协调性，适时适度进行预调微调，把握好稳增长、调结构、促改革、防风险的平衡点，优化金融资源配置，用好增量、盘活存量，为经济结构调整与转型升级创造稳定的金融环境和货币条件，更好地服务实体经济发展。进一步推进利率市场化改革，更大程度发挥市场机制在资源配置中的基础性作用。继续推进人民币汇率形成机制改革，保持人民币汇率在合理均衡水平上的基本稳定。

本次会议由中国人民银行行长兼货币政策委员会主席周小川主持,货币政策委员会委员肖捷、王保安、胡晓炼、易纲、潘功胜、尚福林、肖钢、项俊波、胡怀邦、钱颖一、陈雨露、宋国青出席会议,朱之鑫、马建堂因公务请假。中国人民银行天津分行和南京分行负责同志列席了会议。

近年来人民币灰绿中间价变化情况

日期	USD/RMB	EUR/RMB	JPY/RMB	HKD/RMB	GBP/RMB
2006/12/31	780.87	1026.65	6.5630	100.467	1532.32
2007/12/31	730.46	1066.69	6.4064	93.638	1458.07
2008/12/31	683.46	965.90	7.5650	88.189	987.98
2009/12/31	682.82	979.71	7.3782	88.048	1097.80
2010/12/31	662.27	880.65	8.1260	85.093	1021.82
2011/12/31	630.09	816.25	8.1103	81.070	971.16
2012/12/31	628.55	831.76	7.3049	81.085	1016.11

要求:

①将文中所有错词“灰绿”替换为“汇率”;设置页面纸张大小为“A4”,页面左、右边距均为3.5厘米,页面颜色为“水绿色,强调文字颜色5,淡色80%”。

②将标题段文字(“推进利率市场化和汇率形成机制改革”)设置为二号、深红色(标准色)、黑体、加粗、居中、段后间距1行,并添加深蓝色(标准色)双波浪下划线。设置标题段文字效果的“阴影”样式为“预设/外部/向右偏移”。

③设置正文各段落文字(“中国人民银行……会议。”)为小四号宋体、1.1倍行距;设置正文第一段(“中国人民银行……错综复杂。”)首字下沉2行,距正文0.3厘米;为正文其余段落(“会议强调……会议。”)添加项目符号“●”。

④将文中最后8行文字转换成一个8行6列的表格,设置表格列宽为2.3厘米、行高为0.7厘米;设置表格居中,表格第一行和第一列文字水平居中,其余表格文字中部右对齐;为表题段(“近年来人民币汇率中间价变化情况”)添加脚注,脚注内容为“数据来源:中国人民银行”。

⑤设置表格外框线为1.5磅深蓝色(标准色)单实线,内框线为1磅深蓝色(标准色)单实线;为表格第一行添加“水绿色,强调文字颜色5,淡色40%”底纹;设置表格所有单元格的左、右边距均为0.2厘米;按“EUR/RMB”列依据“数字”类型降序排列表格内容。

(7)在Word中制作“高考作文”文档,内容如下。按照题目要求完成后,用Word的保存功能直接存盘。

高考作文阅卷

按照教育部的相关要求,作文等非选择题的评卷需由责任心强、水平高的教师担任。据透露,本市高考试卷每道题目将至少批阅两遍。

网上阅卷的科目,将施行“背靠背”一卷两阅,当阅卷教师所给分数超过一定限度之后,系统将自动分发,进行三阅甚至四阅,如仍出现误差,则由阅卷负责人及专家进行“仲裁”。根据有关规定,误差的限度应在题目分值的六分之一以内。即一道12分的题目,如果阅卷教师所给分数差超过两分,则会进入三阅程序。

昨日上午开始,语文试卷在北大阅卷点开始试判,阅卷小组的负责人将对部分试卷进行集体讨论评判,确定各题评分标准。为保证阅卷准确率,今年试判时间有所延长。

作文也将“背靠背”一文两阅,如果分差达到10分,将分发给第三位甚至第四位老师进行批阅，这种方式将有效减少人为因素干扰，保证给分公平公正。此外，今年为了能让阅卷教师有更充裕的时间批阅作文，语文试卷正式批阅时间也将有所延长。

2009 年普通高校在京招生各批次录取最低控制分数线

	文科	理科
本科一批	532 分	501 分
本科二批	489 分	459 分
本科三批	458 分	432 分
提前批次专科	350 分	330 分
艺术类本科	293 分	275 分
艺术类专科	245 分	231 分
体育类(体育成绩 65 分)	340 分	340 分

要求：

①将标题段(“高考作文阅卷”)文字设置为小二号蓝色黑体，并添加红色方框。

②设置正文各段落(“按照教育部……有所延长。”)左右各缩进 2 字符，行距为 18 磅，段前间距 0.5 行。

③插入页眉并在页眉居中位置输入文字“高考速递”，设置页面纸张大小为“A4”。

④将文中后 8 行文字转换成一个 8 行 3 列的表格，设置表格居中，并以“根据内容调整表格”选项自动调整表格，设置单元格对齐方式为水平居中(垂直、水平均居中)。

⑤设置表格外框线为 0.75 磅蓝色双窄实线，内框线为 0.5 磅红色单实线；设置表格第一行为黄色底纹；在表格第一行第一列单元格内输入列标题“录取批次”。

(8)在 Word 中制作“电子商务专利”文档，内容如下。按照题目要求完成后，用 Word 的保存功能直接存盘。

4. 电子商务技术专利框架

根据对国内、外电子商务专利技术的分析，并结合电子商务技术体系可以得出图 3.3 中所示的电子商务技术专利框架。这个框架分为五层，安全层、网络层、基础服务层、应用服务和应用系统层、客户端层，电子商务技术专利框架的每一层均由电子商务的核心技术和每一层次的专利组成，整个电子商务交易的流程都需要在安全的环境中进行。商业方法的专利主要体现在客户端和电子商务应用层，是知识和信息技术相结合的成果。

根据此电子商务技术专利框架将我国电子商务专利主要分为五类：

电子商务系统专利 A

电子支付和认证专利 B

基础服务专利 C

网络传输专利 D

安全专利 E

根据附件 A 中列出的专利进行分类统计，得到表 4-1。通过对比，我们可以看到国外在中国申请的专利主要是电子商务系统专利，而我国主要围绕支付和认证开发专利，完整的电子商务系统专利还欠缺。其次关于基础服务的专利我国也很少，而基础服务专利已经是 IBM 公司的主要专利部分，也是开展电子商务的核心部分。所以我国的电子商务企业应该加强这方面的研究。

表 4-1 国内外在中国申请的专利统计

申请专利分类	A	B	C	D	E	申请专利总数
国内申请专利	28	33	6	3	5	
外国在中国申请专利	81	15	10	2	1	
IBM 申请专利	51	16	58	21	4	

要求：

①将标题段（“4. 电子商务技术专利框架”）文字设置为三号、蓝色（标准色）、黑体、加粗、居中。倒数第五行文字（“表 4-1 国内外在中国申请的专利统计”）设置为四号、楷体、居中，绿色边框、黄色底纹。

②为正文中第二自然段“根据此电子商务……分为五类：”下面的五行文字设置项目符号“●”，项目符号位置缩进 0.7 厘米。

③将标题段后的第一自然段（“根据对国内、外电子商务专利技术……是知识和信息技术相结合的成果。”）进行分栏，要求分成 3 栏，栏宽相等，栏间加分隔线。

④将文中最后 4 行文字按照制表符转换为一个 4 行 7 列的表格，设置表格居中。计算“申请专利总数”列值（必须使用 SUM 函数，参数为 LEFT）。

⑤设置表格左右外边框为无边框、上下外边框为 3 磅绿色单实线；所有内框线为 1 磅黑色（自动）单实线。

(9)在 Word 中制作“教育资源”文档，内容如下。按照题目要求完成后，用 Word 的保存功能直接存盘。

究竟能不能在一个统一的平台上，让各种教育资源相处一室，即“车同轨”，让我们的教师、学生随心所欲地使用教育资源？此次会议将推出“国家基础教育资源库”建设的基本构想：开放性、可持续性、适用性、规范性及前瞻性，并希望在此次会上与各软件企业、学校、专家进一步探讨、完善。

“国家基础教育资源库”实际上是一个虚拟范围的概念，它是教育部依据教育需要所设立的一个现代远程教育工程资源建设基础教育项目，是各个教育资源库的集纳和融合。同时，“国家基础教育资源库”的建设规范实际上是教育资源建设的发展机制，对教育软件产业的发展将起到重要作用。

“首先必须强调资源建设的开放性。”王晓芜着重介绍了这一点。开放性指两方面的“开放”。一是资源技术规范的开放，特别是底层技术标准实现开放性。王晓芜解释说，开发出的资源库，技术与内容最好分开做，内容可以是个性化的，但技术和资源结构应有统一规范，不同的资源建设者可以共同提供适应网络技术发展的教育资源，学校也可基于相同的环境平台共享各种资源。二是资源建设机制的开放，吸引更多的软件企业投入其中，他们是创作资源的主力军，同时也吸收蕴含更强生命力的创作者——如学生，他们不仅是资源的使用者，也应该并可能成为资源的提供者和制作者。

要求：

①设置页眉为“国家基础教育资源库”，字体为黑体，字号为四号；

②设置第一段“究竟能不能在……进一步探讨、完善。”首行缩进 0.5 厘米，段前间距为 18 磅，行间距为 1.5 倍行距；

③页面设置，上页边距为 56.7 磅、下页边距为 56.7 磅，装订线位置为“上”；

④插入第3行第3列样式的艺术字，如样式样张所示，内容为“教育”，环绕方式为“浮于文字上方”。

(10)在Word中制作“老人”文档，内容如下。按照题目要求完成后，用Word的保存功能直接存盘。

老人也有老人独享的清福

朋友，想你也有过趁早凉出门的经验。早起出门，雾深露重，身上穿得很多，走一程，热一程，衣服便一件一件沿途脱卸。我们走人生路程的也一程程脱卸身上的负担，最先脱卸的是儿童天真和无知，接着是青年各种嗜好和欲望；接着是中年以后的齿、发、血、肉、脂肪、胃口；最后又脱卸了官能和活动力，只留给他一具枯瘠如腊的皮囊，一团明如水晶的世故，一片淡泊宁静的岁月。

那百花怒放，蜂蝶争喧的日子过去了。那万绿沉沉，骄阳如火；或黑云里电鞭闪闪，雷声赶着一阵阵暴雨和狂风那种日子过去了。那黄云万亩，镰刀如雪，银河在天，夜凉似水的日子也过去了。现在的景象是：木叶脱，山骨露，湖水沉沉如死，天宇也沉沉如死，偶有零落的雁声叫破长空的寥廓。晚上，拥着宽厚的寝衣躺在软椅里，对着垂垂欲烬的炉火，听窗外萧萧冷雨的细下，或凄凄雪霰的迸落，屋里除了墙上的答的答的钟摆声，一根针掉下地也听得见。静，静极了，好像自有宇宙以来只有一个我，好像自有我以来才有这个宇宙。想看过去的那些跳跃、欢唱、涕泪、悲愁、迷醉的恋爱、热烈的追求、发狂的喜欢、刻骨的怨毒、切齿的诅咒、勇敢的冒险、慷慨的牺牲、学问事业的雄图大念。凡那些足以形成生命的烂漫和欣喜，生命的狂暴和汹涌，生命的充实和完成的，都太空浮云似的，散了，不留痕迹了。

有时以现在的我回看从前的我，宛如台下看台上人演剧，竟不知当时表演的力量是从哪里来的，为什么悲欢离合演得如此逼真呢。现在身体从声色货利的场所解放出来，心灵从痴嗔爱欲的桎梏解放出来，将自己安置在一个萧闲自在的境界里。方寸间清虚日来，秽滓日去，不必斋戒沐浴，就可以对越上帝。想到从前种种不自由，倒觉得可怜了。

不但国家社会的事于今用不着我管，家务也早交给儿曹了。现在像一个解甲归田的老将，收拾起骏马宝刀的生活，优游林下，享受应得的一份清闲。高兴时也不妨约几个人到山里打打猎，目的物不过兔子野雉，谁耐烦再去搏狮子射老虎。现在像一个退院的闲僧，一间小小屋子里，药炉经卷，断送有限的年光，虽说前院法鼓金铙，佛号梵呗，一样喧闹盈耳，但都与我无干，再也扰不了我安恬的好梦了。

啊，这淡泊，这宁静，能说不是努力的酬庸，人生的冠冕，天公特为老年人安排的佳境。

要求：

①在文档中查找“老人”并全部替换成“老年人”；

②设置第2段“朋友，想你也有过趁早凉……一片淡泊宁静的岁月。”字形为加粗，字号为12，颜色为蓝色，首行缩进为2字符；

③设置第3段“那百花怒放……散了，不留痕迹了。”分栏，栏数为2栏，栏间添加分隔线；

④在任意位置插入第4行第3列的艺术字，艺术字样式请参考样张图片，艺术字内容为“夕阳红”，环绕方式为“浮于文字上方”；

⑤设置如样张所示的艺术型边框，应用范围为整篇文档。

第3节 电子表格处理

实验项目1 电子表格的基本操作

【实验目的】

➢熟练掌握 Excel 2010 的基本操作。

➢掌握单元格数据的编辑方法。

➢掌握填充序列及自定义序列的操作方法。

➢掌握工作表格式的设置方法。

【实验技术要点】

1. 创建和编辑工作表

(1)启动与退出 Excel 2010:

①启动 Excel 2010。

a. 通过【开始】菜单来启动 Excel 2010。

单击【开始】按钮,在弹出的【开始】菜单中选择【所有程序】命令,打开【所有程序】列表,选择【Microsoft Office】命令,在弹出的子菜单中选择【Microsoft Excel 2010】命令。

b. 通过桌面上的快捷方式图标启动。程序安装完成后,用户可以选择将程序的快捷图标显示在桌面上,需要启动 Excel 2010 时,可以双击该快捷方式图标。

②退出 Excel 2010。

方法一:通过【关闭】按钮退出 Excel 2010。

方法二:通过 Backstage 视图退出 Excel 2010。

方法三:通过程序图标退出 Excel 2010。

方法四:用快捷菜单退出 Excel 2010。

(2)工作簿的基本操作:①创建工作簿;②打开工作簿;③保存工作簿;④关闭工作簿;⑤设置新建工作簿的默认工作表数量。

(3)工作表的基本操作:①插入工作表;②删除工作表;③重命名工作表;④选定多个工作表;⑤移动和复制工作表;⑥显示或隐藏工作表。

(4)工作表数据的一般输入:①输入文本;②输入数字;③输入日期和时间;④输入特殊字符。

(5)工作表数据的批量输入:①在多个单元格中输入相同的数据;②序列填充数据;③利用"序列"对话框填充数据;④自定义序列。

(6)编辑工作表:①选择操作对象;②修改单元格内容;③移动单元格内容;④复制单元格内容;⑤清除单元格内容;⑥插入与删除行、列、单元格。

2. 工作表格式化

①设置单元格格式;②调整行高和列宽;③设置条件格式;④套用表格格式。

【实验内容】

一、任务描述

(1)启动 Excel 2010 并更改工作簿的默认格式,创建“成绩管理”工作簿,按要求保存工作簿。

(2)在“成绩管理”工作簿中,制作“成绩统计表”,具体任务如下:

①按图 1.78 所示内容输入数据。

a. 使用一般输入数据的方法录入没有特征的普通数据;

b. 利用“序列填充数据”的方法输入列标题“语文”“数学”“外语”“物理”“化学”;

c. 利用数据填充功能完成“学号”下面数据的输入(有序数据)。

②调整行高为 20,列宽为 12。

(3)格式化“成绩统计表”,具体任务如下:

①设置表格的字体、字号、颜色及对齐方式;

②设置表格边框线;

③设置数字格式;

④在标题上方插入一行,输入创建日期,并设置日期显示格式;

⑤设置单元格背景颜色;

⑥设置数字的条件格式。

二、任务目标

实验任务完成后,最后的效果图如图 1.78 所示。

	A	B	C	D	E	F	G	H	I
1	二〇二〇年十二月十二日								
2					成绩统计表				
3	学号	姓名	性别	语文	数学	外语	物理	化学	总分
4	0861200001	万颖	女	60.0	55.0	75.0	72.0	68.0	330.0
5	0861200002	何非亚	女	88.0	92.0	91.0	90.0	96.0	457.0
6	0861200003	马丽	女	73.0	66.0	92.0	86.0	76.0	393.0
7	0861200004	陈秋霖	男	90.0	84.0	82.0	77.0	92.0	425.0
8	0861200005	罗励	男	82.0	84.0	77.0	84.0	90.0	417.0
9	0861200006	彭弦	男	72.0	81.0	89.0	69.0	82.0	393.0
10	0861200007	贺金凤	女	90.0	80.0	86.0	72.0	87.0	415.0
11	0861200008	李伟	男	80.0	90.0	75.0	76.0	90.0	411.0
12	0861200009	范玲	女	78.0	58.0	87.0	86.0	78.0	387.0
13	0861200010	周婷	女	85.0	75.0	88.0	79.0	83.0	410.0

图 1.78　工作表内容

三、任务实施

(1)启动 Excel 2010 并更改工作簿的默认格式,创建“成绩管理”工作簿,按要求保存工作簿。

①单击【开始】|【所有程序】|【Microsoft Office】|【Microsoft Excel 2010】,即可启动 Excel 2010。

②单击【文件】|【选项】命令，打开【Excel 选项】对话框，在【常规】选项卡的【新建工作簿时】选项组的【使用的字体】下拉列表框中选择【宋体】。

③单击【包含的工作表数】数值框的上调按钮，将数值设置为5，如图1.79所示，单击【确定】按钮。

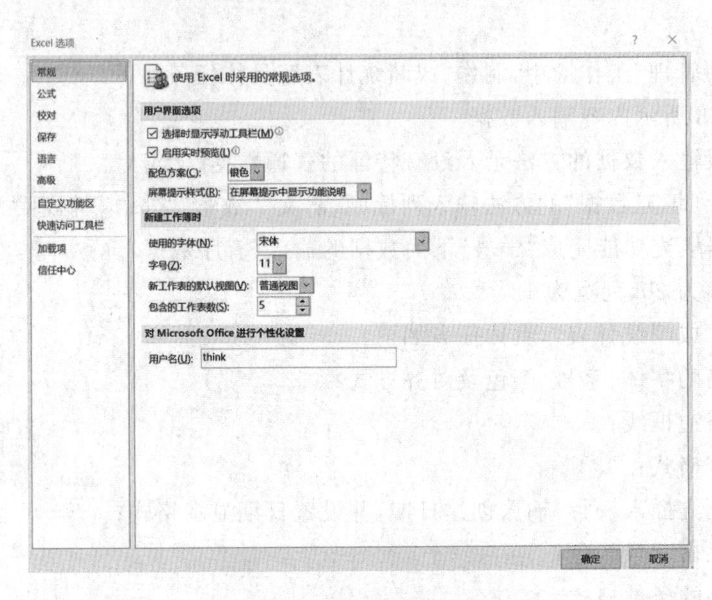

图1.79 【Excel 选项】对话框

④设置了新建工作簿的默认格式后，弹出提示对话框，如图1.80所示，单击【确定】按钮。

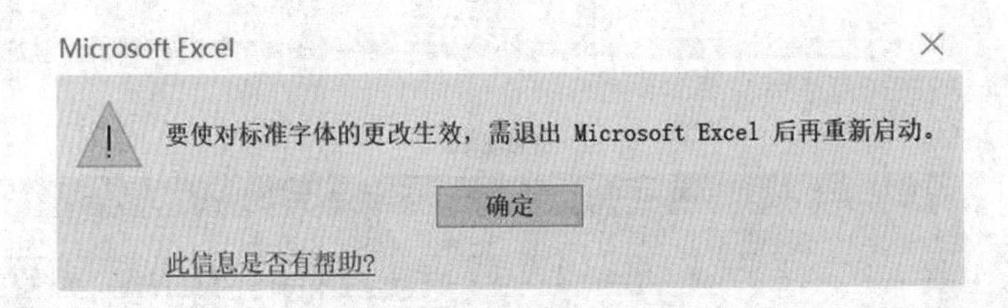

图1.80 Microsoft Excel 提示对话框

⑤将当前所打开的所有 Excel 2010 窗口关闭，然后重新启动 Excel 2010，新建一个 Excel 工作簿，并在单元格内输入文字，即可看到更改默认格式的效果。

(2)新建空白工作簿并修改文件名。

①在默认状态下，启动 Excel 2010 后系统会自动创建一个新工作簿文档，标题栏显示“工作簿1-Microsoft Excel”，当前工作表为 Sheet1。

②选择【文件】|【新建】命令，单击【空白工作簿】图标，再单击【创建】按钮，如图1.81所示，系统会自动创建新的空白工作簿，单击【文件】|【保存】命令，如图1.82所示。

③修改工作簿的文件名。将“工作簿1.xlsx”修改为“成绩管理.xlsx”，如图1.83所示，单击【保存】按钮。

(3)在“成绩管理”工作簿中，制作“成绩统计表”。

①在工作簿界面下方工作表名区域，双击【Sheet1】，把工作表 Sheet1 重命名为“成绩统计表”。然后选中 A1 为当前单元格，输入标题文字“成绩统计表”。

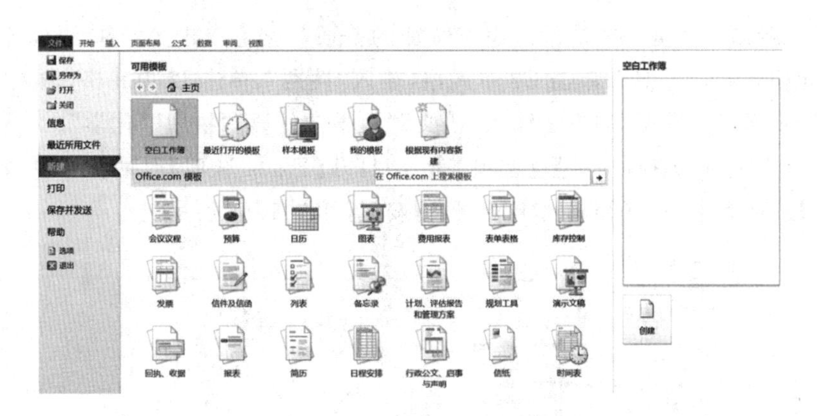

图 1.81　新建空白工作簿

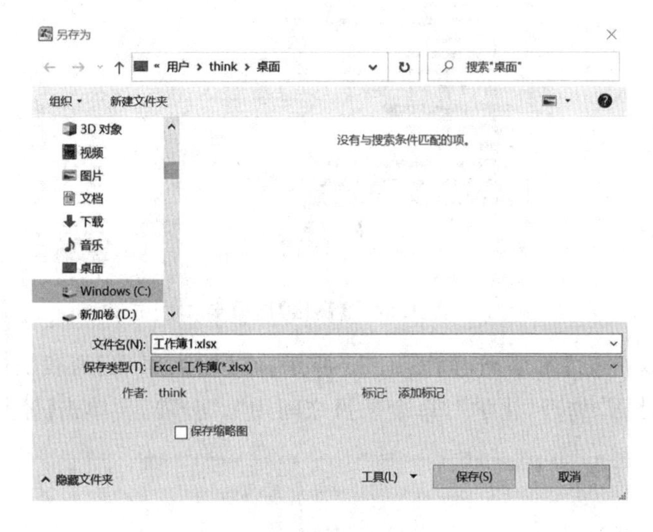

图 1.82　保存工作簿

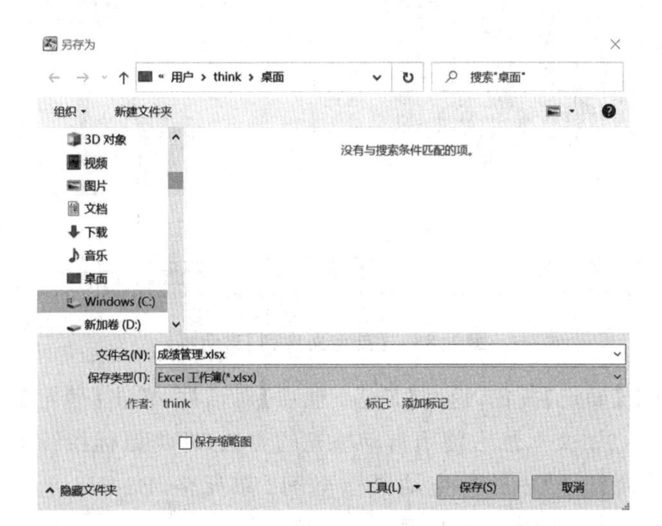

图 1.83　修改工作簿文件名

②选中 A1:I1 区域，单击【开始】选项卡，再在【对齐方式】组中单击【合并后居中】按钮，即可实现单元格的合并及标题居中的功能。

③使用一般输入数据的方法录入没有特征的普通数据。单击 A2 单元格，输入“学号”；单击 B2 单元格，输入“姓名”；单击 C2 单元格，输入“性别”，单击 I2 单元格，输入“总分”。

④利用“序列填充数据”的方法输入“语文”“数学”“外语”“物理”“化学”。

a. 创建新的序列：选择【文件】|【选项】命令，打开【Excel 选项】对话框，选择【高级】选项卡，在【常规】选项组中单击【编辑自定义列表】按钮，如图 1.84 所示。

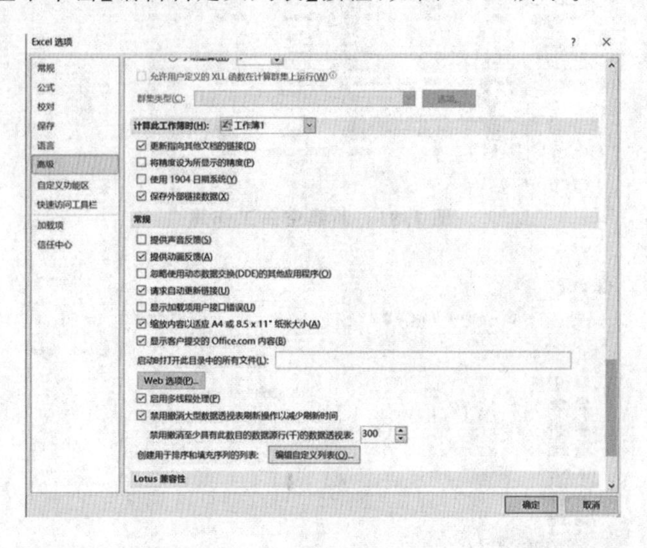

图 1.84 【高级】选项卡

b. 打开【自定义序列】对话框，如图 1.85 所示，在【输入序列】列表框中输入需要的序列条目“语文，数学，外语，物理，化学”，每个条目之间用“，”分隔，再单击【添加】按钮。

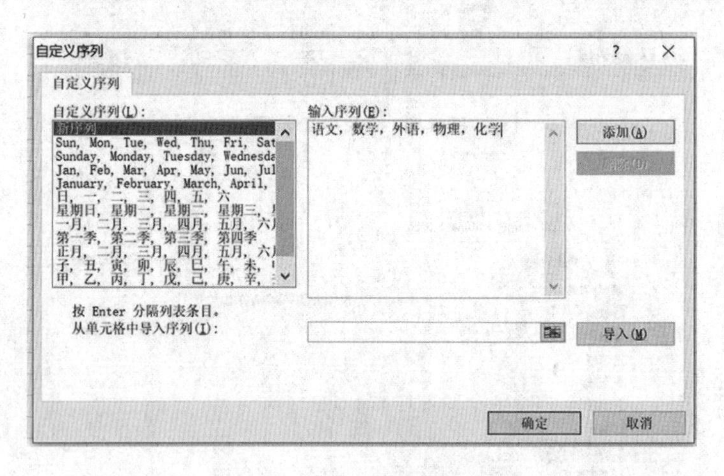

图 1.85 【自定义序列】对话框

⑤设置完毕单击【确定】按钮，返回【Excel 选项】对话框，单击【确定】按钮，返回工作表。单击 D2 单元格，输入“语文”，然后使用自动填充的方法，即将鼠标指针指向 D2 单元格右下角的填充柄处，当出现符号“+”时，拖动鼠标至 H2 单元格，B2：H2 单元格会分别输入“语文”“数学”“外语”“物理”“化学”5 个数据。

⑥利用数据填充功能完成“学号”下面数据的输入。

单击 A3 单元格，输入“0861200001”，然后使用自动填充的方法，即将鼠标指向 A3 单元格右下角的填充柄处，当出现符号“+”时，按住【Ctrl】键并拖动鼠标至 A12 单元格，单击

A12 单元格右下角弹出的【自动填充选项】按钮，在弹出的下拉菜单中选中【填充序列】单选项，A3:A12 单元格会分别填入“0861200001”～“0861200010”10 个连续数据。

⑦再用第③步的方法完成成绩统计表中的其他数据的输入。

⑧单击第 2 行左侧的行号【2】，然后向下拖动至第 12 行，选中从第 2 行至第 12 行的单元格，如图 1.86 所示。

⑨将鼠标指针移动到左侧的任意列号分界处，这时鼠标指针变为“$\updownarrow$”形状，按住鼠标左键向下拖动，将出现一条虚线并随鼠标指针移动，显示行高的变化，如图 1.87 所示。

⑩拖动鼠标使虚线到达合适的位置释放鼠标左键，这时所有选中的行的行高均被改变。

⑪选中 A 列至 I 列所有单元格，单击【开始】选项卡，再在【单元格】组中单击【格式】按钮，在弹出的下拉菜单中选择【列宽】命令，打开【列宽】对话框，在文本框中输入列宽“12”命令，单击【确定】按钮，完成列宽设置。

	A	B	C	D	E	F	G	H	I
1					成绩统计表				
2	学号	姓名	性别	语文	数学	外语	物理	化学	总分
3	0861200001	万颖	女	60	55	75	72	68	330
4	0861200002	何非亚	女	88	92	91	90	96	457
5	0861200003	马丽	女	73	66	92	86	76	393
6	0861200004	陈秋霖	男	90	84	82	77	92	425
7	0861200005	罗励	男	82	84	77	84	90	417
8	0861200006	彭弦	男	72	81	89	69	82	393
9	0861200007	贺金凤	女	90	80	86	72	87	415
10	0861200008	李伟	男	80	90	75	76	90	411
11	0861200009	范玲	女	78	58	87	86	78	387
12	0861200010	周婷	女	85	75	88	79	83	410

图 1.86　选中第 2 至 12 行

	A	B	C	D	E	F	G	H	I
1					成绩统计表				
2	学号	姓名	性别	语文	数学	外语	物理	化学	总分
3	高度: 25.50 (51 像素)	万颖	女	60	55	75	72	68	330
4	0861200002	何非亚	女	88	92	91	90	96	457
5	0861200003	马丽	女	73	66	92	86	76	393
6	0861200004	陈秋霖	男	90	84	82	77	92	425
7	0861200005	罗励	男	82	84	77	84	90	417
8	0861200006	彭弦	男	72	81	89	69	82	393
9	0861200007	贺金凤	女	90	80	86	72	87	415
10	0861200008	李伟	男	80	90	75	76	90	411
11	0861200009	范玲	女	78	58	87	86	78	387
12	0861200010	周婷	女	85	75	88	79	83	410

图 1.87　调整行高

(4)格式化“成绩统计表”。

①设置表格的字体、字号、颜色及对齐方式。

a. 选中表格标题“成绩统计表”所在行，右击，在弹出的快捷菜单中选择【设置单元格格式】命令，打开【设置单元格格式】对话框。

b. 选择【字体】选项卡，字体选择“宋体”，字号为“14”，字形为“加粗”，颜色为“黑色，文字1”，如图 1.88 所示。

c. 选择【对齐】选项卡，【水平对齐】和【垂直对齐】均设置为【居中】，如图 1.89 所示，单击【确定】按钮。

d. 选中第 2 行，用同样的方法对第 2 行进行设置，将其字体设置为“宋体”，字号设置为“12”，颜色设置为“黑色”，字形设置为“加粗”。选择【对齐】选项卡，【水平对齐】和【垂直对

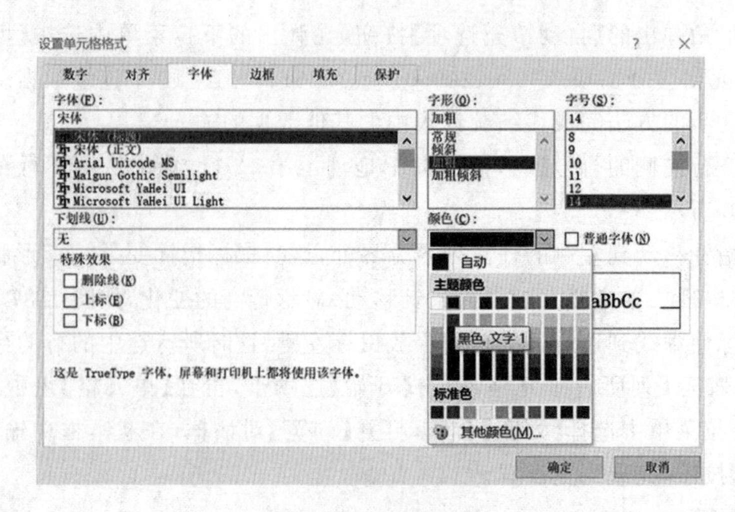

图 1.88 【字体】选项卡

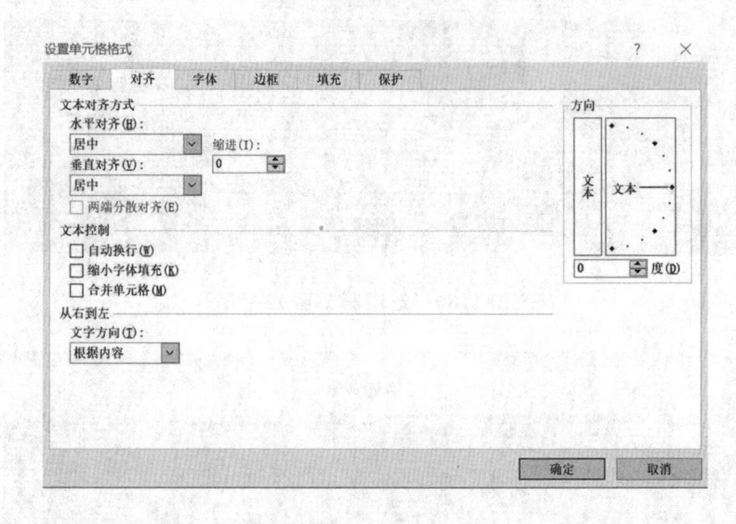

图 1.89 【对齐】选项卡

齐】均设置为【居中】,单击【确定】按钮。

e.选中第 3～12 行,在选中区域内右击,在弹出的快捷菜单中选择【设置单元格格式】命令,打开【设置单元格格式】对话框,选择【字体】选项卡,字体选择“宋体”,字号为“12”;选择【对齐】选项卡,【水平对齐】和【垂直对齐】均设置为【居中】,单击【确定】按钮。

②设置表格边框线。

a.选中 A2 单元格,并向右下方拖动鼠标,直到 I12 单元格,在选中区域内右击,在弹出的快捷菜单中选择【设置单元格格式】命令,打开【设置单元格格式】对话框,选择【边框】选项卡,在线条【样式】里选择一种线型“═══”,在线条【颜色】里选择绿色,在【预置】区域单击【外边框】按钮,如图 1.90 所示,表格的外边框线设置完成;在线条【样式】里选择一种线型“———”,在线条【颜色】里选择红色,在【预置】区域单击【内部】按钮,如图 1.91 所示,表格的内部边框线设置完成。

b.单击【确定】按钮,设置完边框线后工作表效果如图 1.92 所示。

③设置数字格式。

a.选中 D3:I12 区域。

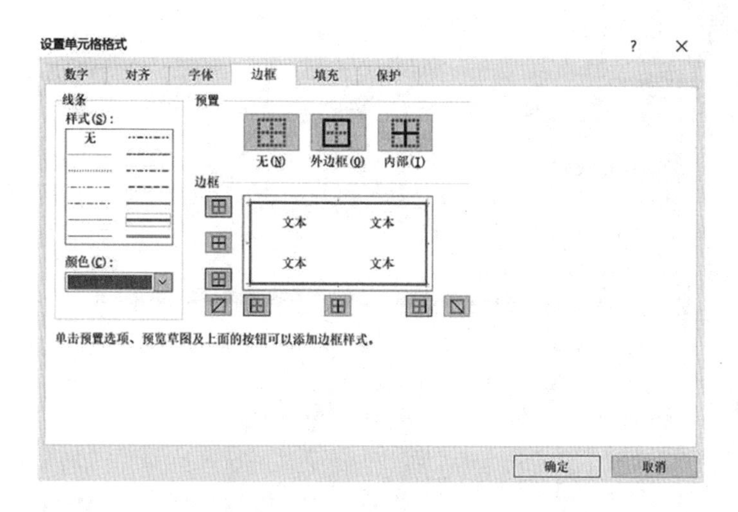

图 1.90　表格外边框线设置

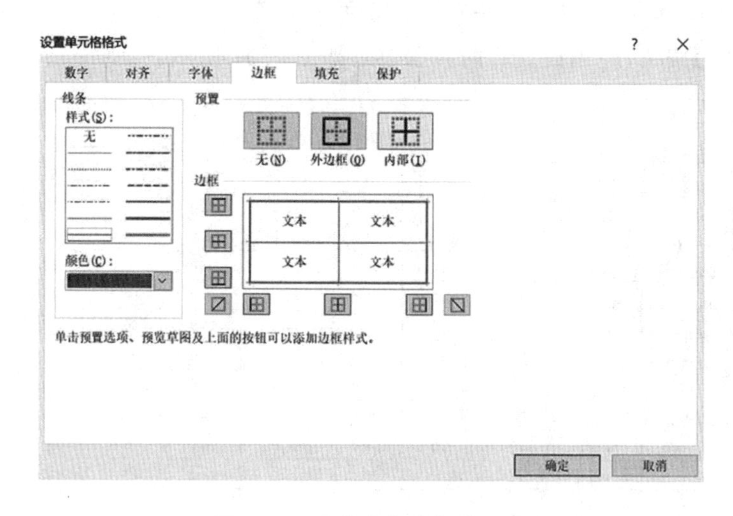

图 1.91　表格内部边框线设置

成绩统计表

学号	姓名	性别	语文	数学	外语	物理	化学	总分
0861200001	万颖	女	60	55	75	72	68	330
0861200002	何非亚	女	88	92	91	90	96	457
0861200003	马丽	女	73	66	92	86	76	393
0861200004	陈秋霖	男	90	84	82	77	92	425
0861200005	罗励	男	82	84	77	84	90	417
0861200006	彭弦	男	72	81	89	69	82	393
0861200007	贺金凤	女	90	80	86	72	87	415
0861200008	李伟	男	80	90	75	76	90	411
0861200009	范玲	女	78	58	87	86	78	387
0861200010	周婷	女	85	75	88	79	83	410

图 1.92　设置边框线后的工作表效果

b. 右击选中区域，在弹出的快捷菜单中选择【设置单元格格式】命令，打开【设置单元格格式】对话框，选择【数字】选项卡。

c. 在【分类】列表框中选择【数值】选项，将【小数位数】设置为 1，在【负数】列表框中选择

【(1234.0)】,如图 1.93 所示。

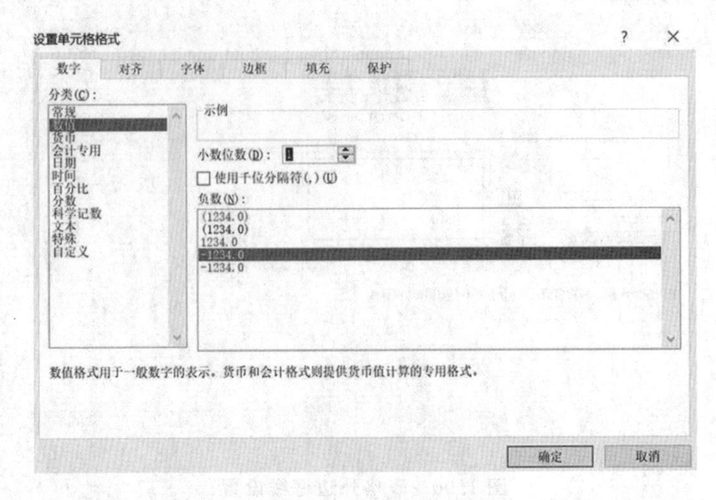

图 1.93 【数字】选项卡

d. 单击【确定】按钮,应用设置后的数据效果如图 1.94 所示。

	A	B	C	D	E	F	G	H	I
1	成绩统计表								
2	学号	姓名	性别	语文	数学	外语	物理	化学	总分
3	0861200001	万颖	女	60.0	55.0	75.0	72.0	68.0	330.0
4	0861200002	何非亚	女	88.0	92.0	91.0	90.0	96.0	457.0
5	0861200003	马丽	女	73.0	66.0	92.0	86.0	76.0	393.0
6	0861200004	陈秋霖	男	90.0	84.0	82.0	77.0	92.0	425.0
7	0861200005	罗励	男	82.0	84.0	77.0	84.0	90.0	417.0
8	0861200006	彭弦	男	72.0	81.0	89.0	69.0	82.0	393.0
9	0861200007	贺金凤	女	90.0	80.0	86.0	72.0	87.0	415.0
10	0861200008	李伟	男	80.0	90.0	75.0	76.0	90.0	411.0
11	0861200009	范玲	女	78.0	58.0	87.0	86.0	78.0	387.0
12	0861200010	周婷	女	85.0	75.0	88.0	79.0	83.0	410.0

图 1.94 设置数字格式后的工作表效果

④设置日期格式。

a. 将鼠标指针移动到第 1 行左侧的行号上,当鼠标指针变为"➡"时,单击可选中第 1 行中的全部数据。

b. 右击选中的区域,在弹出的快捷菜单中选择【插入】命令。

c. 在【插入】的空行中,选中 A1 单元格并输入"2020-12-12",单击编辑左侧的【输入】按钮✔,结束输入状态。

d. 选中 A1 单元格并右击,在弹出的快捷菜单中选择【设置单元格格式】命令,打开【设置单元格格式】对话框,选择【数字】选项卡,在【分类】列表框中选择【日期】,在【类型】列表框中选择【二〇〇一年三月十四日】,如图 1.95 所示,单击【确定】按钮。

e. 选中 A1:B1 单元格区域,单击【开始】选项卡,再在【对齐方式】组中单击【合并后居中】按钮,将两个单元格合并为一个,应用设置后的效果如图 1.96 所示。

⑤设置单元格背景颜色。

a. 选中 A4:I13 单元格区域,单击【开始】选项卡,再在【字体】组中单击【填充颜色】下拉按钮,在弹出的下拉列表框中选择"紫色,强调文字颜色 4,淡色 80%"。

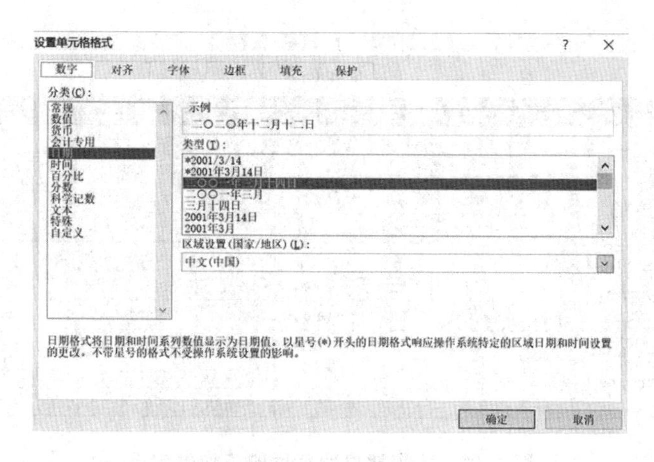

图 1.95　设置日期格式

	A	B	C	D	E	F	G	H	I
1	二〇二〇年十二月十二日								
2					成绩统计表				
3	学号	姓名	性别	语文	数学	外语	物理	化学	总分
4	0861200001	万颖	女	60.0	55.0	75.0	72.0	68.0	330.0
5	0861200002	何非亚	女	88.0	92.0	91.0	90.0	96.0	457.0
6	0861200003	马丽	女	73.0	66.0	92.0	86.0	76.0	393.0
7	0861200004	陈秋霖	男	90.0	84.0	82.0	77.0	92.0	425.0
8	0861200005	罗励	男	82.0	84.0	77.0	84.0	90.0	417.0
9	0861200006	彭弦	男	72.0	81.0	89.0	69.0	82.0	393.0
10	0861200007	贺金凤	女	90.0	80.0	86.0	72.0	87.0	415.0
11	0861200008	李伟	男	80.0	90.0	75.0	76.0	90.0	411.0
12	0861200009	范玲	女	78.0	58.0	87.0	86.0	78.0	387.0
13	0861200010	周婷	女	85.0	75.0	88.0	79.0	83.0	410.0

图 1.96　设置日期格式后的工作表效果

b. 用同样的方法将 A3:I3 单元格的背景设置为“深蓝，文字 2，淡色 80%”。

c. 设置底纹时，选定 A3:I3 区域并右击，在弹出的快捷菜单中选择【设置单元格格式】命令，打开【设置单元格格式】对话框，选择【填充】选项卡，在【图案样式】下拉列表框中选择“50%灰色”，如图 1.97 所示。单击【确定】按钮，应用设置后的数据效果如图 1.98 所示。

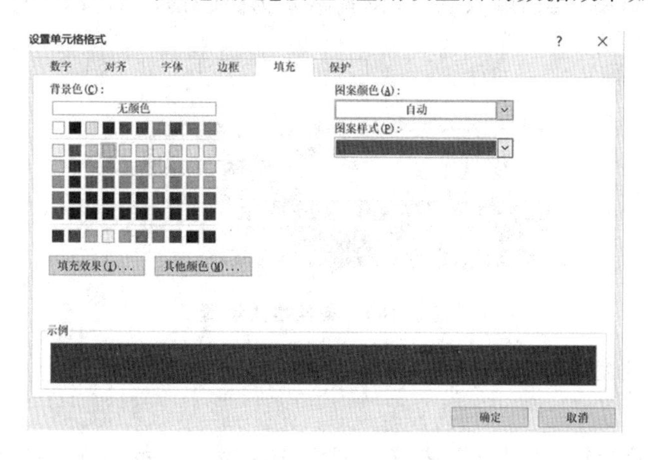

图 1.97　【填充】选项卡

学号	姓名	性别	语文	数学	外语	物理	化学	总分
0861200001	万颖	女	60.0	55.0	75.0	72.0	68.0	330.0
0861200002	何非亚	女	88.0	92.0	91.0	90.0	96.0	457.0
0861200003	马丽	女	73.0	66.0	92.0	86.0	76.0	393.0
0861200004	陈秋霖	男	90.0	84.0	82.0	77.0	92.0	425.0
0861200005	罗励	男	82.0	84.0	77.0	84.0	90.0	417.0
0861200006	彭弦	男	72.0	81.0	89.0	69.0	82.0	393.0
0861200007	贺金凤	女	90.0	80.0	86.0	72.0	87.0	415.0
0861200008	李伟	男	80.0	90.0	75.0	76.0	90.0	411.0
0861200009	范玲	女	78.0	58.0	87.0	86.0	78.0	387.0
0861200010	周婷	女	85.0	75.0	88.0	79.0	83.0	410.0

图 1.98 设置背景颜色后的工作表效果

⑥设置数字的条件格式。

a. 选中 D4:H13 单元格区域，单击【开始】选项卡，再在【样式】组中单击【条件格式】下拉按钮，在弹出的下拉菜单中选择【突出显示单元格规则】命令，在弹出的下拉子菜单中选择【大于】，如图 1.99 所示。

图 1.99 【条件格式】下拉菜单

b. 在弹出的窗口中，我们输入“90”，设置格式为【浅红填充色深红色文本】，如图 1.100 所示。

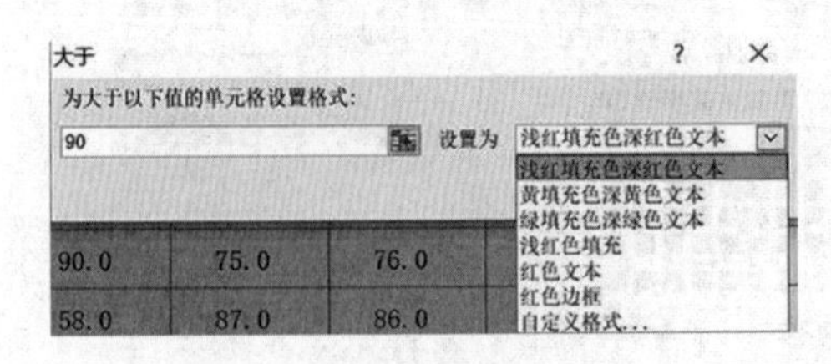

图 1.100 条件格式设置

c. 单击【确定】按钮，应用设置后的数据效果如图 1.78 所示。

【实验练习】

1. 用 Excel 创建“教师工资表”，内容如图 1.101 所示。按照题目要求完成后，用 Excel 的保存功能存盘。

教师工资表

姓名	性别	年龄	学位	编制	职称	基本工资	奖金	津贴	水费	电费	管理费	实发工资
范阳	女	30.00	学士	临时工	助教	3500.00	330.00	630.00	17.23	67.49	10.00	4365.28
黄洋	男	42.00	学士	合同工	副教授	3000.00	250.00	860.00	16.29	68.89	10.00	4014.82
李周	女	50.00	博士	临时工	教授	9000.00	290.00	990.00	13.25	65.34	10.00	10191.41
姜云秀	女	48.00	硕士	干部	副教授	7500.00	320.00	830.00	18.46	78.85	10.00	8542.69
李云柱	男	37.00	中技	合同工	讲师	5000.00	270.00	750.00	14.58	65.59	10.00	5929.83
李长青	男	34.00	大专	干部	讲师	5000.00	300.00	780.00	15.76	73.28	10.00	5980.96
刘锦程	男	47.00	硕士	临时工	教授	9000.00	250.00	960.00	17.37	76.46	10.00	10106.17
刘玉	女	27.00	硕士	干部	讲师	5000.00	310.00	820.00	16.48	74.83	10.00	6028.69

图 1.101　教师工资表设置后的效果图

要求：

(1)对“教师工资表”的标题行设置跨行居中，字体设置为黑体、16磅、加粗、红色底纹；列标题行字体设置为宋体、14磅、加粗、浅绿色底纹；表格中其他内容的字体设置为宋体、12磅、黄色底纹。

(2)表格中所有内容的水平和垂直方向设置为居中。数字保留2位小数；为工作表中的A2:M10区域添加实线外边框线、虚线内边框线。

2.用Excel创建“成绩统计表”，内容如图1.102所示。按照题目要求完成后，用Excel的保存功能存盘。

	A	B	C	D	E	F	G	H	I	J	K	L	M	N	O	P
1	成绩统计表															
2	学号	姓名	性别	出生日期	公共基础课				专业课				选修课		德育	总成绩
3					大学英语	体育	两课基础	计算机	旅游概论	模拟导游实训	旅游地理	形体与礼仪	演讲与口才	摄影构图		
4	0861200001	万颖	女	2000年7月5日	98	93	90	90	100	96	94	96	97	80	A	934
5	0861200002	何非亚	女	2001年10月6日	33	22	85	95	95	86	89	96	61	95	A	757
6	0861200003	李伟	男	2000年8月7日	91	88	92	85	77	79	66	61	52	69	A	760
7	0861200004	袁碧鸿	女	2000年11月8日	70	62	49	50	77	68	80	52	81	75	A	664
8	0861200005	余洁	女	2000年5月9日	98	90	87	84	95	63	77	81	87	76	A	838
9	0861200006	王杰	男	2000年7月10日	99	78	60	98	90	55	88	79	92	87	A	826
10	0861200007	钟涛	男	2000年3月11日	92	80	93	98	100	93	96	95	94	90	B	931
11	0861200008	宋志强	男	2000年8月12日	66	53	70	55	47	50	32	88	87	80	B	628
12	0861200009	范玲	女	2000年12月13日	98	65	92	90	93	82	70	89	93	85	B	857
13	0861200010	刘飞	男	2000年7月14日	97	70	77	85	93	71	73	84	78	85	B	813
14	课程平均成绩				84	70	80	83	87	74	77	82	82	82		

图 1.102　成绩统计

要求：

(1)按图1.102所示内容输入数据。

①使用一般输入数据的方法录入没有特征的普通数据；

②利用“序列填充数据”的方法输入列标题“旅游概论”“模拟导游实训”“旅游地理”“形体与礼仪”“演讲与口才”“摄影构图”；

③利用数据填充功能完成“学号”下面数据的输入。

(2)利用单元格的移动功能将“0861200008”所在行置于“0861200010”所在行的下方。

(3)调整行高为20，列宽根据单元格内容进行设置。

(4)格式化“成绩统计表”。

①对标题行设置跨行居中，字体设置为黑体、16磅、加粗、红色底纹；列标题行字体设置为宋体、14磅、加粗、浅绿色底纹；表格中其他内容的字体设置为宋体、12磅、黄色底纹。

②设置表格边框线为：绿色双线外边框，红色单线内边框。

③表格中所有内容的水平和垂直方向设置为居中，表中所有数字不保留小数位。

④将每门课程低于60分的成绩用“浅红填充色深红色文本”显示(没有60分以下的课程不设置)。

实验项目2 数据计算基础操作

【实验目的】

➢掌握数据的有效性设置。

➢掌握公式的使用方法。

➢掌握简单函数的应用。

【实验技术要点】

1.数据的有效性设置

①设置数据的有效性;②测试数据有效性。

2.公式的使用

①公式的输入方法。②公式中单元格地址的引用:相对引用、绝对引用、混合引用。③公式的编辑方法。④公式的移动和复制。

3.简单函数的应用

(1)函数的语法。

(2)函数的参数。

(3)简单函数的应用。

①求和函数——SUM函数。

功能:计算参数的和。

语法:SUM(Number1,[Number2],…)

Number1:必需参数,要相加的第一个数字,该选项可以是数字或单元格范围。

Number2:可选参数,要相加的第二个数字,后面依次类推。

②求平均值函数——AVERAGE函数。

功能:返回一组数中的平均值。

语法:AVERAGE(Number1,[Number2],…)

Number1:必需参数,参与求平均值的第一个数字,该选项可以是数字或单元格范围。

Number2:可选参数,参与求平均值的第二个数字,后面依次类推。

③计算包含数字的单元格个数函数——COUNT函数。

功能:计算包含数字的单元格以及参数列表中数字的个数。

语法:COUNT(Value1,[Value2],…)

Value1:必需参数,要计算其中数字的个数的第一项、单元格引用或区域。

Value2:可选参数,要计算其中数字的个数的其他项、单元格引用或区域,最多可包含255个。

④计算非空的单元格个数函数——COUNTA函数。

功能:计算区域中不为空的单元格的个数。

语法:COUNTA(Value1,[Value2],…)

Value1:必需参数,表示要计数的值的第一个参数。

Value2：可选参数，表示要计数的值的其他参数，最多可包含 255 个参数。

⑤计算空白单元格的个数函数——COUNTBLANK 函数。

功能：计算指定单元格区域中空白单元格的个数。

语法：COUNTBLANK(Range)

Range：必需参数，要计算其中空白单元格数目的区域。

⑥条件计数函数——COUNTIF 函数。

功能：对区域中满足单个指定条件的单元格进行计数。

语法：COUNTIF(Range，Criteria)

Range：必需参数，要计算其中非空单元格数目的区域。

Criteria：必需参数，以数字、表达式或文本形式定义的条件。

⑦多条件计数函数——COUNTIFS 函数。

功能：对区域中满足多个指定条件的单元格进行计数。

语法：COUNTIFS (Criteria_range1，Criteria1，Criteria_range2，Criteria2，…)

Criteria_range1：必需参数，为第一个需要计算其中满足某个条件的单元格数目的单元格区域(简称条件区域)。

Criteria_range2：第二个条件区域，Criteria2 为第二个条件，依次类推。最终结果为多个区域中满足所有条件的单元格个数。

⑧排名函数——RANK 函数。

功能：返回一个数字在数字列表中的排位。

语法：RANK (Number，Ref，[Order])

Number：必需参数，需要排位的数字，即指定的数字。

Ref：必需参数，排位的范围，即列数字。

Order：可选参数，数字排位的方式。若为 0，按降序排位，可省略；若不为 0，则按升序排位。

⑨求最大值函数——MAX 函数。

功能：返回一组数中的最大值。

语法：MAX(Number1，[Number2]，…)

Number1：必需参数，要求最大值的第一个数字，该选项可以是数字或单元格范围。

Number2：可选参数，要求最大值的第二个数字，后面依次类推。

⑩求最小值函数——MIN 函数。

功能：返回一组数中的最小值。

语法：MIN(Number1，[Number2]，…)

Number1：必需参数，要求最小值的第一个数字，该选项可以是数字或单元格范围。

Number2：可选参数，要求最小值的第二个数字，后面依次类推。

⑪取整函数——INT 函数。

功能：将数字向下舍入到最接近的整数。

语法：INT(Number)

Number：必需参数，要取整的数字，该选项可以是数字或单元格范围。

⑫四舍五入函数——ROUND 函数。

功能：按指定的位数对数值进行四舍五入。

语法：ROUND(Number, Num_digits)

Number：需要进行四舍五入的数字。

Num_digits：指定的位数，按此位数进行四舍五入。

如果 Num_digits 大于 0，则四舍五入到指定的小数位。

如果 Num_digits 等于 0，则四舍五入到最接近的整数。

如果 Num_digits 小于 0，则在小数点左侧进行四舍五入。

⑬绝对值函数——ABS 函数。

功能：返回指定数字的绝对值。

语法：ABS(Number)

Number：必需参数，要求绝对值的数字，该选项可以是数字或单元格范围。

【实验内容】

一、任务描述

（1）对本节实验项目 1 中的工作表“成绩统计表”进行相应的编辑操作后，使表格变为如图 1.103 所示的形式。

	A	B	C	D	E	F	G	H	I	J
1	成绩统计表									
2	学号	姓名	性别	语文	数学	外语	物理	化学	总分	名次
3	0861200001	万颖	女	60.0	55.0	75.0	72.0	68.0		
4	0861200002	何非亚	女	88.0	92.0	91.0	90.0	96.0		
5	0861200003	马丽	女	73.0	66.0	92.0	86.0	76.0		
6	0861200004	陈秋霖	男	90.0	84.0	82.0	77.0	92.0		
7	0861200005	罗励	男	82.0	84.0	77.0	84.0	90.0		
8	0861200006	彭弦	男	72.0	81.0	89.0	69.0	82.0		
9	0861200007	贺金凤	女	90.0	80.0	86.0	72.0	87.0		
10	0861200008	李伟	男	80.0	90.0	75.0	76.0	90.0		
11	0861200009	范玲	女	78.0	58.0	87.0	86.0	78.0		
12	0861200010	周婷	女	85.0	75.0	88.0	79.0	83.0		
13	平均分									
14	平均分（四舍五入）									
15	平均分（取整）									
16	人数									
17	最高分									
18	最低分									
19	优秀率									
20	及格率									

图 1.103　工作表内容

（2）设置语文、数学、外语、物理、化学等各科成绩的数据有效性为：数值在 0～100 之间，允许有小数位。并进行相应的有效性验证操作。

（3）利用公式和函数对“成绩统计表”中的总分、名次、平均分、人数、最高分、最低分、优秀率、及格率进行计算。

（4）对表格进行相应的格式化设置。

二、任务目标

实验任务完成后，最后的效果如图 1.104 所示。

	A	B	C	D	E	F	G	H	I	J
1	成绩统计表									
2	学号	姓名	性别	语文	数学	外语	物理	化学	总分	名次
3	0861200001	万颖	女	60.0	55.0	75.0	72.0	68.0	330.0	10
4	0861200002	何非亚	女	88.0	92.0	91.0	90.0	96.0	457.0	1
5	0861200003	马丽	女	73.0	66.0	92.0	86.0	76.0	393.0	7
6	0861200004	陈秋霖	男	90.0	84.0	82.0	77.0	92.0	425.0	2
7	0861200005	罗励	男	82.0	84.0	77.0	84.0	90.0	417.0	3
8	0861200006	彭弦	男	72.0	81.0	89.0	69.0	82.0	393.0	7
9	0861200007	贺金凤	女	90.0	80.0	86.0	72.0	87.0	415.0	4
10	0861200008	李伟	男	80.0	90.0	75.0	76.0	90.0	411.0	5
11	0861200009	范玲	女	78.0	58.0	87.0	86.0	78.0	387.0	9
12	0861200010	周婷	女	85.0	75.0	88.0	79.0	83.0	410.0	6
13	平均分			79.8	76.5	84.2	79.1	84.2		
14	平均分（四舍五入）			80.0	77.0	84.0	79.0	84.0		
15	平均分（取整）			79.0	76.0	84.0	79.0	84.0		
16	人数			10	10	10	10	10		
17	最高分			90.0	92.0	92.0	90.0	96.0		
18	最低分			60.0	55.0	75.0	69.0	68.0		
19	优秀率			20.0%	20.0%	20.0%	10.0%	40.0%		
20	及格率			100.0%	80.0%	100.0%	100.0%	100.0%		

图 1.104　效果示意图

三、任务实施

(1)对本节实验项目 1 的工作表“成绩统计表”进行相应的编辑操作。

把 Excel“成绩管理”工作簿中的工作表“成绩统计表”内容复制到“Sheet2”中，按图 1.103 所示内容对表格进行相应的编辑操作，编辑完成后保存，并把“Sheet2”重命名为“成绩统计表-计算 1”。

(2)设置语文、数学、外语、物理、化学等各科成绩的数据有效性为：数值在 0～100 之间，允许有小数位。并进行相应的有效性验证操作。

①选中单元格区域 D3：H12，单击【数据】选项卡，再在【数据工具】组中单击【数据有效性】按钮右边的小箭头，在弹出的下拉菜单中选中【数据有效性】功能，如图 1.105 所示。

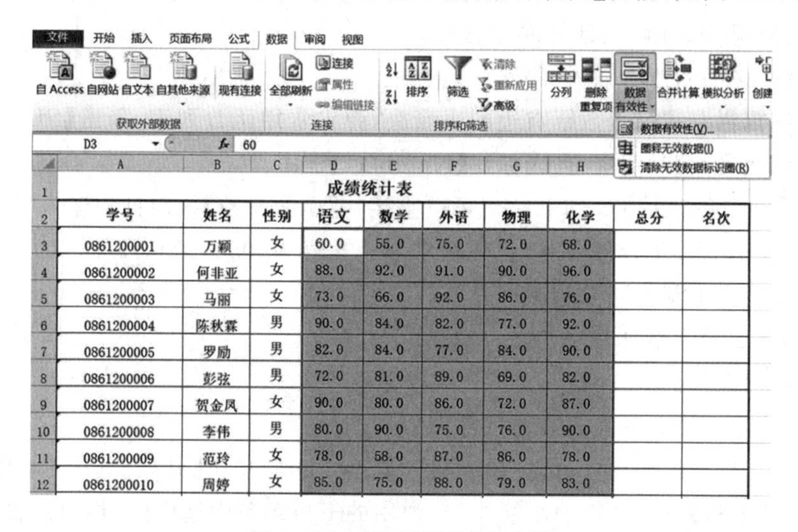

	A	B	C	D	E	F	G	H	I	J
1	成绩统计表									
2	学号	姓名	性别	语文	数学	外语	物理	化学	总分	名次
3	0861200001	万颖	女	60.0	55.0	75.0	72.0	68.0		
4	0861200002	何非亚	女	88.0	92.0	91.0	90.0	96.0		
5	0861200003	马丽	女	73.0	66.0	92.0	86.0	76.0		
6	0861200004	陈秋霖	男	90.0	84.0	82.0	77.0	92.0		
7	0861200005	罗励	男	82.0	84.0	77.0	84.0	90.0		
8	0861200006	彭弦	男	72.0	81.0	89.0	69.0	82.0		
9	0861200007	贺金凤	女	90.0	80.0	86.0	72.0	87.0		
10	0861200008	李伟	男	80.0	90.0	75.0	76.0	90.0		
11	0861200009	范玲	女	78.0	58.0	87.0	86.0	78.0		
12	0861200010	周婷	女	85.0	75.0	88.0	79.0	83.0		

图 1.105　【数据有效性】功能

②在【数据有效性】对话框中进行数据有效性设置，如图 1.106 所示。

a. 在【设置】选项卡中定义有效性条件：0～100。

b. 在【输入信息】选项卡中输入所需要的输入提示信息：请输入 0 至 100 之间的数字。

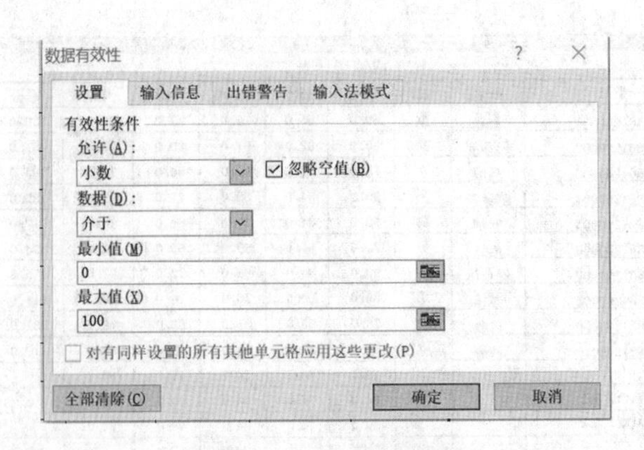

图 1.106 数据有效性设置

c. 在【出错警告】选项卡中输入出错警告信息：数据无效，请重新输入！

③最后单击【确认】按钮。

④测试数据有效性以确保其正常工作。

测试方法：尝试在单元格区域 D3：H12 范围内输入有效和无效数据，验证设置结果，并且显示所预期的信息。

(3)利用公式和函数对“成绩统计表”中的总分、名次、平均分、人数、最高分、最低分、优秀率、及格率进行计算。

①计算课程总分。

方法一：使用自动求和命令计算课程总分。

a. 选中单元格区域 D3：H3 后，单击【开始】选项卡，再在【编辑】组单击【Σ 自动求和】按钮后，在 I3 单元格就求出了学号为“0861200001”同学的总分。

b. 单击 I3 单元格，将鼠标指向 I3 单元格右下角的填充柄处，当出现符号“＋”时，拖动鼠标至 I12 单元格，I3：I12 单元格就会分别显示出每位同学的课程总分。

方法二：使用 SUM 函数计算课程总分。

a. 选中单元格 I3，然后输入等号【＝】。

b. 单击编辑栏左端的函数框右边的小箭头，弹出常用函数列表，单击【SUM】函数，即可显示 SUM【函数参数】对话框，且光标在【Number1】框中。

c. 选择求总分的区域 D3 到 H3，也可以直接在【函数参数】编辑框中输入“D3：H3”，如图 1.107 所示，单击【确定】按钮，在 I3 单元格求出了学号为“0861200001”同学的总分，然后利用数据填充功能求出其他同学的课程总分。

计算总分(I3 单元格)的公式为：＝SUM(D3：H3)。

②计算各门课程的平均分。

方法一：使用自动求平均值命令计算课程平均分。

a. 先求语文科目的平均分，选中单元格区域 D3：D12，单击【开始】选项卡，再在【编辑】组中单击【Σ 自动求和】按钮右边的小箭头，在弹出的下拉菜单中选中【平均值】功能，在 D13 单元格求出了语文成绩的平均分。

b. 单击 D13 单元格，将鼠标指向 D13 单元格右下角的填充柄处，当出现符号“＋”时，拖动鼠标至 H13 单元格，D13：H13 单元格就会分别显示出每个科目的平均分。

方法二：使用 AVERAGE 函数计算各门课程的平均分。

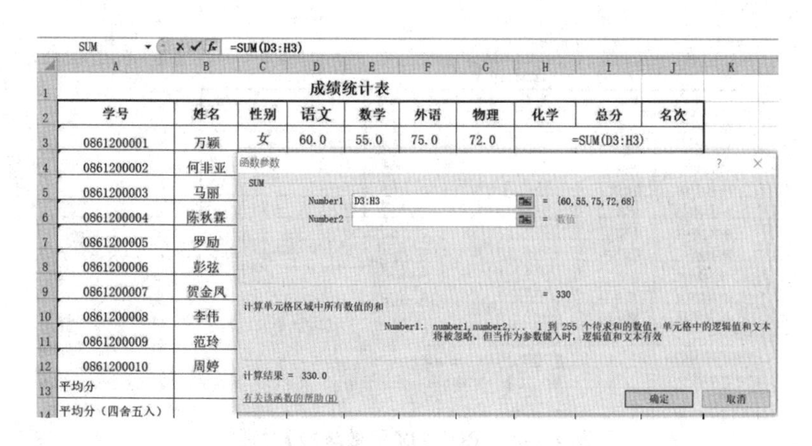

图 1.107　SUM【函数参数】对话框

a. 单击单元格 D13，然后输入等号【=】。

b. 单击编辑栏左端的函数框右边的小箭头，弹出常用函数列表，单击【AVERAGE】函数，即可显示【函数参数】对话框，且光标在【Number1】框中。

c. 选中语文成绩的区域 D3 到 D12，也可以直接在【函数参数】编辑框中输入“D3:D12”，如图 1.108 所示，单击【确定】按钮，在 D13 单元格求出了语文科目的平均分，然后利用数据填充功能求出其他科目的课程平均分。

图 1.108　AVERAGE【函数参数】对话框

计算平均分(D13 单元格)的公式为：=AVERAGE(D3:D12)。

③对课程的平均分进行四舍五入计算。

a. 单击单元格 D14，然后输入等号【=】。

b. 单击编辑栏左端的函数框右边的小箭头，弹出常用函数列表，单击【其他函数】，即可显示【插入函数】对话框，在【搜索函数】下面的方框中输入 round，然后单击【转到】按钮，在函数列表中选中并双击【ROUND】函数，进入 ROUND【函数参数】对话框，且光标在【Number】框中。

c. 单击单元格 D13，也可以直接在【函数参数】编辑框中输入“D13”，移动鼠标光标至【Num_digits】框中，输入“0”，如图 1.109 所示。

d. 单击【确定】按钮，在 D14 单元格求出了语文平均分四舍五入后的值，然后利用数据填充功能求出其他科目平均分四舍五入后的值。

计算平均分(四舍五入)(D14 单元格)的公式为：=ROUND(D13,0)。

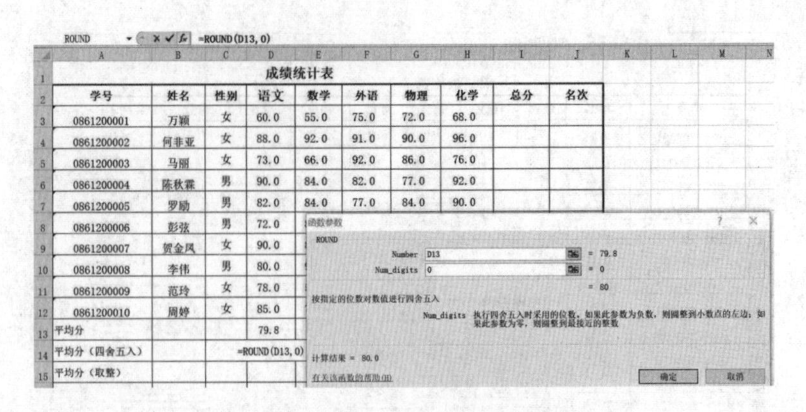

ROUND =ROUND(D13, 0)

学号	姓名	性别	语文	数学	外语	物理	化学	总分	名次
0861200001	万颖	女	60.0	55.0	75.0	72.0	68.0		
0861200002	何非亚	女	88.0	92.0	91.0	90.0	96.0		
0861200003	马丽	女	73.0	66.0	92.0	86.0	76.0		
0861200004	陈秋霖	男	90.0	84.0	82.0	77.0	92.0		
0861200005	罗励	男	82.0	84.0	77.0	84.0	90.0		
0861200006	彭弦	男	72.0						
0861200007	贺金凤	女	90.0						
0861200008	李伟	男	80.0						
0861200009	范玲	女	78.0						
0861200010	周婷	女	85.0						
平均分			79.8						
平均分（四舍五入）			=ROUND(D13, 0)						
平均分（取整）									

图 1.109 ROUND【函数参数】对话框

④对课程的平均分进行取整计算。

a. 单击单元格 D15，然后输入等号【=】。

b. 单击编辑栏左端的函数框右边的小箭头，弹出常用函数列表，单击【其他函数】，即可显示【插入函数】对话框，在【搜索函数】下面的方框中输入 int，然后单击【转到】按钮，在函数列表中选中并双击 INT 函数，进入 INT【函数参数】对话框，且光标在【Number】框中。

c. 单击单元格 D13，也可以直接在【函数参数】编辑框中输入“D13”，如图 1.110 所示。

d. 单击【确定】按钮，在 D15 单元格求出了语文平均分取整后的值，然后利用数据填充功能求出其他科目平均分取整后的值。

计算平均分（取整）（D15 单元格）的公式为：=INT(D13)。

INT =INT(D13)

成绩统计表

学号	姓名	性别	语文	数学	外语	物理	化学	总分	名次
0861200001	万颖	女	60.0	55.0	75.0	72.0	68.0		
0861200002	何非亚	女	88.0	92.0	91.0	90.0	96.0		
0861200003	马丽	女	73.0	66.0	92.0	86.0	76.0		
0861200004	陈秋霖	男	90.0	84.0	82.0	77.0	92.0		
0861200005	罗励	男	82.0	84.0	77.0	84.0	90.0		
0861200006	彭弦	男	72.0	81.0	89.0	69.0	82.0		
0861200007	贺金凤	女	90.0						
0861200008	李伟	男	80.0						
0861200009	范玲	女	78.0						
0861200010	周婷	女	85.0						
平均分			79.8						
平均分（四舍五入）			80.0						
平均分（取整）			=INT(D13)						

图 1.110 INT【函数参数】对话框

⑤计算总人数。

a. 单击单元格 D16，然后输入等号【=】。

b. 用 COUNT 函数计算学生的人数，方法同 AVERAGE 函数。

计算人数（D16 单元格）的公式为：COUNT(D3:D12)。

⑥计算各科目成绩的最高分。

a. 单击单元格 D17，然后输入等号【=】。

b. 用 MAX 函数计算各科目成绩的最高分，方法同 AVERAGE 函数。

计算最高分（D17 单元格）的公式为：MAX(D3:D12)。

⑦计算各科目成绩的最低分。

a. 单击单元格 D18，然后输入等号【=】。

b. 用 MIN 函数计算各科目成绩的最低分，方法同 MAX 函数。

计算最低分(D18 单元格)的公式为：MIN(D3:D12)。

⑧计算各科目成绩的优秀率。

优秀率的计算规则：某科目成绩在 90 分以上的人数/总人数。

a. 选中单元格 D19，然后输入等号【=】。

b. 单击【公式】选项卡，再在【函数库】组中单击【插入函数】按钮，进入【插入函数】界面，在【搜索函数】下面的方框中输入 countif，然后单击【转到】按钮，在函数列表中选中并双击【COUNTIF】函数，进入 COUNTIF【函数参数】对话框，且光标在【Range】框中。

c. 选中语文成绩的区域 D3 到 D12，也可以直接在【函数参数】编辑框中输入“D3:D12”。

d. 移动鼠标光标至【Criteria】框中，输入“>=90”，如图 1.111 所示，单击【确定】按钮后，计算出语文成绩在 90 分以上的人数。

COUNTIF =COUNTIF(D3:D12,>=90)

	A	B	C	D	E	F	G	H	I	J
7	0861200005	罗励	男	82.0	84.0	77.0	84.0	90.0		
8	0861200006	彭弦	男	72.0	81.0	89.0	69.0	82.0		
9	0861200007	贺金凤	女	90.0	80.0	86.0	72.0	87.0		
10	0861200008	李伟	男	80.0	90.0	75.0	76.0	90.0		
11	0861200009	范玲	女	78.0	58.0	87.0	86.0	78.0		
12	0861200010	周婷	女	85.0	75.0	88.0	79.0	83.0		
13	平均分			79.8	76.5					
14	平均分（四舍五入）			80.0	77.0					
15	平均分（取整）			79.0	76.0					
16	人数			10	10					
17	最高分			90.0	92.0					
18	最低分			60.0	55.0					
19	优秀率		=COUNTIF(D3:D12,>=90)							
20	及格率									

函数参数
COUNTIF
Range D3:D12 = {60;88;73;90;82;72;90;80;78;85}
Criteria >=90 =
=
计算某个区域中满足给定条件的单元格数目
Criteria 以数字、表达式或文本形式定义的条件
计算结果 =
有关该函数的帮助(H) 确定 取消

图 1.111　COUNTIF【函数参数】对话框

e. 单击单元格 D19，在编辑栏“=countif(D3:D12,“>=90”)”的后面输入“/D16”(D16：总人数)，如图 1.112 所示。

COUNTIF =countif(D3:D12,">=90")/D16

	A	B	C	D	E	F	G	H	I	J
5	0861200003	马丽	女	73.0	66.0	92.0	86.0	76.0		
6	0861200004	陈秋霖	男	90.0	84.0	82.0	77.0	92.0		
7	0861200005	罗励	男	82.0	84.0	77.0	84.0	90.0		
8	0861200006	彭弦	男	72.0	81.0	89.0	69.0	82.0		
9	0861200007	贺金凤	女	90.0	80.0	86.0	72.0	87.0		
10	0861200008	李伟	男	80.0	90.0	75.0	76.0	90.0		
11	0861200009	范玲	女	78.0	58.0	87.0	86.0	78.0		
12	0861200010	周婷	女	85.0	75.0	88.0	79.0	83.0		
13	平均分			79.8	76.5	84.2	79.1	84.2		
14	平均分（四舍五入）			80.0	77.0	84.0	79.0	84.0		
15	平均分（取整）			79.0	76.0	84.0	79.0	84.0		
16	人数			10	10	10	10	10		
17	最高分			90.0	92.0	92.0	90.0	96.0		
18	最低分			60.0	55.0	75.0	69.0	68.0		
19	优秀率		=countif(D3:D12,">=90")/D16							

图 1.112　优秀率计算

f. 然后利用数据填充功能求出其他科目成绩的优秀率。

g. 最后把计算的结果利用单元格格式化设置方法转化为百分比格式。

计算语文成绩优秀率(D19 单元格)的公式为：=COUNTIF(D3:D12,“>=90”)/D16。

⑨计算各科目成绩的及格率。

及格率的计算规则：某科目成绩在60分以上的人数/总人数。

a. 选中单元格D20，然后输入等号【＝】。

b. 及格率的计算方法和优秀率的计算方法相似，只需要把求优秀率的条件"＞＝90"改为求及格率的条件"＞＝60"即可，其他操作步骤完全一样。

计算语文成绩的及格率（D20单元格）的公式为：＝COUNTIF（D3：D12，"＞＝60"）/D16。

⑩计算总分的降序排位。

a. 选中第三行单元格J3，然后输入等号【＝】。

b. 单击编辑栏左端的函数框右边的小箭头，弹出常用函数列表，单击【其他函数】，即可显示【插入函数】对话框，在【搜索函数】下面的方框中输入"rank"，然后单击【转到】按钮，在函数列表中选中【RANK】函数并双击鼠标后，即可显示RANK【函数参数】对话框，且光标在【Number】框中，选择第三行总分所在单元格I3，也可直接输入"I3"。

c. 移动鼠标光标至【Ref】框中，选择总分的区域"I3：I12"，然后再把这个区域的单元格地址变为绝对地址$I$3：$I$12，也可直接输入"$I$3：$I$12"。

d. 移动鼠标光标至【Order】框中，输入0（按降序方式排位），如图1.113所示。

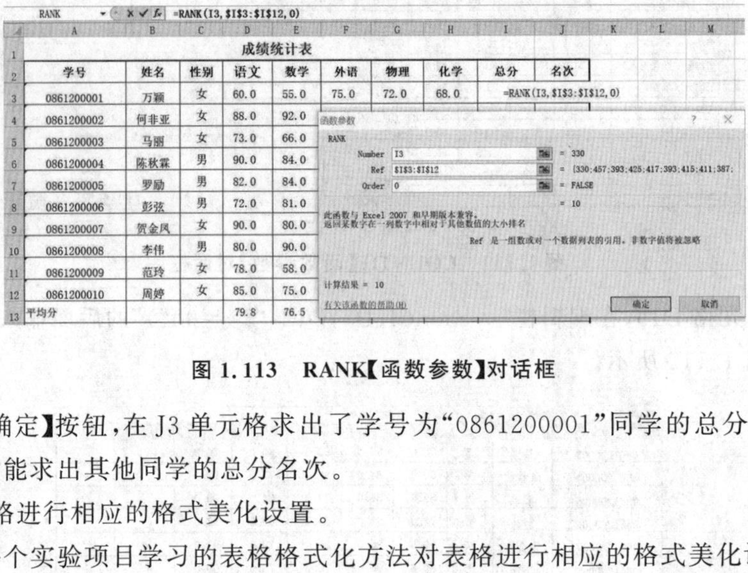

图1.113 RANK【函数参数】对话框

e. 单击【确定】按钮，在J3单元格求出了学号为"0861200001"同学的总分名次，然后利用数据填充功能求出其他同学的总分名次。

（4）对表格进行相应的格式美化设置。

根据上一个实验项目学习的表格格式化方法对表格进行相应的格式美化设置。

【实验练习】

（1）用Excel创建"期中成绩统计表"，内容如图1.114所示。按照题目要求完成后，用Excel的保存功能存盘。

要求：

①表格要有可视的边框，并将表中的列标题设置为宋体、14磅、居中，其他内容设置为宋体、12磅、居中。

②设置语文、数学、外语、物理、化学等各科成绩的数据有效性为：数值在0～100之间，允许有小数位。并进行相应的有效性验证操作。

③用函数计算总分。

期中成绩统计表								
序号	姓名	语文	数学	外语	物理	化学	总分	名次
1	丁杰	60	55	75	72	68		
2	丁喜莲	88	92	91	90	96		
3	公霞	73	66	92	86	76		
4	郭德杰	90	84	82	77	92		
5	李冬梅	82	84	77	84	90		
6	李静	72	81	89	69	82		
平均分								

图 1.114　期中成绩统计表

④用函数计算出名次。

⑤用函数计算出每门课程的平均分。

⑥将每门课程低于平均分的成绩以红色显示。

(2)用 Excel 创建"职工工资表",内容如图 1.115 所示。按照题目要求完成后,用 Excel 的保存功能存盘。

职工工资表					
姓名	性别	基本工资	奖金	补贴	实发工资
刘惠民	M	1315.32	253.00	100.00	
李宁宁	F	1285.12	230.00	100.00	
张　鑫	M	1490.34	300.00	200.00	
路　程	M	1200.76	100.00	0.00	
沈　梅	F	1580.00	320.00	300.00	
高　兴	M	1390.78	240.00	150.00	
王　陈	M	1500.60	258.00	200.00	
陈　岚	F	1300.80	230.00	100.00	
周　媛	F	1450.36	280.00	200.00	
王国强	M	1200.45	100.00	0.00	
刘倩如	F	1280.45	220.00	80.00	
陈雪如	F	1360.30	240.00	100.00	
赵英英	F	1612.60	450.00	300.00	
实发工资大于2000的人数					

图 1.115　职工工资表

要求:

①表格要有可视的边框,并将表中的列标题设置为宋体、14 磅、居中,其他内容设置为宋体、12 磅、居中。

②用函数计算实发工资,实发工资=基本工资+奖金+补贴。

③在"路程"与"沈梅"之间插入一条记录,数据为:刘怡、F、1230.60、100.00、0.00。数字均保留两位小数。

④将所有性别为 M 的改为男,F 改为女。

⑤用函数统计实发工资大于 2000 的人数。

(3)用 Excel 创建"学生成绩表和分数段统计",内容如图 1.116 所示。按题目要求完成之后,用 Excel 的保存功能直接存盘。

要求:

①为表格绘制浅绿、双线型边框,并为分数段统计表的科目和分数段表格绘制绿色斜线头。

学生成绩表						
姓名	语文	数学	英语	信息技术	总分	名次
张英华	90	71	86	93		
徐艳	64	42	43	86		
吴斌	60	51	62	21		
万丽	57	62	40	68		
唐常青	46	39	85	84		
谢海平	75	87	76	77		
李丹	88	74	73	68		
李军	73	72	68	35		
胡为兵	56	86	48	57		
江霞	75	36	85	66		

分数段统计						
分数段 / 科目	90-100	80-89	70-79	60-69	50-59	50以下
语文						
数学						
英语						
信息技术						

图 1.116　学生成绩表和分数段统计

②将表中的文字设置为宋体、深绿、12 磅、居中、加粗。

③用函数计算总分,并将计算结果填入对应的单元格中。

④用函数计算名次,并将计算结果填入对应的单元格中。

⑤用 COUNTIF、COUNTIFS 函数统计各科目各分数段的人数,并将计算结果填入对应的单元格中。

(4)创建“教师工资表”,内容如图 1.117 所示,按照题目要求完成后,用 Excel 的保存功能存盘。

教师工资表										日期 2018-3
序号	姓名	任教年限系数	任职年限系数	学科节数系数	科目系数	职称系数	教龄系数	系数合计	津贴	工资
1	张扬扬	3	2	15	4	3.65	1		420	
2	钱蔚文	18	7	16	5	5.15	6		620	
3	贺枝俏	9	1	15	5	4.05	3		500	
4	张长勇	15	6	12	5	4.15	5		540	
5	程　宇	5	4	14	4	3.85	1.6		460	
6	刘　博	3	2	15	3.6	3.65	1		380	
7	青春妍	4	3	11	3.6	3.85	1.2		340	
8	廖宇媚	16	1	14	5	4.21	5.2		580	
平均工资									最高工资	

图 1.117　教师工资表

要求:

①表格要有可视的边框,并将表中的内容设置为宋体、10.5 磅、居中。

②为表中的列标题行设置“灰色底纹”图案格式。

③用公式计算表格中每人的系数合计和工资,其中,工资=系数合计×12×4+津贴。

④在相应的单元格中用函数计算平均工资。

⑤在相应的单元格中用函数计算最高工资。

(5)用 Excel 创建"家庭理财、使用量记录表和单价表",内容如图 1.118 所示,按照题目要求完成后,用 Excel 的保存功能存盘。

家庭理财						
月份 项目	一月	二月	三月	四月	五月	六月
水费						
电费						
燃气费						
交通费	200	180	200	150	170	300
餐费	348	200	300	350	420	280
管理费	20	20	20	20	20	20
电话费	179	190	65	180	150	210
购物	1340	2000	1800	2100	1500	1210
其他	300	200	210	180	150	280
支出小计						
工资收入	3500	3500	3500	3500	3500	3500
奖金收入	1200	1200	1800	2000	2000	2000
其他收入	1000	1000	1200	2000	1100	1500
收入小计						
当月节余						
平均每月节余						

使用量记录表						
项目	一月	二月	三月	四月	五月	六月
水/吨	8	10	12	10	11	9
电/度	70	80	120	70	80	120
燃气/立方米	10	15	12	10	11	13

单价表	
项目	单价
水	2.2 元/吨
电	0.4 元/度
燃气	2.4 元/立方米

图 1.118　家庭理财、使用量记录表和单价表

要求:

①所有表格要有可视的边框,并将表中的列标题设置为宋体、14 磅、居中,其他内容设置为宋体、12 磅、居中。

②用"使用量记录表"和"单价表"中的相关数据计算"家庭理财"工作表中的相关费用,计算时必须使用绝对引用。

③用公式计算"家庭理财"工作表中的支出小计、收入小计和当月节余。

④用函数计算"家庭理财"工作表中的平均每月节余(平均每月节余=当月节余的总和/6,计算时必须使用函数,直接用公式计算不得分)。

实验项目3 函数高级应用

【实验目的】

➢掌握复杂函数的应用。

➢掌握公式与函数的综合应用。

➢掌握 Excel 函数的嵌套使用。

【实验技术要点】

1. 复杂函数的应用

(1)逻辑判断函数——IF 函数。

功能:对指定的条件进行判断,若条件为 TRUE,函数将返回一个值;如果条件为 FALSE,则返回另一个值。

语法:IF(Logical_test,[Value_if_true],[Value_if_false])

Logical_test:表示计算结果为 TRUE 或 FALSE 的任意值或表达式。

Value_if_true:表示 Logical_test 为 TRUE 时返回的值。

Value_if_false:表示 Logical_test 为 FALSE 时返回的值。

(2)单条件求和函数——SUMIF 函数。

功能:对区域中符合指定的一个条件的单元格求和。

语法:SUMIF(Range,Criteria,Sum_range)

Range:条件判断的单元格区域。

Criteria:求和条件。

Sum_range:需要求和的单元格区域或者引用。

(3)多条件求和函数——SUMIFS 函数。

功能:对区域中符合指定的多个条件的单元格求和。

语法:SUMIFS(Sum_range,Criteria_range1,Criteria1,Criteria_range2,Criteria2…)

Sum_range:需要求和的实际单元格,包括数字或包含数字的名称、区域或单元格引用。

Criteria_range1:计算关联条件的第一个区域。

Criteria1:条件1,表示要作为条件进行判断的第一个单元格区域。条件的形式为数字、表达式、单元格引用或者文本,可用来定义将对 Criteria_range1 参数中的哪些单元格求和。

Criteria_range2:计算关联条件的第二个区域。

Criteria2:条件2,表示要作为条件进行判断的第二个单元格区域。条件的形式为数字、表达式、单元格引用或者文本,可用来定义将对 Criteria_range2 参数中的哪些单元格求和。

Criteria 和 Criteria_range 均成对出现。最多允许127个区域、条件对,即参数总数不超过255个。

(4)逻辑与函数——AND 函数。

功能:所有参数的计算结果为 TRUE 时,返回 TRUE;只有一个参数的计算结果为 FALSE,即返回 FALSE。

语法:AND(Logical1,[Logical2],…)

AND 函数用作 IF 函数的 Logical_test 参数,可以检验多个不同的条件。

(5)纵向查找函数——VLOOKUP 函数。

语法:VLOOKUP(Lookup_value,Table_array,Col_index_num,Range_lookup)

功能:在表格或数值数组的首列查找指定的数值,最终返回该列所需查询序列所对应的值。

Lookup_value:需要在数据表第一列中进行查找的数值。Lookup_value 可以为数值、引用或文本字符串。当 VLOOKUP 函数第一参数省略查找值时,表示用 0 查找。

Table_array:需要在其中查找数据的数据表。使用对区域或区域名称的引用。

Col_index_num:Table_array 中查找数据的数据列序号。

Range_lookup:逻辑值,指明函数 VLOOKUP 查找时是精确匹配,还是近似匹配。

(6)横向查找函数——HLOOKUP 函数。

语法:HLOOKUP(Lookup_value,Table_array,Row_index_num,Range_lookup)

功能:在表格或数值数组的首行查找指定的数值,并返回表格或数组中与指定值同列的其他行的数值。

Lookup_value:需要在数据表第一行中进行查找的数值。Lookup_value 可以为数值、引用或文本字符串。当 HLOOKUP 函数第一参数省略查找值时,表示用 0 查找。

Table_array:需要在其中查找数据的数据表。使用对区域或区域名称的引用。

Row_index_num:Table_array 中查找数据的数据行序号。

Range_lookup:逻辑值,指明函数 HLOOKUP 查找时是精确匹配,还是近似匹配。

2. Excel 函数的嵌套使用

在 Excel 中,有时一个函数不能实现所需功能,需要多个函数配合使用,就要用到函数的嵌套。使用时要注意如下两点:

(1)有效返回值。当将嵌套函数作为参数使用时,该嵌套函数返回的值的类型必须与参数使用的值的类型相同。例如,如果参数返回一个 TRUE 或 FALSE 值,那么嵌套函数也必须返回一个 TRUE 或 FALSE 值。否则,Excel 会显示错误值。

(2)嵌套层数。一个公式可以包含多达 64 层的嵌套函数。如果将一个函数(我们称此函数为 B)用作另一个函数(我们称此函数为 A)的参数,则函数 B 相当于第二级函数。

【实验内容】

一、任务描述

(1)把本节实验项目 1 的工作表“成绩统计表”复制到工作簿“成绩管理”的“Sheet3”中,按图 1.119 所示内容对表格进行编辑操作,编辑操作完成后保存文件并命名为“成绩统计表-计算 2. xlsx”,同时在该工作表中创建“查询结果表”。

(2)在同一工作簿中新建工作表“2018 年竣工工程一览表”,如图 1.120 所示。

(3)利用函数对“成绩统计表”中的总分、平均成绩、成绩五级制(总分)、评选结果进行计算。评选结果计算规则:成绩五级制(总分)为“优秀”时显示“三好”,否则单元格不显示任何内容。

(4)用 VLOOKUP 函数查找指定学生的总分。

(5)利用函数对“2018 年竣工工程一览表”中“数据统计”区域中的建筑面积和工程造价进行计算。

成绩统计表

学号	姓名	性别	语文	数学	外语	物理	化学	总分	平均成绩	成绩五级制（总分）	评选结果
0861200001	万颖	女	60.0	55.0	75.0	72.0	68.0				
0861200002	何非亚	女	90.0	92.0	91.0	90.0	96.0				
0861200003	马丽	女	73.0	66.0	92.0	86.0	76.0				
0861200004	陈秋霖	男	90.0	90.0	90.0	88.0	92.0				
0861200005	罗励	男	82.0	84.0	77.0	84.0	90.0				
0861200006	彭弦	男	72.0	81.0	89.0	69.0	82.0				
0861200007	贺金凤	女	90.0	80.0	86.0	72.0	87.0				
0861200008	李伟	男	80.0	90.0	75.0	76.0	90.0				
0861200009	范玲	女	78.0	58.0	87.0	86.0	78.0				
0861200010	周婷	女	85.0	75.0	88.0	79.0	83.0				

查询结果表

学号	总分
0861200001	
0861200002	
0861200003	
0861200004	
0861200005	
0861200006	
0861200007	
0861200008	
0861200009	
0861200010	

图 1.119　成绩统计表和查询结果表

2018年11月竣工工程一览表

工程类型	建筑面积（平方米）	工程造价（万元）	质量等级
工业建筑	2650	212	合格
商业建筑	3904	312	合格
住宅	2768	221.44	优良
住宅	1350	108	合格
商业建筑	2772	221.76	优良
住宅	1600	128	优良
住宅	2100	168	优良
商业建筑	2757	220.56	优良
住宅	2040	163.2	合格

数据统计

序号	统计内容	建筑面积	工程造价
1	总和		
2	住宅工程		
3	优良工程		
4	住宅、优良、面积大于2000平方米		

图 1.120　工程一览表

(6)对表格进行相应的格式化设置。

二、任务目标

实验任务完成后，最后的效果如图 1.121 和图 1.122 所示。

三、任务实施

(1)对本节实验项目 1 的工作表“成绩统计表”进行相应的编辑操作。

在本节实验项目 1 中工作表“成绩统计表”的基础上，按图 1.119 所示内容对表格进行编辑操作，编辑操作完成后保存文件并命名为“成绩统计表-计算 2. xlsx”，同时在该工作表中创建“查询结果表”。

(2)以“成绩统计表-计算 2. xlsx”为基础，做如下计算统计操作。

①计算总分和平均成绩。

成绩统计表

学号	姓名	性别	语文	数学	外语	物理	化学	总分	平均成绩	成绩五级制（总分）	评选结果
0861200001	万颖	女	60.0	55.0	75.0	72.0	68.0	330.0	66.0	及格	
0861200002	何非亚	女	90.0	92.0	91.0	90.0	96.0	459.0	91.8	优秀	三好
0861200003	马丽	女	73.0	66.0	92.0	86.0	76.0	393.0	78.6	中等	
0861200004	陈秋霖	男	90.0	90.0	90.0	88.0	92.0	450.0	90.0	优秀	三好
0861200005	罗励	男	82.0	84.0	77.0	84.0	90.0	417.0	83.4	良好	
0861200006	彭弦	男	72.0	81.0	89.0	69.0	82.0	393.0	78.6	中等	
0861200007	贺金凤	女	90.0	80.0	86.0	72.0	87.0	415.0	83.0	良好	
0861200008	李伟	男	80.0	90.0	75.0	76.0	90.0	411.0	82.2	良好	
0861200009	范玲	女	78.0	58.0	87.0	86.0	78.0	387.0	77.4	中等	
0861200010	周婷	女	85.0	75.0	88.0	79.0	83.0	410.0	82.0	良好	

查询结果表

学号	总分
0861200001	330.0
0861200002	459.0
0861200003	393.0
0861200004	450.0
0861200005	417.0
0861200006	393.0
0861200007	415.0
0861200008	411.0
0861200009	387.0
0861200010	410.0

图 1.121　成绩统计表和查询结果表效果示意图

2018年11月竣工工程一览表

工程类型	建筑面积（平方米）	工程造价（万元）	质量等级
工业建筑	2650	212	合格
商业建筑	3904	312	合格
住宅	2768	221.44	优良
住宅	1350	108	合格
商业建筑	2772	221.76	优良
住宅	1600	128	优良
住宅	2100	168	优良
商业建筑	2757	220.56	优良
住宅	2040	163.2	合格

数据统计

序号	统计内容	建筑面积	工程造价
1	总和	21941	1754.96
2	住宅工程	9858	788.64
3	优良工程	11997	959.76
4	住宅、优良、面积大于2000平方米	4868	389.44

图 1.122　工程一览表效果示意图

利用 SUM 函数和 AVERAGE 函数计算总分和平均成绩。

②计算成绩五级制(总分)。

方法一:利用 IF 函数的嵌套计算成绩的五级制(总分)。

设置 K3=IF(I3>=450,"优秀",IF(I3>=400,"良好",IF(I3>=350,"中等",IF(I3>=300,"及格","不及格")))) ,这里用到了 IF 函数的嵌套,详细函数参数如图 1.123 所示。

本例 IF 函数嵌套解析:公式先对第一个条件进行判断,I3>=450,如果大于或等于 450 则显示第一个逗号后面的值“优秀”,如果不大于 450 则进行下一个 IF 函数的判断,I3>=400,如果大于或等于 400 则显示“良好”,如果不大于 400,则依次和后面的条件匹配判断下去,直到满足某个条件,返回相应的值为止。

方法二:利用 IF 函数和 AND 函数的嵌套来计算成绩五级制(总分)。

设置 K3=IF(I3>=450, "优秀",IF (AND(I3>=400,I3<450), "良好",IF (AND (I3>=350,I3<400), "中等", IF (AND (I3>=300,I3<350), "及格","不及格"))))。

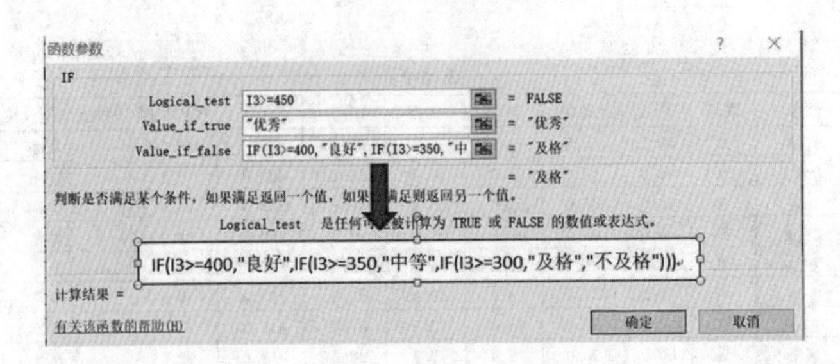
函数参数
IF
Logical_test I3>=450 = FALSE
Value_if_true "优秀" = "优秀"
Value_if_false IF(I3>=400,"良好",IF(I3>=350,"中 = "及格"
= "及格"
判断是否满足某个条件，如果满足返回一个值，如果不满足则返回另一个值。
Logical_test 是任何可能被计算为 TRUE 或 FALSE 的数值或表达式。
IF(I3>=400,"良好",IF(I3>=350,"中等",IF(I3>=300,"及格","不及格")))
计算结果 =
有关该函数的帮助(H) 确定 取消

图 1.123 IF 函数参数界面一

本例 AND 函数解析：本例中 IF 函数里面嵌套的 AND 函数用于检查每个分数段的上限和下限的条件，当上限和下限条件都满足时，才返回 TRUE；只要上限条件或下限条件中有一个的计算结果为 FALSE，即返回 FALSE。

③计算评选结果。

利用 IF 函数的一般用法来计算评选结果。

设置 L3＝IF(K3＝"优秀","三好","")，详细函数参数如图 1.124 所示。

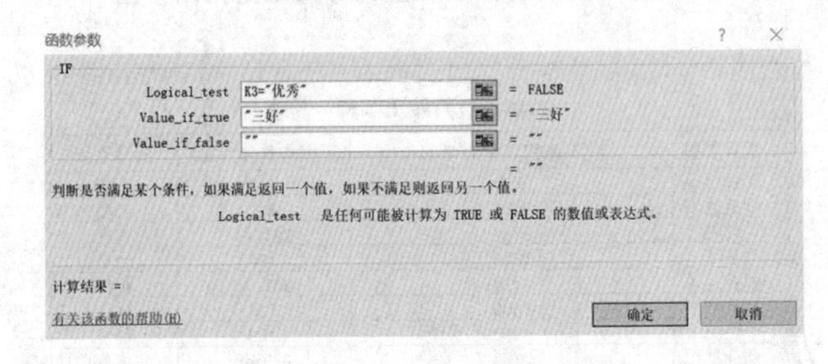
函数参数
IF
Logical_test K3="优秀" = FALSE
Value_if_true "三好" = "三好"
Value_if_false "" = ""
= ""
判断是否满足某个条件，如果满足返回一个值，如果不满足则返回另一个值。
Logical_test 是任何可能被计算为 TRUE 或 FALSE 的数值或表达式。
计算结果 =
有关该函数的帮助(H) 确定 取消

图 1.124 IF 函数参数界面二

(3)用 VLOOKUP 函数纵向查找指定学生的总分。

在“查询结果表”里，设置 B15＝VLOOKUP(A15，成绩统计表！A2:I12，9，0)，详细函数参数如图 1.125 所示。B15 单元格数据计算出来后，利用自动填充的方法，将鼠标指针指向 B15 单元格右下角的填充柄处，当出现符号“＋”时，拖动鼠标至 B24 单元格，B15:B24 单元格会分别计算出指定学生的总分。

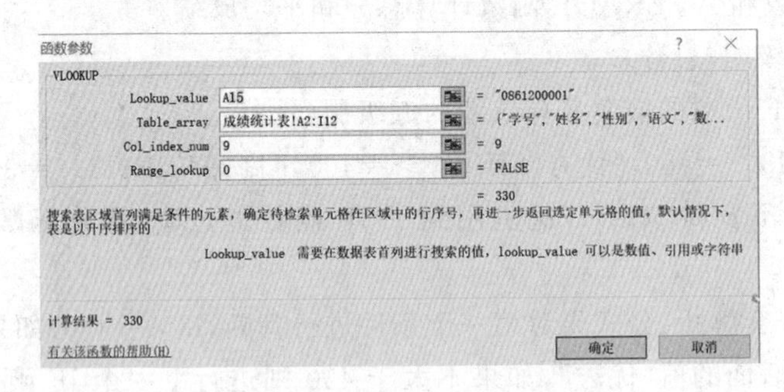
函数参数
VLOOKUP
Lookup_value A15 = "0861200001"
Table_array 成绩统计表!A2:I12 = {"学号","姓名","性别","语文","数...
Col_index_num 9 = 9
Range_lookup 0 = FALSE
= 330
搜索表区域首列满足条件的元素，确定待检索单元格在区域中的行序号，再进一步返回选定单元格的值。默认情况下，表是以升序排序的
Lookup_value 需要在数据表首列进行搜索的值，lookup_value 可以是数值、引用或字符串
计算结果 = 330
有关该函数的帮助(H) 确定 取消

图 1.125 VLOOKUP 函数参数界面

说明：

本例中，四个参数分析如下：

①查找目标是“学号”；

②查找区域是“成绩统计表”中的 A2 到 I12，注意查找目标必须位于查找区域的第

一列；

③返回值(总分)的列数为 9，即从左到右第 9 列；

④查找方式，选择精确查找，录入 FALSE 或者 0(模糊查找：TRUE 或者 1)；

完成上述实验操作后，效果图如图 1.121 所示。

思考：请同学们查找资料进一步学习函数 HLOOKUP()的使用方法。

(4)计算“2018 年竣工工程一览表”中的建筑面积和工程造价。

①求建筑面积总和：设置 C15=SUM(B3:B11)。

②求工程造价总和：设置 D15=SUM(C3:C11)。

③求住宅工程的建筑面积总和：设置 C16 =SUMIF($A$3:$A$11,"住宅",B3:B11)。

④求住宅工程的工程造价总和：设置 D16 =SUMIF($A$3:$A$11,"住宅",C3:C11)。

⑤求优良工程的建筑面积总和：设置 C17=SUMIF($D$3:$D$11,"优良",B3:B11)。

⑥求优良工程的工程造价总和：设置 D17=SUMIF($D$3:$D$11,"优良",C3:C11)。

⑦求同时满足“住宅、优良、面积大于 2000 平方米”三个条件的工程的建筑面积总和：设置 C18=SUMIFS(B3:B11,$A$3:$A$11,"住宅",$D$3:$D$11,"优良",$B$3:$B$11,">2000")。

⑧求同时满足“住宅、优良、面积大于 2000 平方米”三个条件的工程的工程造价总和：设置 D18=SUMIFS(C3:C11,$A$3:$A$11,"住宅",$D$3:$D$11,"优良",$B$3:$B$11,">2000")。

SUMIF 函数的详细函数参数如图 1.126 和图 1.127 所示(以第③、⑤步为例)。

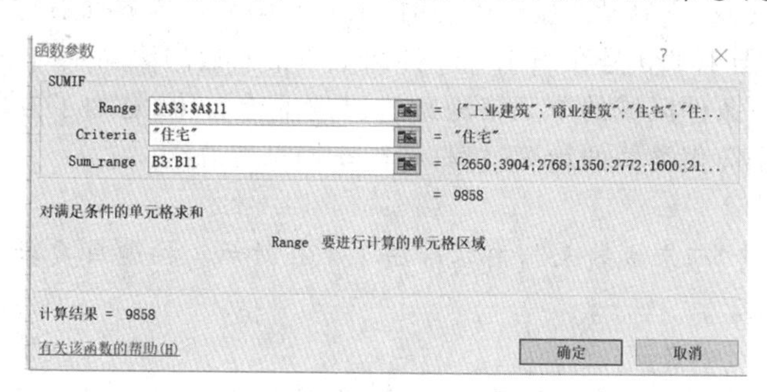

图 1.126　SUMIF 函数参数界面(第③步)

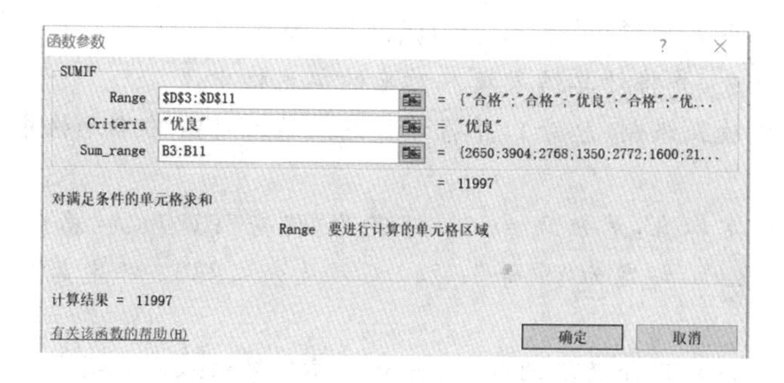

图 1.127　SUMIF 函数参数界面(第⑤步)

SUMIFS 函数的详细函数参数如图 1.128 和图 1.129 所示(以第⑦步为例)。

完成上述实验操作后，效果如图 1.122 所示。

说明：

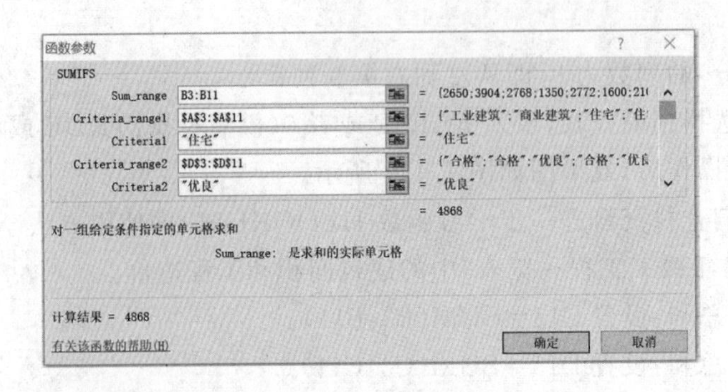

图 1.128 SUMIFS 函数参数界面(第⑦步)一

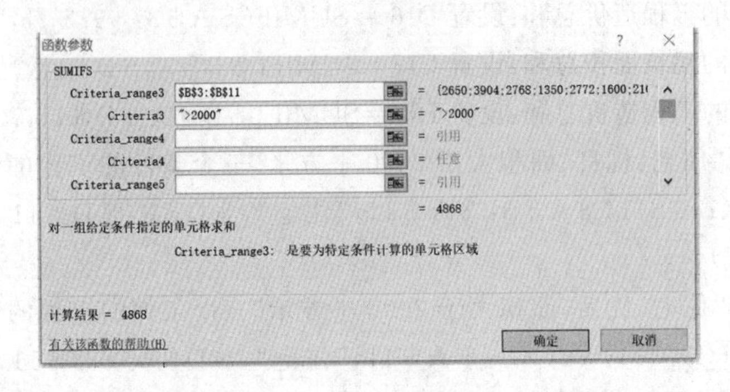

图 1.129 SUMIFS 函数参数界面(第⑦步)二

①在函数参数较多,一个界面显示不完时,请单击函数参数界面右边的小箭头上下滑动进行参数的输入(如图 1.129 是在图 1.128 界面上单击右边的滚动条向下滑动而出现的)。

②上述函数中对条件区域的单元格地址进行地址绝对化,是为了方便在后面的计算中利用自动填充功能来简化类似的计算过程,请同学们思考总结。

【实验练习】

(1)用 Excel 创建“期末成绩表”,内容如图 1.130 所示。按题目要求完成之后,用 Excel 的保存功能直接存盘。

要求:

①为表格绘制红色、双线型外边框,绿色、单线型内框,并为分数段统计表的科目和分数段表格绘制绿色斜线头。

②将表中的文字设置为宋体、蓝色、12 磅、居中、加粗。

③用函数计算总分,并将计算结果填入对应的单元格中。

④用函数计算成绩五级制(总分),并将计算结果填入对应的单元格中。

说明:

总分成绩等级评定标准:总分>=360,评定为“优秀”;320<=总分<360,评定为“良好”;280<=总分<320,评定为“中等”;240<=总分<280,评定为“及格”;总分<240,评定为“不及格”。

⑤用函数统计各科目各分数段的人数,并将计算结果填入对应的单元格中。

(2)用 Excel 创建“销售明细表”,内容如图 1.131 所示。按题目要求完成之后,用 Excel 的保存功能存盘。

期末成绩表

姓名	语文	数学	英语	信息处理	总分	成绩五级制（总分）
张英华	90	71	86	93		
徐艳	64	42	43	86		
吴斌	60	51	62	21		
万丽	57	62	40	68		
唐常青	46	39	85	84		
谢海青	75	87	76	77		
李丹	88	74	73	68		
李军	73	72	68	35		
胡为兵	56	86	48	57		
江霞	75	36	85	66		

分数段 科目	90-100	80-89	70-79	60-69	50-59	50以下
分段点	100	89	79	69	59	49
语文						
数学						
英语						
信息处理						

图 1.130　期末成绩表

序号	4月			5月			6月		
	工号	商品	销售量	工号	商品	销售量	工号	商品	销售量
1	A001	索爱手机	11	A001	MOTOROLA手机	10	A002	MOTOROLA手机	19
2	B001	NOKIA手机	12	B001	NOKIA手机	11	A002	索爱手机	20
3	A002	NOKIA手机	13	B002	MOTOROLA手机	12	A001	NOKIA手机	21
4	B001	MOTOROLA手机	14	B001	索爱手机	13	B001	NOKIA手机	22
5	B002	MOTOROLA手机	15	B002	三星手机	14	B002	MOTOROLA手机	23
6	A002	三星手机	16	A002	索爱手机	15	B001	索爱手机	24
7	A003	三星手机	17	A001	NOKIA手机	16	B002	三星手机	25
8	A001	三星手机	18	A002	三星手机	17	A003	三星手机	26
9	A002	MOTOROLA手机	19	A003	三星手机	18	A003	三星手机	27
4月销售总量				5月销量总量			6月销售总量		

统计销售表中三星手机的销售总量	
统计销售表中所有工号为B开头的员工的销售总量	

图 1.131　销售明细表

要求：

①表格要有可视的边框，并将表中的内容均设置为宋体、12 磅、居中；

②将表中的月标题单元格填充为灰色-25％，列标题填充为茶色，序号列填充为浅色；

③用函数计算 4 月、5 月和 6 月的销售总量，填入相应的单元格中；

④用函数计算销售明细表中所有三星手机的销售总量；

⑤用函数计算销售明细表中所有工号为 B 开头的员工的销售总量。

3. 用 Excel 创建“招聘考试情况统计表”，内容如图 1.132 所示。按题目要求完成之后，用 Excel 的保存功能直接存盘。

要求：

(1)表格要有可视的边框，并将表中的内容设置为宋体、12 磅、居中。

(2)用公式计算综合成绩，其计算方法为：综合成绩＝笔试成绩× 30％＋面试成绩× 30％＋操作成绩× 40％，计算结果保留一位小数。

(3)用函数计算综合排名，并将计算结果填入对应的单元格中。

(4)用函数计算是否录用(综合排名的前三名被录用)，如果录用则在其对应的单元格中显示“录用”，否则不显示任何内容。

4. 创建“三好学生评选表”，内容如图 1.133 所示。按照题目要求完成后，用 Excel 的保

招聘考试情况统计表

姓名	笔试成绩	面试成绩	操作成绩	综合成绩	综合排名	是否录用
张英华	34	30	19			
徐艳	41	36	25			
吴斌	25	38	35			
万丽	19	40	40			
唐常青	37	39	27			
谢海青	45	29	36			
李丹	48	27	23			
李军	23	33	41			
胡为兵	29	31	33			
江霞	39	27	38			

图 1.132 招聘考试情况统计表

存功能直接存盘。

三好学生评选表								
学号	姓名	数学	语文	英语	物理	平均成绩	综合评定	评选结果
93011	唐龙	88	89	90	98		85	
93012	李春梅	89	95	75	78		90	
93013	刘明军	90	89	96	85		88	
93014	王平	88	93	95	89		90	
93015	张宏亮	85	84	89	93		82	
三好学生人数								

图 1.133 三好学生评选表

要求：

①表格要有可视的边框，并将表中的内容设置为宋体、10.5 磅、居中；

②用函数计算数学、语文、英语、物理四科的平均成绩；

③用 IF 函数计算评选结果，其中数学、语文、英语、物理和综合评定大于等于 85，且平均成绩大于等于 90 的在单元格中显示“三好”，否则单元格不显示任何内容；

④用函数计算三好学生的人数。

(5)创建“成绩汇总表”，内容如图 1.134 所示。按照题目要求完成后，用 Excel 的保存功能直接存盘。

成绩汇总表

班级：　　　　学期：

学号	姓名	性别	年龄	英语	高数	政治	计算机	总分	平均分	成绩等级	不及格门数
0861200001	万颖	女	20	86	86	88	85	345	86.3		
0861200002	何非亚	女	21	86	85	83	80	334	83.5		
0861200003	马丽	女	20	38	50	68	45	201	50.3		
0861200004	陈秋霖	男	19	83	78	82	82	325	81.3		
0861200005	罗励	男	22	77	90	88	80	335	83.8		
0861200006	彭弦	男	20	85	38	40	55	218	54.5		
0861200007	贺金凤	女	21	90	90	80	90	350	87.5		
0861200008	李伟	男	19	30	35	55	45	165	41.3		
0861200009	范玲	女	20	94	95	97	94	380	95.0		
0861200010	周婷	女	20	94	94	90	95	373	93.3		

分数段人数统计表

分段点	分数段	英语	高数	政治	计算机
59	0-59				
69	60-69				
79	70-79				
89	80-89				
100	90-100				

男女生平均分统计表

性别	英语	高数	政治	计算机
男				
女				

图 1.134 成绩汇总表

要求：

①表格要有可视的边框，将表中的表标题、列标题内容设置为宋体、12磅、加粗、居中，其他内容设置为宋体、12磅、居中；

②制作“分数段人数统计表”和“男女生平均分统计表”；

③使用FREQUENCY函数统计英语、高数、政治、计算机四门课程成绩的各分数段人数；

④使用AVERAGEIF函数统计英语、高数、政治、计算机四门课程的平均分。

实验项目4 数据处理操作

【实验目的】

➢掌握图表制作的操作方法。

➢掌握筛选的操作方法。

➢掌握数据排序、分类汇总的操作方法。

➢掌握数据透视表的操作方法。

➢掌握数据分析和管理的方法。

【实验技术要点】

(1)图表制作和编辑：①Excel 2010中常用图表的建立方法；②图表的设计、布局、格式化方法，了解图表与数据源的关系；③图表类型的修改方法；④图表管理和分析数据的应用。

(2)数据筛选：①自动筛选的建立、编辑方法；②高级筛选的建立、编辑方法；③数据筛选管理和分析数据的应用。

(3)数据排序：①单关键字排序的建立、编辑方法；②多关键字排序的建立、编辑方法；③排序管理和分析数据的应用。

(4)分类汇总：①分类汇总的建立、编辑方法；②分类汇总管理和分析数据的应用。

(5)数据透视表：①数据透视表的建立、编辑方法；②数据透视表管理和分析数据的应用。

【实验内容】

一、任务描述

(1)在工作簿“成绩管理”中创建工作表“成绩汇总表”和“成绩筛选表”，如图1.135和图1.136所示。

(2)在“成绩汇总表”工作表中，制作统计图表。

①创建四门课程分数段人数统计表——柱形图表。

②创建高数课程分数段人数统计表——饼形图表。

(3)在“成绩筛选表”工作表中，完成下列筛选操作。

①使用自动筛选功能，筛选出英语成绩在90分及以上的学生名单。

②使用自动筛选功能，筛选出英语、高数、平均分均在90分以上的优秀学生名单。

③使用高级筛选功能，筛选出英语、高数、政治、计算机均在90分以上的优秀学生名单。

④使用高级筛选功能，筛选出补考学生名单。

	A	B	C	D	E	F	G	H	I	J	K	L
1	成绩汇总表											
2	班级:								学期:			
3	学号	姓名	性别	年龄	英语	高数	政治	计算机	总分	平均分	成绩等级	不及格门数
4	0861200001	万颖	女	20	86	86	88	85	345	86.3	良好	
5	0861200002	何非亚	女	21	86	85	83	80	334	83.5	良好	
6	0861200003	马丽	女	20	38	50	68	45	201	50.3	不及格	3
7	0861200004	陈秋霖	男	19	83	78	82	82	325	81.3	良好	
8	0861200005	罗励	男	22	77	90	88	80	335	83.8	良好	
9	0861200006	彭弦	男	20	85	38	40	55	218	54.5	不及格	3
10	0861200007	贺金凤	女	21	90	90	80	90	350	87.5	良好	
11	0861200008	李伟	男	19	30	35	55	45	165	41.3	不及格	4
12	0861200009	范玲	女	20	94	95	97	94	380	95.0	优秀	
13	0861200010	周婷	女	20	94	94	90	95	373	93.3	优秀	
14												
15	分数段人数统计表							男女生平均分统计表				
16	分段点	分数段	英语	高数	政治	计算机		性别	英语	高数	政治	计算机
17	59	0-59	2	3	2	3		男	68.8	60.3	66.3	65.5
18	69	60-69	0	0	1	0		女	81.3	83.3	84.3	81.5
19	79	70-79	1	1	0	0						
20	89	80-89	4	2	5	4						
21	100	90-100	3	4	2	3						

图 1.135 成绩汇总表

	A	B	C	D	E	F	G	H	I	J	K	L
1	成绩筛选表											
2	学号	姓名	性别	年龄	英语	高数	政治	计算机	总分	平均分	成绩等级	不及格门数
3	0861200001	万颖	女	20	86	86	88	85	345	86.3		
4	0861200002	何非亚	女	21	86	85	83	80	334	83.5		
5	0861200003	马丽	女	20	38	50	68	45	201	50.3		3
6	0861200004	陈秋霖	男	19	83	78	82	82	325	81.3		
7	0861200005	罗励	男	22	77	90	88	80	335	83.8		
8	0861200006	彭弦	男	20	85	38	40	55	218	54.5		3
9	0861200007	贺金凤	女	21	90	90	80	90	350	87.5		
10	0861200008	李伟	男	19	30	35	55	45	165	41.3		4
11	0861200009	范玲	女	20	94	95	97	94	380	95.0	优秀	
12	0861200010	周婷	女	20	94	94	90	95	373	93.3	优秀	

图 1.136 成绩筛选表

(4)在“成绩筛选表”工作表中,完成下列排序、分类汇总操作。

①用排序功能对工作表中的数据按性别进行升序排序。

②按性别汇总出男生和女生的人数。

(5)在“成绩筛选表”工作表中,使用数据透视表完成各种数据分析要求。

二、任务实施

(1)在工作簿“成绩管理”中创建工作表“成绩汇总表”和“成绩筛选表”。

在工作簿“成绩管理”中,将工作表“成绩统计表”复制到“Sheet4”并重命名为“成绩汇总表”,按照如图 1.135 所示输入“成绩汇总表”的内容并保存;再将“成绩汇总表”的内容复制到工作表“Sheet5”中,按照如图 1.136 所示编辑工作表内容并保存,并将工作表“Sheet5”重命名为“成绩筛选表”。

(2)在“成绩汇总表”工作表中,制作成绩统计图表。

①创建四门课程分数段人数统计表——柱形图表。

a. 在“成绩汇总表”工作表中,选择制作图表的数据区域 B16:F21。

b. 单击【插入】选项卡,再在【图表】组中单击要使用的图表类型【柱形图】,然后再在其子类型【二维柱形图】中单击【簇状柱形图】，即可插入柱形图表。

c. 移动图表、调整大小等操作同 Word 中的图片对象的操作。

d. 使用【图表工具】更改图表的设计、布局和格式。选定图表，功能区显示【图表工具】中的三个选项卡：【设计】【布局】【格式】。

在【布局】选项卡的【标签】组中，单击【图表标题】【坐标轴标题】设置图表的标题、坐标轴的标题。

在【布局】选项卡的【标签】组中，单击【绘图区】设置图表绘图区的背景。

设置后的分数段人数统计图表——柱形图如图 1.137 所示。

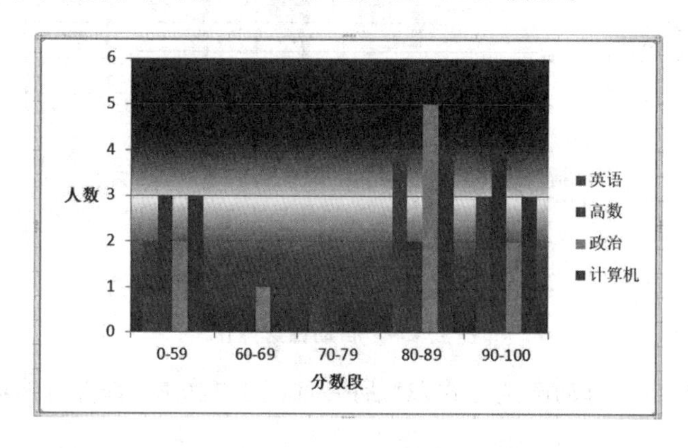

图 1.137　分数段人数统计图表——柱形图

②创建高数课程分数段人数统计表——饼形图表。

a. 在“成绩汇总表”工作表中，选择制作图表的数据区域 D4：D21 和 B16：B21（分数段数据区域和高数成绩数据区域）。（选择不连续区域按住【Ctrl】键）

b. 在【插入】选项卡的【图表】组中，单击要使用的图表类型【饼图】，然后再在其子类型【二维饼图】中单击【饼图】，插入的饼形图表如图 1.138 所示。

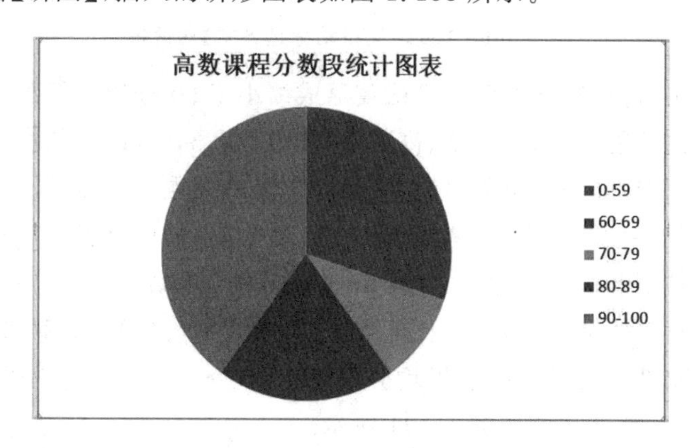

图 1.138　高数课程分数段人数统计图表——饼形图

(3)在“成绩筛选表”工作表中，完成下列筛选操作。

①使用自动筛选功能，筛选出英语成绩在 90 分及以上的学生名单。

a. 将光标置于数据区域 A2：L2 中或选择筛选区域 A2：L2。

b. 在【数据】选项卡的【排序和筛选】组中，单击【筛选】按钮，在数据清单的首行列标题中即出现筛选按钮▾。

c. 单击列标题【英语】中的筛选按钮▾，显示一个筛选器选择列表，选择【数字筛选】|【大于或等于】命令，操作如图 1.139 所示。

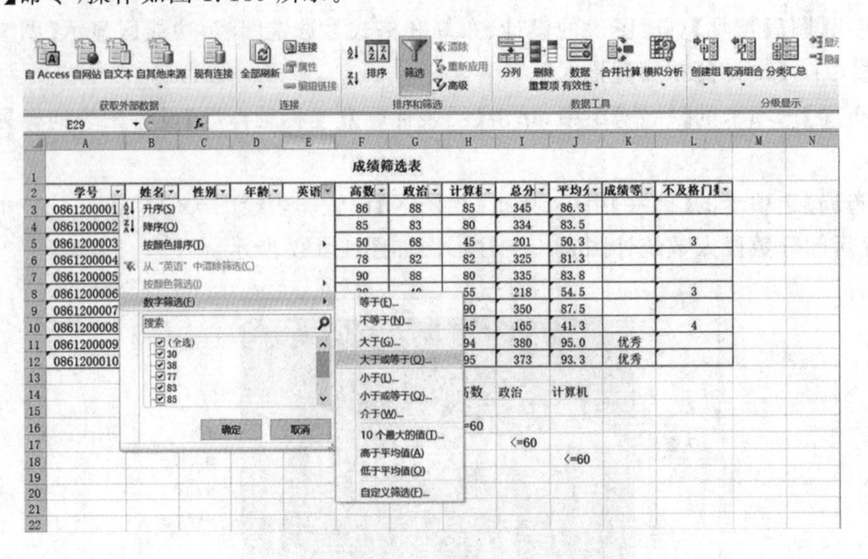

图 1.139　自动筛选操作

d. 此时显示【自定义自动筛选方式】对话框，如图 1.140 所示，进行选项设置。

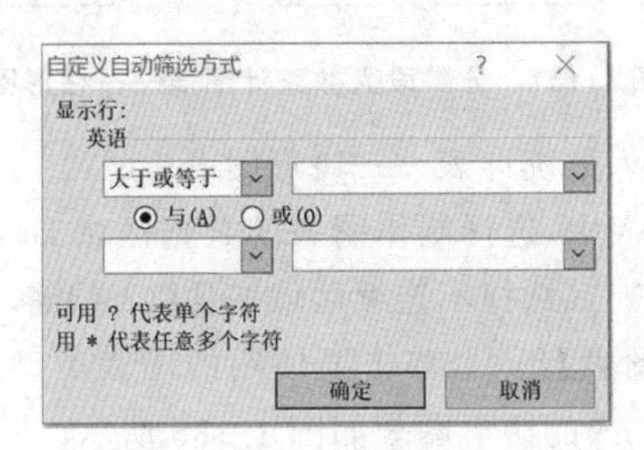

图 1.140　【自定义自动筛选方式】对话框

e. 单击【确定】按钮，在数据区即可隐藏英语成绩小于 90 分的整行数据。

②使用自动筛选功能，筛选出英语、高数、平均分均在 90 分以上的优秀学生名单。

a. 经过上述的筛选，已筛选出英语在 90 分及以上的优秀学生名单。

b. 在英语筛选结果的基础上，再单击列标题【高数】中的筛选按钮▾，使用和筛选英语同样的方法筛选出英语和高数同时在 90 分以上的优秀学生名单。

c. 在英语和高数筛选结果的基础上，再单击列标题【平均分】中的筛选按钮▾，使用和筛选英语同样的方法筛选出英语、高数、平均分同时在 90 分以上的优秀学生名单。

上述操作完成后，筛选结果如图 1.141 所示。

成绩筛选表

学号	姓名	性别	年龄	英语	高数	政治	计算机	总分	平均分	成绩等级	不及格门数
0861200009	范玲	女	20	94	95	97	94	380	95.0	优秀	
0861200010	周婷	女	20	94	94	90	95	373	93.3	优秀	

图 1.141　使用"自动筛选"筛选出的优秀学生名单

③使用高级筛选功能，筛选出英语、高数、政治、计算机均在 90 分以上的优秀学生名单。

a. 在"成绩筛选表"中清除自动筛选。

b. 在“成绩筛选表”中建立条件区域。

说明:英语、高数、政治、计算机均在90分以上的条件应为“与”运算,故要输入在同一行中,同时要注意,条件区域应和筛选的数据区域隔开。建立的条件区域如图1.144中的B14:E15区域所示。

c. 选择要筛选的数据区域A2:L12。

d. 在【数据】选项卡的【排序和筛选】组中,单击【高级】按钮,打开【高级筛选】对话框,参数设置如图1.142所示。在此界面上,做如下操作:

图1.142 【高级筛选】对话框一

选中【将筛选结果复制到其他位置】。

在【列表区域】中已自动填入了筛选的数据区域(也可以单击右边的按钮重新选择数据区域)。

单击【条件区域】右边的按钮,在工作表中选择已设置好的条件区域B14:E15,然后再单击右边的按钮返回。

单击【复制到】右边的按钮,在工作表中选择要存放结果的区域A21:L23或起始位置A21,再单击右边的按钮。

e. 单击【确定】按钮,即可看到筛选的结果,即如图1.144所示的A21:L23区域。

④使用高级筛选功能,筛选出补考学生名单。

a. 在“成绩筛选表”中建立条件区域。

说明:四门课中有不及格的条件应为“或”运算,故要输入在不同行中,同时要注意,条件区域应和筛选的数据区域隔开。建立的条件区域如图1.144中的G14:J18区域。

b. 选择要筛选的数据区域A2:L12。

c. 在【数据】选项卡的【排序和筛选】组中,单击【高级】按钮,打开【高级筛选】对话框,参数设置如图1.143所示。在此界面上,做如下操作:

选中【将筛选结果复制到其他位置】。

在【列表区域】中已自动填入了筛选的数据区域(也可以单击右边的按钮重新选择数据区域)。

单击【条件区域】右边的按钮,在工作表中选择已设置好的条件区域G14:J18,然后再单击右边的按钮返回。

单击【复制到】右边的按钮,在工作表中选择要存放结果的区域A26:L29或起始位置A26,再单击右边的按钮。

图1.143 【高级筛选】对话框二

d. 单击【确定】按钮,即可看到筛选的结果,即如图1.144所示的A26:L29区域。

(4)在“成绩筛选表”工作表中,完成下列排序、分类汇总操作。

①用排序功能对工作表中的数据按性别进行升序排序。

方法一:使用【升序】按钮。

a. 在“成绩筛选表”中,单击数据区域中要排序的列中某一个单元格,如选择【性别】列C3单元格。

	A	B	C	D	E	F	G	H	I	J	K	L
1						成绩筛选表						
2	学号	姓名	性别	年龄	英语	高数	政治	计算机	总分	平均分	成绩等级	不及格门数
3	0861200001	万颖	女	20	86	86	88	85	345	86.3		
4	0861200002	何非亚	女	21	86	85	83	80	334	83.5		
5	0861200003	马丽	女	20	38	50	68	45	201	50.3		3
6	0861200004	陈秋霖	男	19	83	78	82	82	325	81.3		
7	0861200005	罗励	男	22	77	90	88	80	335	83.8		
8	0861200006	彭弦	男	20	85	38	40	55	218	54.5		3
9	0861200007	贺金凤	女	21	90	90	80	90	350	87.5		
10	0861200008	李伟	男	19	30	35	55	45	165	41.3		4
11	0861200009	范玲	女	20	94	95	97	94	380	95.0	优秀	
12	0861200010	周婷	女	20	94	94	90	95	373	93.3	优秀	
13												
14		英语	高数	政治	计算机		英语	高数	政治	计算机		
15		>=90	>=90	>=90	>=90		<=60					
16								<=60				
17									<=60			
18										<=60		
19												
20						优秀学生名单						
21	学号	姓名	性别	年龄	英语	高数	政治	计算机	总分	平均分	成绩等级	不及格门数
22	0861200009	范玲	女	20	94	95	97	94	380	95.0	优秀	
23	0861200010	周婷	女	20	94	94	90	95	373	93.3	优秀	
24												
25						补考学生名单						
26	学号	姓名	性别	年龄	英语	高数	政治	计算机	总分	平均分	成绩等级	不及格门数
27	0861200003	马丽	女	20	38	50	68	45	201	50.3		3
28	0861200006	彭弦	男	20	85	38	40	55	218	54.5		3
29	0861200008	李伟	男	19	30	35	55	45	165	41.3		4

图 1.144　高级筛选操作结果效果图

b. 在【数据】选项卡的【排序和筛选】组中，单击【排序】中的【升序】按钮 A↓Z，整个数据区即按性别升序排序。

方法二：使用【排序】对话框。

a. 在“成绩筛选表”中，选择【性别】列 C3 单元格。

b. 在【数据】选项卡的【排序和筛选】组中，单击【排序】按钮，打开【排序】对话框，如图 1.145 所示。在【主要关键字】列表框中选择要排序的字段名【性别】，在【排序依据】列表框中选择排序依据【数值】，在【次序】列表框中选择排序次序【升序】。

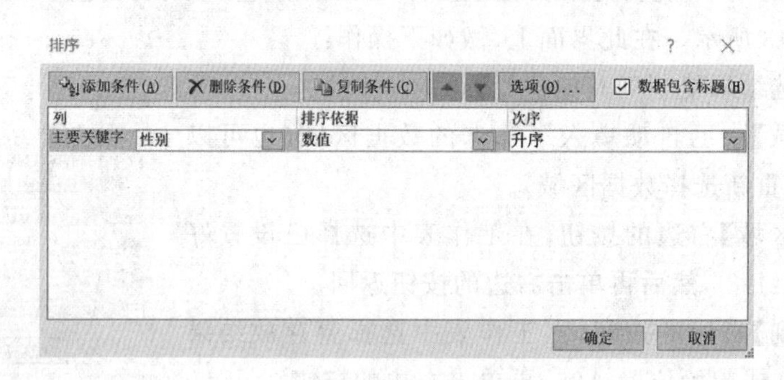

图 1.145　【排序】对话框

c. 单击【确定】按钮。

说明：如果需要多关键字排序，就在【排序】对话框中，单击【添加条件】按钮，可添加排序条件。

②按性别汇总出男生和女生的人数。

a. 首先要对分类字段【性别】进行排序(升序或降序均可)，这个操作前面已完成。

b. 选定数据区域中的任意一个单元格或选定整个数据区域 A2:L12。

c. 在【数据】选项卡的【分级显示】组中，单击【分类汇总】按钮，打开【分类汇总】对话框，设置分类汇总选项，如图 1.146 所示。

在【分类字段】列表框中，选择分类的字段【性别】。

在【汇总方式】列表框中，选择汇总的计算方式【计数】。

在【选定汇总项】列表框中，选择要汇总的数据列【性别】。

勾选【汇总结果显示在数据下方】。

d. 单击【确定】按钮，分类汇总的结果如图 1.147 所示。

e. 单击图 1.147 左边的分级显示按键“－”或“＋”，可折叠或展开分类汇总项目。

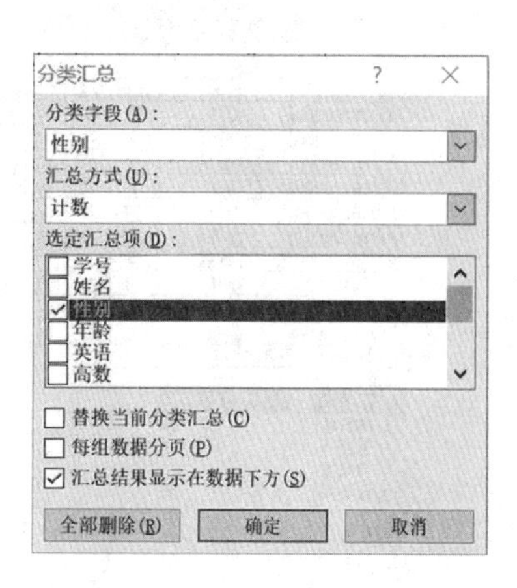

图 1.146 【分类汇总】对话框

(5)在“成绩筛选表”工作表中，使用数据透视表完成各种数据分析要求。

	A	B	C	D	E	F	G	H	I	J	K	L
1	成绩筛选表											
2	学号	姓名	性别	年龄	英语	高数	政治	计算机	总分	平均分	成绩等级	不及格门数
3	0861200009	范玲	女	20	94	95	97	94	380	95.0	优秀	
4	0861200002	何非亚	女	21	86	85	83	80	334	83.5		
5	0861200007	贺金凤	女	21	90	90	80	90	350	87.5		
6	0861200003	马丽	女	20	38	50	68	45	201	50.3		3
7	0861200001	万颖	女	20	86	86	88	85	345	86.3		
8	0861200010	周婷	女	20	94	94	90	95	373	93.3	优秀	
9		女 计数	6									
10	0861200004	陈秋霖	男	19	83	78	82	82	325	81.3		
11	0861200008	李伟	男	19	30	35	55	45	165	41.3		4
12	0861200005	罗励	男	22	77	90	88	80	335	83.8		
13	0861200006	彭弦	男	20	85	38	40	55	218	54.5		3
14		男 计数	4									
15		总计数	10									

图 1.147 分类汇总结果示意图

①单击数据区域中的任意一个单元格，选择【插入】选项卡，在【表格】选项组中单击【数据透视表】按钮，打开【创建数据透视表】对话框，如图 1.148 所示。

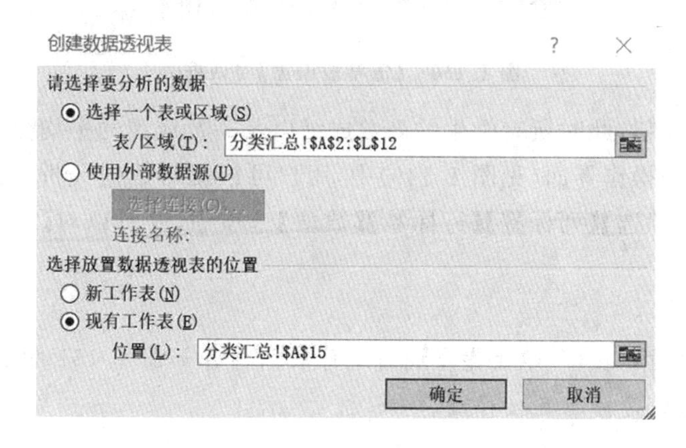

图 1.148 【创建数据透视表】对话框

②单击【确定】按钮，即可创建一个空白的数据透视表，并在窗口的右侧显示【数据透视表字段列表】窗格，在其中选择需要的字段，并在左侧的数据透视表中显示出来，效果如图 1.149 所示。

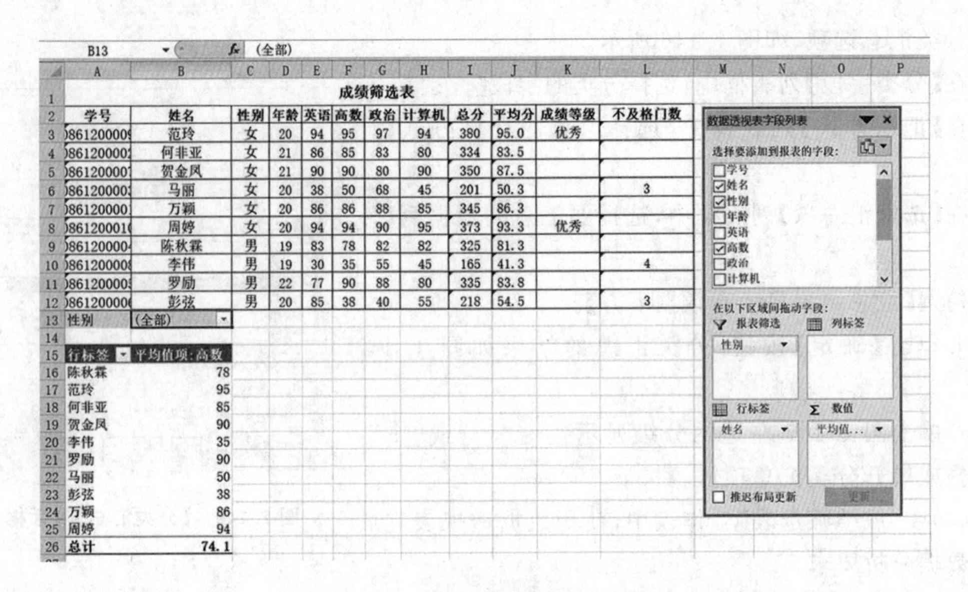

图 1.149 数据透视表操作界面

③在图 1.149 中，选择 B15 单元格，在【活动字段】选项组中单击【字段设置】按钮，打开【值字段设置】对话框，选择【值汇总方式】选项卡，在其列表框中选择【平均值】选项，如图 1.150 所示。

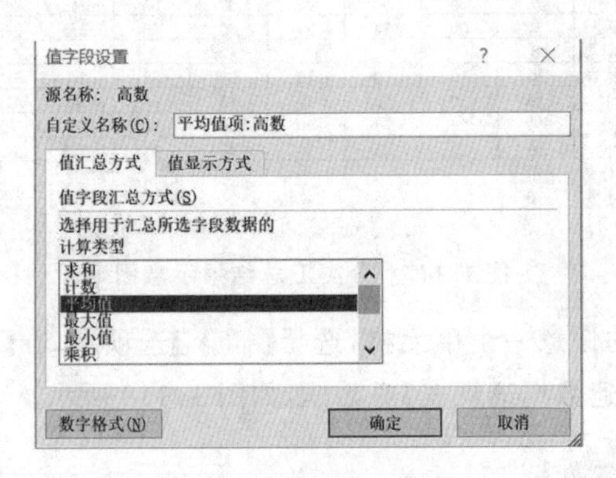

图 1.150 【值字段设置】对话框

④单击【确定】按钮，此时所有学生的高数成绩以及高数成绩的平均分显示出来。

⑤在数据透视表操作界面(见图 1.149)中，用户可根据对数据分析的需要，把表格的各字段名拖曳到【报表筛选】【列标签】【行标签】【数值】选项中，并可以对【数值】选项中的字段进行各种运算。

【实验练习】

(1)在 Excel 中制作表格“学生竞赛成绩统计表”，内容如图 1.151 所示。按照题目要求完成后，用 Excel 的保存功能直接存盘。

要求：

①打开“学生竞赛成绩统计表”表格，将 Sheet1 工作表的 A1:F1 单元格合并为一个单元格，内容水平居中；按表中第 2 行中各成绩占总成绩的比例计算“总成绩”列的内容(数值型，保留小数点后 1 位)，按总成绩的降序次序计算“成绩排名”列的内容。

②选取“学号”列(A2:A10)和“总成绩”列(E2:E10)数据区域的内容建立“簇状棱锥

学生竞赛成绩统计表					
学号	基础知识（占50%）	实践能力（占30%）	表达能力（占20%）	总成绩	成绩排名
S01	78	89	79		
S02	65	78	63		
S03	87	96	81		
S04	73	67	69		
S05	92	85	76		
S06	85	74	82		
S07	79	91	73		
S08	66	82	91		

图 1.151　学生竞赛成绩统计表

图”，图表标题为“成绩统计图”，不显示图例，设置数据系列格式为纯色填充（紫色，强调文字颜色 4，深色 25%），将图插入到表的 A12:D27 单元格区域内。将工作表命名为“成绩统计表”并保存。

（2）在 Excel 中制作表格“新书采购表”，内容如图 1.152 所示。按照题目要求完成后，用 Excel 的保存功能直接存盘。

新书采购表							
书号	书名	学科	单价	上半年本数	下半年本数	合计本数	金额
10001	数学	理科	8.3	166	78		
10002	物理	理科	7.5	275	10		
10003	化学	理科	5.8	80	120		
10004	生物	理科	5.6	74	142		
10005	体育	文科	7.1	69	168		
10006	政治	文科	6.4	152	58		
10007	语文	文科	3.2	120	69		
10008	英语	文科	3.4	213	12		
10009	地理	文科	4.8	98	125		
10010	历史	文科	4.2	100	126		

图 1.152　新书采购表

要求：

①修改 Sheet1 工作表的名称为“新书采购表”，将 A1:H12 的单元格的行高设置为 20，列宽设置为 10，把单元格 A1:H1 进行合并居中；

②在“新书采购表”中利用函数分别求出合计本数、金额；

③在“新书采购表”中，利用“新书采购表”中的数据插入图表，要求以书名为 x 轴，上下半年采购的本数为 y 轴，图表类型为折线图，图表标题为“新书采购图”；

④将“新书采购表”中的数据复制到 Sheet2、Sheet3 工作表中，并在 Sheet2 工作表中筛选出上半年本数和下半年本数都在[80,130]的记录；

⑤在 Sheet3 工作表中，通过分类汇总，分别统计出理科和文科中合计本数和金额的最大值。

（3）在 Excel 中制作表格“产品销售情况统计表”，内容如图 1.153 所示。按照题目要求完成后，用 Excel 的保存功能直接存盘。

要求：

①将工作表命名为“销售情况统计表”；

②将 A1:F1 区域合并单元格，字体设置为楷体，字号为 22，字体颜色为“黑色，文字 1，淡色 50%”，水平对齐方式为“居中”，垂直对齐方式为“靠下”；

产品销售情况统计表					
产品型号	单价（元）	上月销售量	上月销售额（元）	本月销售量	本月销售额（元）
p1	652	122		155	
p2	1657	85		91	
p3	1879	136		175	
p4	2338	88		131	
p5	795	103		125	
p6	397	78		97	
p7	391	106		165	
p8	288	87		153	

图 1.153　产品销售情况统计表

③利用公式计算“上月销售额”列和“本月销售额”列，结果保留 0 位小数；

④选取“产品型号”列、“上月销售量”列和“本月销售量”列内容，建立“簇状柱形图”，图表标题为“销售情况统计图”，图例置于底部，将图表插入到表的 A14:E27 区域。

(4)在 Excel 中制作表格“成绩表”，内容如图 1.154 所示。按照题目要求完成后，用 Excel 的保存功能直接存盘。

成绩表						
学号	姓名	数学	英语	物理	哲学	总分
	王红	90	88	89	74	
	刘佳	45	56	59	64	
	赵刚	84	96	92	82	
	李丽	82	89	90	83	
	刘伟	58	76	94	76	
	张文	73	95	86	77	
	杨柳	91	89	87	84	
	孙岩	56	57	87	82	
	田迪	81	89	86	80	
平均分						

图 1.154　成绩表

要求：

①将 Sheet1 工作表中的标题文字“成绩表”设置为黑体，将 A1:G1 单元格区域合并居中，学号从 201401 到 201409 以步长值为 1 的规律填完整，要求自动填充；

②在 Sheet1 工作表中利用 SUM 函数求出总分，利用 AVERAGE 函数求出各科平均分，平均分结果保留一位小数；

③将 Sheet1 工作表中的数据按“总分”降序排序，对 C3:F11 区域中的数据设置条件格式，要求各科成绩大于 80 的单元格用粗体、蓝色突出显示；

④在 Sheet1 工作表中，以“姓名”列(B2:B11)为 x 轴，以“总分”列(G2:G11)为 y 轴绘制二维簇状柱形图，要求图表标题为“学生成绩总分”，将图表放置到该工作表 C16:H32 单元格区域；

⑤将 Sheet1 工作表中的 A1:G12 单元格中的数据复制到 Sheet2 工作表的 A1:G12 单元格中，在 Sheet2 工作表中，利用自动筛选，筛选出数学和英语都大于 80 分的学生记录。

(5)在 Excel 中制作表格“员工工资表”，内容如图 1.155 所示。按照题目要求完成后，用 Excel 的保存功能直接存盘。

要求：

①将 Sheet1 工作表中的标题文字“员工工资表”设置为黑体、20 号、蓝色，将 A1:I1 单元格区域合并居中；

②在 Sheet1 工作表中，利用公式计算每位员工的扣除工资(公式：扣除工资＝水电费＋

员工工资表								
姓名	性别	部门	职务工资	津贴	水电费	公积金	扣除工资	实发工资
钟凝	男	财务部	1500	450	1200	98	1298.0	652.0
李凌	女	技术部	1400	260	890	86.5	976.5	683.5
薛海仓	男	技术部	1100	320	780	66.5	846.5	573.5
胡梅	女	销售部	840	270	830	58	888.0	222.0
周明明	男	销售部	1000	350	400	48.5	448.5	901.5
张和平	男	财务部	450	230	290	78	368.0	312.0
郑裕同	男	技术部	1380	210	540	69	609.0	981.0
郭丽明	女	财务部	900	280	350	45.5	395.5	784.5
赵海	男	技术部	1600	540	650	66	716.0	1424.0
郑黎明	男	财务部	880	270	420	56	476.0	674.0
潘越明	男	财务部	950	290	350	53.5	403.5	836.5
王海涛	男	销售部	1300	400	1000	88	1088.0	612.0
罗晶晶	女	销售部	930	300	650	65	715.0	515.0

图 1.155　员工工资表

公积金)和实发工资(公式:实发工资=职务工资+津贴-水电费-公积金),要求计算出的扣除工资和实发工资数据保留一位小数;

③为 Sheet1 工作表中的 A1:I15 区域添加边框,要求外边框为蓝色、粗线条,内框线为蓝色、细线条,标题行底纹为黄色;

④将 Sheet1 工作表中的 A1:I15 单元格中的数据复制到 Sheet2、Sheet3 工作表中 A1:I15 单元格中,在 Sheet2 工作表内统计各部门的实发工资总额(提示:分类汇总前先按部门字段升序排序),分类字段为"部门",汇总方式为"求和",汇总项为"实发工资";

⑤在 Sheet3 工作表中,选取姓名列(A2:A15)和实发工资列(I2:I15)绘制各员工实发工资的二维簇状柱形图,横坐标标题为"姓名",纵坐标竖排标题为"实发工资",图表标题为"各员工工资",将图表放置到该工作表 B19:I37 单元格区域。

第4节 演示文稿处理

实验项目1 演示文稿的基本操作与美化操作

【实验目的】

➢熟练掌握 PowerPoint 2010 的基本操作。

➢掌握幻灯片中文字和对象的基本操作。

➢掌握幻灯片中可视化项目的添加。

【实验技术要点】

1.创建和编辑演示文稿

(1)启动与退出 PowerPoint 2010:①启动 PowerPoint 2010;②创建演示文稿;③退出 PowerPoint 2010。

(2)演示文稿的基本功能:①页面设置;②幻灯片版式设置。

(3)演示文稿布局的基本操作:①选择幻灯片;②插入幻灯片;③复制幻灯片;④删除幻灯片;⑤调整或移动幻灯片位置。

(4)文字和对象的操作:

①输入文字:占位符方式输入;文本框方式输入;外部导入方式输入。

②编辑文本:对字体、字号进行设置;对颜色、对齐方式进行设置。

2.演示文稿的美化操作

(1)插入图形、图片、剪贴画、组织结构图、图表、表格等操作。

(2)插入影片和声音。

3.演示文稿的显示视图

①普通视图;②幻灯片浏览视图;③备注页视图;④阅读视图;⑤幻灯片放映视图。

【实验内容】

一、任务描述

(1)启动 PowerPoint 2010 后新建一个演示文稿,命名为“计算机软件水平考试”,按要求保存演示文稿。

(2)在“计算机软件水平考试”演示文稿中创建六张幻灯片,具体任务如下:

①使用创建空白幻灯片的方式创建第一张幻灯片;

②设置第一张幻灯片的版式;

③新建其他五张幻灯片;

④设置每张幻灯片的版式;

⑤将所有幻灯片的主题设置为波形(关于主题的设置本节第二个实验项目将详细讲解)。

(3)幻灯片中文本的输入,具体任务如下:

①使用占位符的方式输入每张幻灯片的标题和文本；

②设置标题和文本的字体、字号和对齐方式。

(4)幻灯片中图片、表格、图表、音频的插入，具体任务如下：

①在第三张和第四张幻灯片中插入表格，并输入相应的文字，设置文字的字体、字号和对齐方式；

②在第五张幻灯片中插入图表；

③在第六张幻灯片中插入图片和音频。

二、任务目标

最后的效果如图 1.156 所示。

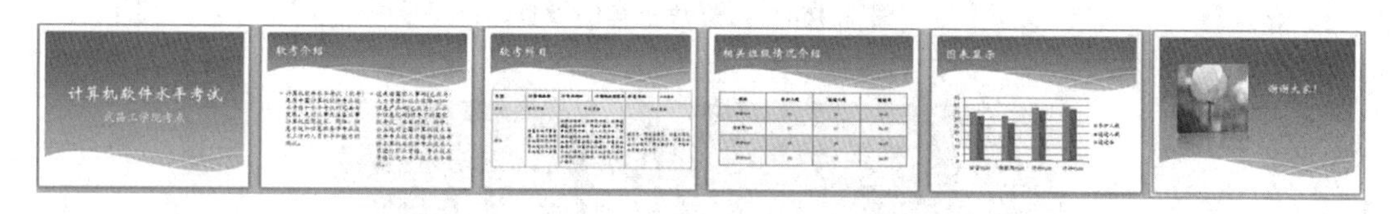

图 1.156　计算机软件水平考试演示文稿

三、任务实施

(1)启动 PowerPoint 2010 后，自动新建一张空白标题幻灯片，命名为“计算机软件水平考试”，按要求保存演示文稿。

(2)幻灯片的编辑。

①在【开始】选项卡的【幻灯片】功能组中单击【新建幻灯片】的下拉按钮(见图 1.157)，在展开的列表中选择一种幻灯片版式。

②选中第一张幻灯片，单击【新建幻灯片】按钮或者按【Ctrl+M】组合键，即可在当前幻灯片后面插入一张新幻灯片。

③普通视图下，将鼠标定格在左侧的【大纲】窗口中，按回车键可插入一张新的幻灯片。

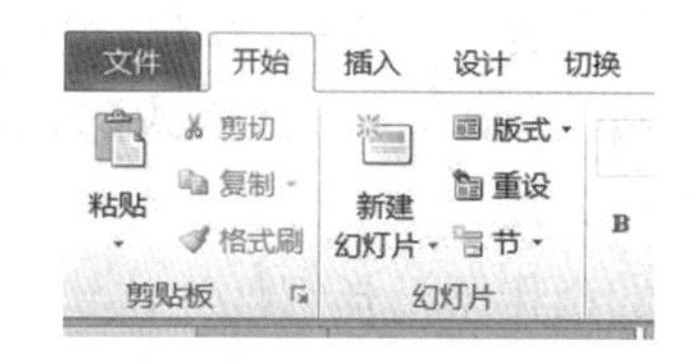

图 1.157　【新建幻灯片】下拉按钮

④幻灯片有多种版式，默认第一张幻灯片版式为【标题幻灯片】。改变幻灯片版式的方法如下：

a. 选中幻灯片，在【开始】选项卡【幻灯片】组的【版式】库中选择其他的版式。

b. 选中幻灯片后右击，在弹出的菜单中选择【版式】列表中所需的版式。

(3)制作幻灯片。

①制作第一张幻灯片：“软考封面”。

a. 在【设计】选项卡中设置幻灯片的主题为【波形】(关于主题的设置本节第二个实验项目将详细讲解)，如图 1.158 所示。

b. 在【开始】选项卡中设置幻灯片【版式】为【标题幻灯片】。

c. 在占位符中输入主标题“计算机软件水平考试”和副标题“武昌工学院考点”，并设置主标题字体为华文新魏、字号 60，副标题字体设置为华文行楷、字号 40。

②制作第二张幻灯片：“软考介绍”。幻灯片效果如图 1.159 所示。

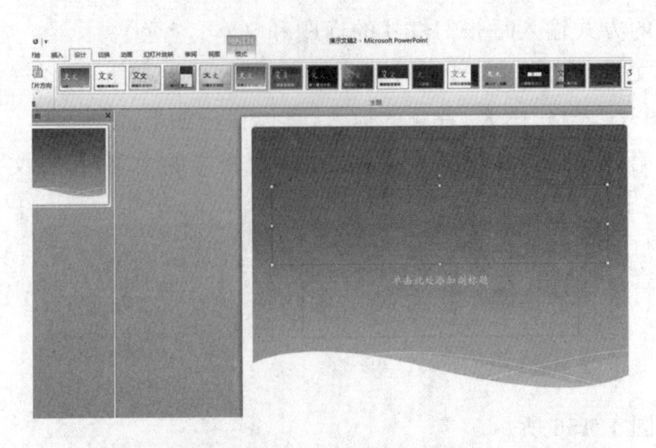

图 1.158　幻灯片主题的设置

* 计算机软件水平考试（软考）是原中国计算机软件专业技术资格和水平考试的完善与发展。是对从事或准备从事计算机应用技术、网络、信息系统和信息服务等专业技术工作的人员水平和能力的测试。
* 这是由国家人事部(已改为：人力资源和社会保障部)和信息产业部(已改为：工业和信息化部)领导下的国家级考试，其目的是，科学、公正地对全国计算机技术与软件专业技术人员进行职业资格、专业技术资格认定和专业技术水平测试。

图 1.159　第二张幻灯片效果

a. 新建一张空白的幻灯片，新建的幻灯片会自动使用前面设置的主题。

b. 设置幻灯片的【版式】为【两栏内容】，在占位符中输入文字，并设置相应的字体、字号和对齐方式。

③制作第三张幻灯片："软考科目"。幻灯片效果如图 1.160 所示。

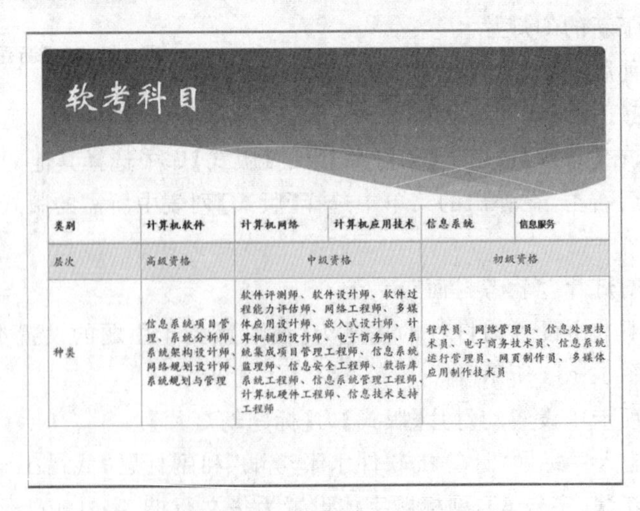

类别	计算机软件	计算机网络	计算机应用技术	信息系统	信息服务
层次	高级资格	中级资格		初级资格	
种类	信息系统项目管理、系统分析师、系统架构设计师、网络规划设计师、系统规划与管理	软件评测师、软件设计师、软件过程能力评估师、网络工程师、多媒体应用设计师、嵌入式设计师、计算机辅助设计师、电子商务师、系统集成项目管理工程师、信息系统监理师、信息安全工程师、数据库系统工程师、信息系统管理工程师、计算机硬件工程师、信息技术支持工程师		程序员、网络管理员、信息处理技术员、电子商务技术员、信息系统运行管理员、网页制作员、多媒体应用制作技术员	

图 1.160　第三张幻灯片效果

a. 新建一张空白的幻灯片，新建的幻灯片会自动使用前面设置的幻灯片的主题。

b. 设置幻灯片的【版式】为【标题和内容】，在【标题】占位符中输入标题文字，并设置相应的字体、字号和对齐方式。

c. 在内容占位符中插入一个 6 列 3 行的表格，对表格的样式进行设置，根据具体内容进行单元格的合并，在表格中输入文字，并设置相应的字体、字号和对齐方式。

④制作第四张幻灯片："相关班级情况介绍"。幻灯片效果如图 1.161 所示。

相关班级情况介绍

班级	参加人数	通过人数	通过率
信管1501	35	32	91.4%
物联网1501	32	27	84.3%
计科1501	38	36	94.7%
计科1502	39	37	94.8%

图 1.161　第四张幻灯片效果

a. 新建一张空白的幻灯片，空白的幻灯片会自动使用前面设置的主题。

b. 设置幻灯片的【版式】为【标题和内容】，在标题占位符中输入标题文字，并设置相应的字体、字号和对齐方式。

c. 在文本占位符中插入一个 4 列 5 行的表格，进行单元格的合并，在表格中输入文字，并设置相应的字体、字号和对齐方式。

⑤制作第五张幻灯片："图表显示"。幻灯片效果如图 1.162 所示。

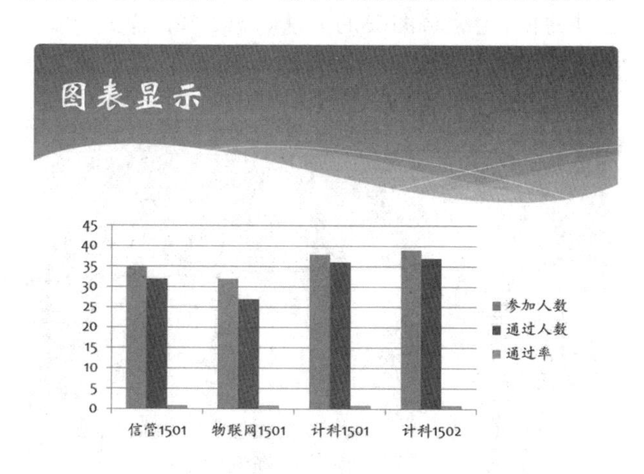

图 1.162　第五张幻灯片效果

a. 新建一张空白的幻灯片，幻灯片会自动使用前面设置的主题。

b. 设置幻灯片的【版式】为【标题和内容】，在标题占位符中输入标题文字，并设置相应的字体、字号和对齐方式。

c. 单击【插入】选项卡，再在【插图】功能组单击【图表】按钮，打开【插入图表】对话框，选择【柱形图】图表样式，如图 1.163 所示，单击【确定】按钮。

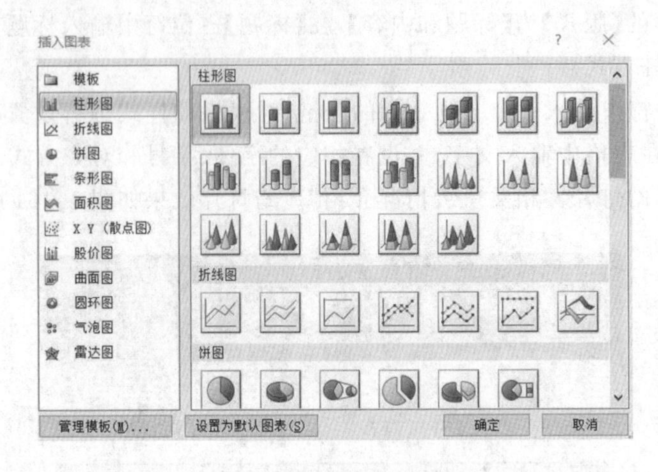

图 1.163　图表列表

d. 在打开的 Excel 表格中给出了一些默认数据，将这些数据修改成用户所需要的内容和数据，如图 1.164 所示（这些数据用于建立图表）。关闭 Excel，会在幻灯片中自动创建一个图表，这个图表就是依据用户在 Excel 中输入的数据创建的，如图 1.165 所示。

	A	B	C	D
1	班级	参加人数	通过人数	通过率
2	信管1501	35	32	91.40%
3	物联网1501	32	27	84.30%
4	计科1501	38	36	94.70%
5	计科1502	39	37	94.80%

图 1.164　Excel 数据

图 1.165　Excel 图表数据

e. 参考 Excel 中所讲的创建、编辑图表的方法，修改图表样式。

⑥制作第六张幻灯片：幻灯片尾页。幻灯片效果如图 1.166 所示。

图 1.166　幻灯片尾页

a. 新建一张空白的幻灯片，幻灯片会自动使用前面设置的主题。

b. 设置幻灯片的【版式】为【图片与标题】,在标题占位符中输入标题文字,并设置相应的字体、字号和对齐方式。

c. 单击【插入】选项卡,再在【图像】功能组单击【图片】按钮,打开【插入图片】对话框,找到所要插入的图片,单击【插入】按钮。

d. 若要添加多张图片,请在按住【Ctrl】的同时单击要插入的图片,然后单击【插入】,图片即出现在幻灯片中。

e. 调整图片或剪贴画的大小和位置。插入的图片或剪贴画的大小和位置可能不合适,可以用鼠标来进行调整。

f. 在【插入】选项卡的【媒体】功能组单击【音频】按钮,打开【插入音频】对话框,找到所要插入的音频文件,单击【插入】按钮。

【实验练习】

(1)利用 PowerPoint 2010 提供的模板"PowerPoint 2010 简介"创建一个演示文稿,以"PowerPoint 2010 简介"为文件名保存在 D 盘根目录下,退出 PowerPoint 2010。

(2)用 PowerPoint 2010 制作演示文稿,按照题目要求完成后,用 PowerPoint 的保存功能直接存盘。

要求:

①第一张幻灯片的版式设置为"标题幻灯片";标题内容为"思考与练习",并设置文字为黑体、字号为 72;副标题内容为"小学语文"并设置文字为宋体、字号为 28、倾斜。

②第二张幻灯片的版式设置为"仅标题";标题内容为"有感情地朗读课文",并设置字体为隶书、字号为 28、分散对齐。

(3)用 PowerPoint 2010 制作演示文稿。按照题目要求完成后,用 PowerPoint 的保存功能直接存盘。

要求:

①创建五张幻灯片,将第二张幻灯片复制到演示文稿的最后;

②将第五张幻灯片移动到演示文稿的最前面;

③删除演示文稿的最后两张幻灯片,修改后保存为"我的 PowerPoint 2010. pptx"。

(4)用 PowerPoint 2010 制作演示文稿。按照题目要求完成后,用 PowerPoint 的保存功能直接存盘。

资料一:雷锋精神

资料二:雷锋精神,是以雷锋的名字命名的、以雷锋的精神为基本内涵的、在实践中不断丰富和发展着的革命精神,其实质和核心是全心全意为人民服务,为了人民的事业无私奉献。它已经成为我们这个时代精神文明的同义语、先进文化的表征。周总理把雷锋精神全面而精辟地概括为"憎爱分明的阶级立场、言行一致的革命精神、公而忘私的共产主义风格、奋不顾身的无产阶级斗志"。

要求:

①第一页演示文稿:用资料一内容,第一页演示文稿的版式设置为"标题幻灯片"。

②第二页演示文稿:用资料二内容,第二页演示文稿的版式设置为"标题和内容"。

③新建第三张幻灯片,将版式设置为"图片与标题",并插入一张雷锋的图片,标题为"雷锋图片"。

④新建第四张幻灯片，标题设置为“学习雷锋好榜样”，自行插入相应的音乐。

⑤自行设置每张幻灯片的字体、字号和对齐方式。

(5)在桌面新建一个名为“考试”的 PowerPoint 演示文稿，按照题目要求完成后，用 PowerPoint 的保存功能直接存盘。

要求：

①第一张幻灯片采用“标题幻灯片”版式，主标题处输入就读的学校名，副标题处输入专业名称，并调整至合适大小。

②第二张幻灯片采用“内容与标题”版式，标题处输入“专业介绍”，并设置字体为楷体、粗体、40 磅、居中对齐；文本处简要介绍你的专业，内容任意；剪贴画处插入一张与自己专业相关的剪贴画。

③第三张幻灯片采用“标题和内容”版式，标题处输入“第一学期主要课程设置”，字体同第二张幻灯片；表格处插入图 1.167 所示表格，要求表格字体均为 28 磅，并居中显示。

	大学英语	高等数学	信息处理技术	计算机组成原理
学时数	60	72	40	32
学分数	5	3.5	3	2

图 1.167 插入表格内容

④为三张幻灯片设置背景，颜色自选。

实验项目 2 演示文稿主题设置与母版的应用

【实验目的】

➢熟练掌握演示文稿主题模板、颜色、字体、效果的设置。

➢熟练掌握演示文稿的配色方案、背景的设置。

➢熟练掌握 PowerPoint 2010 母版的应用。

【实验技术要点】

1. 演示文稿的主题风格的设置和编辑

(1)演示文稿主题的创建：①应用 PowerPoint 2010 提供的主题；②创建自定义主题。

(2)演示文稿主题的种类：①内置主题；②来自 office. com 主题。

(3)演示文稿主题的编辑：①颜色的设置；②字体的设置；③效果的设置。

(4)演示文稿主题的应用：①快速应用主题；②自定义主题。

(5)演示文稿背景设置：①填充设置；②图片设置；③图片颜色设置；④艺术效果设置。

2. PowerPoint 2010 母版的应用

①母版的定义；②母版的创建；③母版的功能；④母版的编辑。

【实验内容】

一、任务描述

实验 1：创建名称为“自我介绍”的演示文稿，将其中的第一张幻灯片的主题设为【华丽】，其余幻灯片的主题设为【跋涉】，最后一张幻灯片背景设置为【实心菱形】。

(1)启动 PowerPoint 2010 创建五张幻灯片，命名为“自我介绍”，按照题目要求完成后，用 PowerPoint 的保存功能直接存盘。

(2)设置幻灯片的主题和背景，具体任务如下：

①输入相应的文字，并设置相应的字体、字号和颜色；

②设置幻灯片的主题和背景。

a. 将第一张幻灯片主题设置为【华丽】；

b. 将其余幻灯片主题设置为【跋涉】；

c. 将最后一张幻灯片的背景设置为【实心菱形】。

实验 2：对名称为“自我介绍”的演示文稿，按照以下要求进行设置并应用于幻灯片母版：

(1)对于首页所应用的标题母版，将其中的标题样式设为幼圆、60 号字。

(2)设置首页背景色为浅绿。

(3)对于其他页面所应用的一般幻灯片母版，将其中的标题样式设为隶书、40 号字，其他文本设置为华文行楷、32 号字，在日期区插入当前日期，插入幻灯片编号(即页码)，插入页脚“武昌工学院”。

(4)将最后一张幻灯片的背景填充效果设置为【雨后初晴】。

二、任务目标

实验 1 任务完成后，最后的效果如图 1.168 所示。

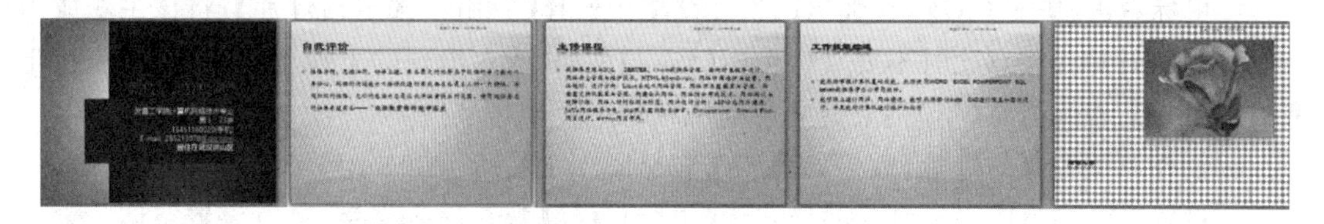

图 1.168　实验 1 效果图

实验 2 任务完成后，最后的效果如图 1.169 所示。

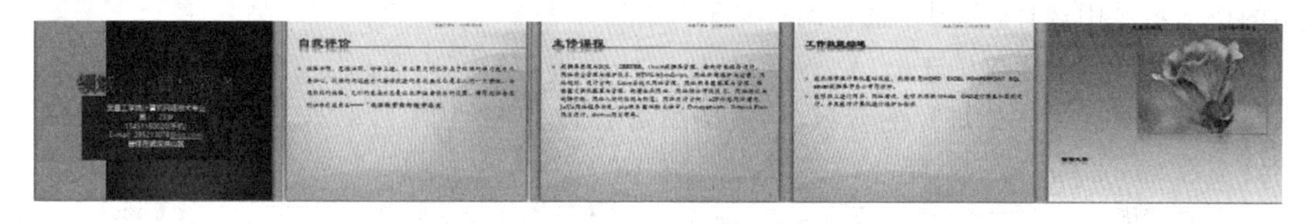

图 1.169　实验 2 效果图

三、任务实施

(1)启动 PowerPoint 2010，创建五张名称为“自我介绍”的演示文稿，按要求保存演示文稿到桌面。

①制作第一张幻灯片，效果如图 1.170 所示。

a. 单击【设计】选项卡，在幻灯片功能区找到【主题】选项卡，如图 1.171 所示。

b. 选择第一张幻灯片，在【主题】库中，找到【华丽】主题，查找时只要将鼠标移动到某张主题上就会出现该主题的名称。

图 1.170　第一张幻灯片

图 1.171　【设计】选项卡

c. 鼠标右击【华丽】主题，在弹出的快捷菜单中选择【应用于选定幻灯片】，将该主题应用于第一张幻灯片。注意此时不要直接单击【华丽】主题，或在出现的下拉菜单中选择【应用于所有幻灯片】，否则会将【华丽】主题应用到所有幻灯片。

③制作其他四张幻灯片，效果如图 1.172 至图 1.175 所示。

a. 设置第二、三、四张幻灯片的版式为【内容与标题】，并输入文字、自行设置字体、字号。将最后一张幻灯片的版式设置为【图片与标题】。

b. 选择除第一张幻灯片外的其他幻灯片，找到【跋涉】主题，鼠标右击【跋涉】主题，在弹出的快捷菜单中选择【应用于选定幻灯片】。

c. 将【跋涉】主题应用于除第一张幻灯片以外的所有幻灯片上。

④设置最后一张幻灯片的背景色，效果如图 1.175 所示。

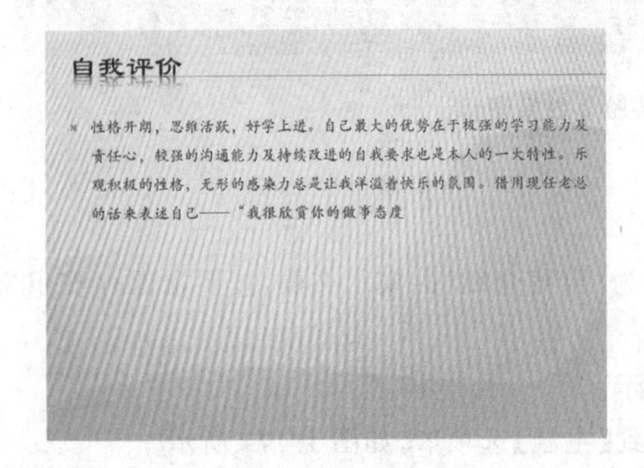

图 1.172　第二张幻灯片

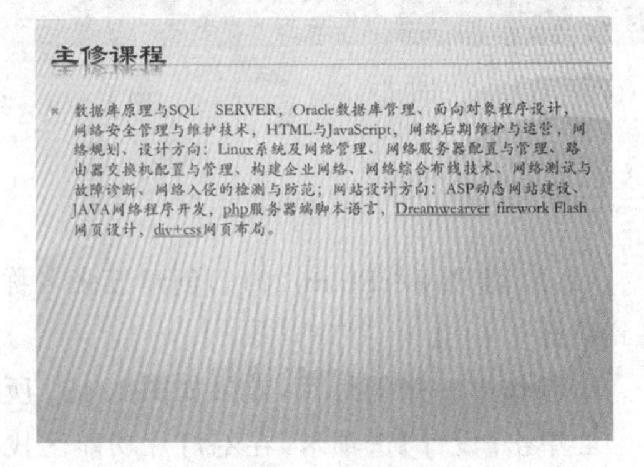

图 1.173　第三张幻灯片

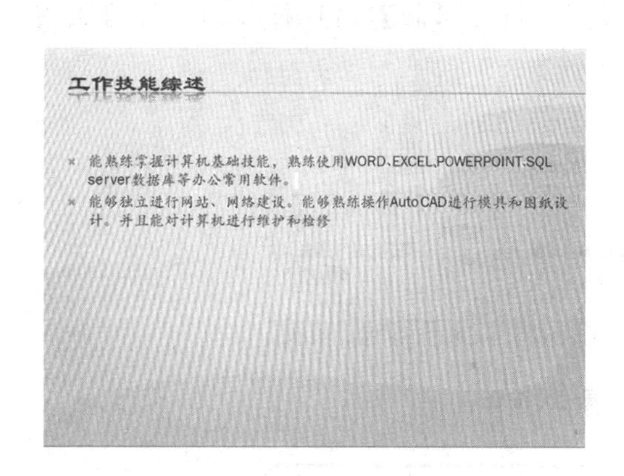

图 1.174　第四张幻灯片

图 1.175　最后一张幻灯片

a. 改变幻灯片背景色。

若要改变单张幻灯片的背景，可以在普通视图或者幻灯片浏览视图中显示该幻灯片。如果要改变所有幻灯片的背景，可以进入幻灯片母版中。

单击【设计】选项卡，选择【背景】组下的【背景样式】命令，出现如图 1.176 所示的【背景样式】选项框。

选择相应的背景样式应用到幻灯片中。

b. 改变幻灯片的填充效果。

要改变单张幻灯片的背景，可以在普通视图或者幻灯片浏览视图中选择该幻灯片。

在图 1.176 所示的【背景样式】选项框中选择【设置背景格式】命令，出现【设置背景格式】对话框，如图 1.177 所示。

在【填充】选项卡中选择【图案填充】，选择【实心菱形】。

在【渐变填充】单选框中，选择填充颜色的过渡效果，可以设置一种颜色的浓淡效果，或者设置从一种颜色逐渐变化到另一种颜色。在【图片或纹理填充】单选框中，可以选择填充纹理。在【图案填充】单选框中，选择所需要填充的图案。

若要将更改应用到当前幻灯片，可单击【关闭】按钮；若要将更改应用到所有的幻灯片和幻灯片母版，可单击【全部应用】按钮；单击【重置背景】按钮可撤销背景设置。

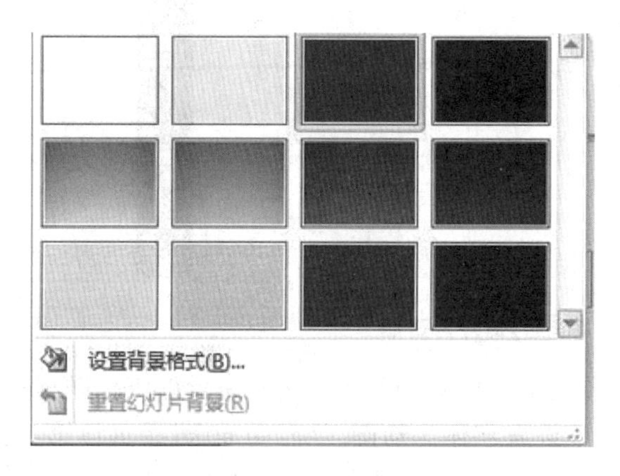

图 1.176　【背景样式】选项框

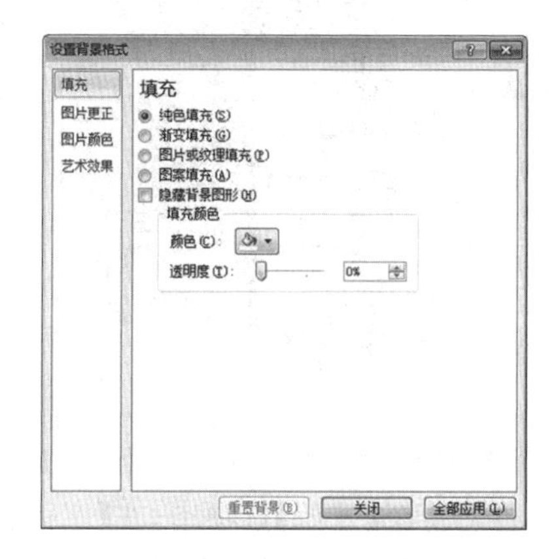

图 1.177　【设置背景格式】对话框

(2)对名称为“自我介绍”的演示文稿，按题目要求进行设置并应用于幻灯片母版。

①选中第一张幻灯片，单击【视图】选项卡下的【幻灯片母版】按钮，打开幻灯片母版视图，如图 1.178 和图 1.179 所示。

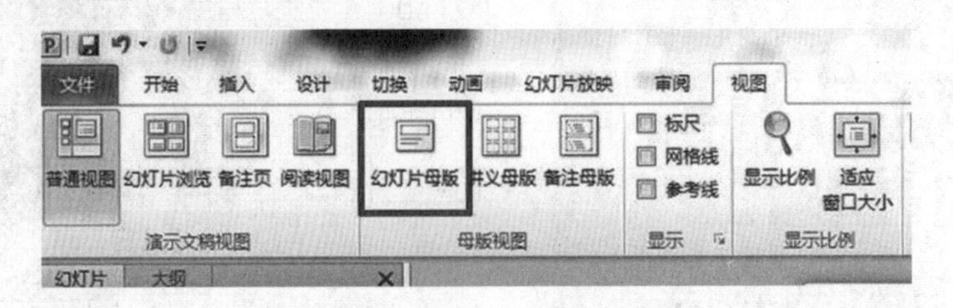

图 1.178 【幻灯片母版】按钮

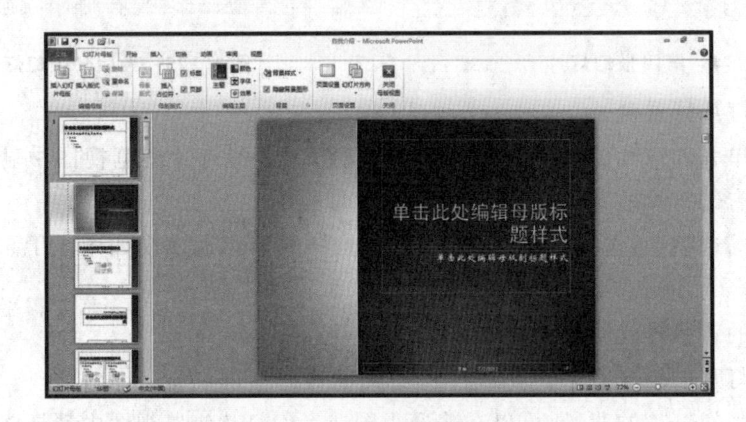

图 1.179 幻灯片母版界面

②由于该演示文稿应用了两种主题(首页应用【华丽】主题，其余幻灯片应用【跋涉】主题)，所以在大纲窗格中会出现两个幻灯片母版，分别是【华丽】和【跋涉】幻灯片母版，每个幻灯片母版下有多个幻灯片版式，如图 1.180 和图 1.181 所示。将鼠标移动到某个幻灯片版式上，会弹出提示信息，提示哪几张幻灯片使用了该版式。

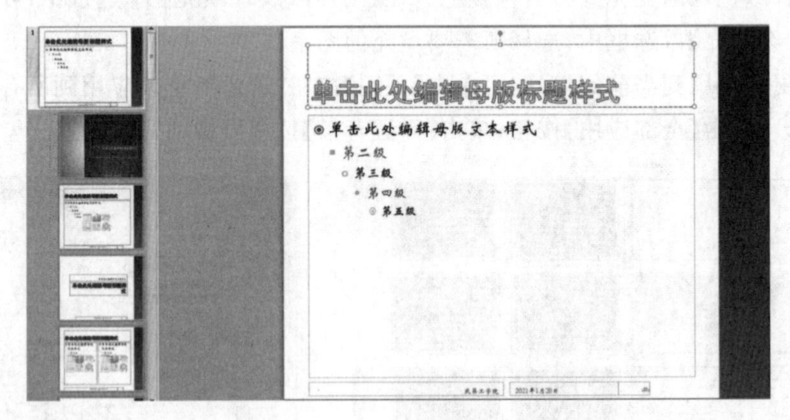

图 1.180 【华丽】幻灯片母版

③选中【华丽】幻灯片母版下的“标题幻灯片”版式，在【单击此处编辑母版标题样式】上单击，再切换至【开始】选项卡，在【字体】组中设置字体为幼圆、字号为 60 号。这样第一张幻灯片的标题样式就设为幼圆、60 号字。将副标题字体设置为微软雅黑、字号为 22 号，如图 1.182 所示。

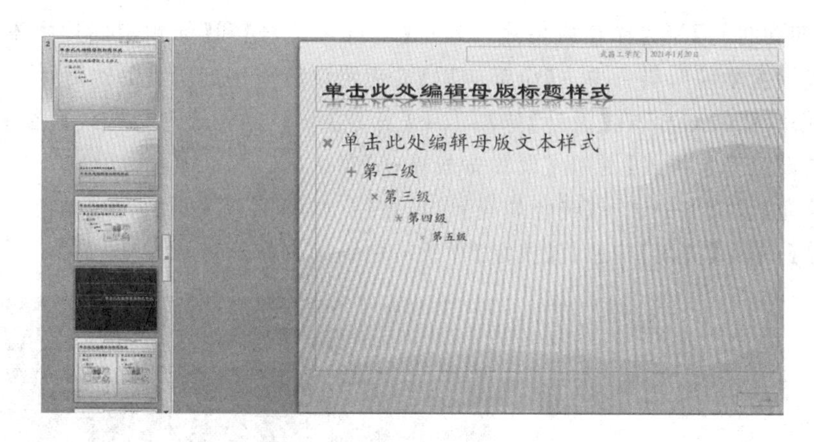

图 1.181 【跋涉】幻灯片母版

图 1.182 【华丽】幻灯片母版的设置

④选中【跋涉】幻灯片母版下的【标题和内容】版式，在【单击此处编辑母版标题样式】上单击，再切换至【开始】选项卡，在【字体】组中设置字体为隶书、40 号字，这样幻灯片的标题样式就设为隶书、40 号字。将文本设为华文行楷、32 号字。如图 1.183 所示。

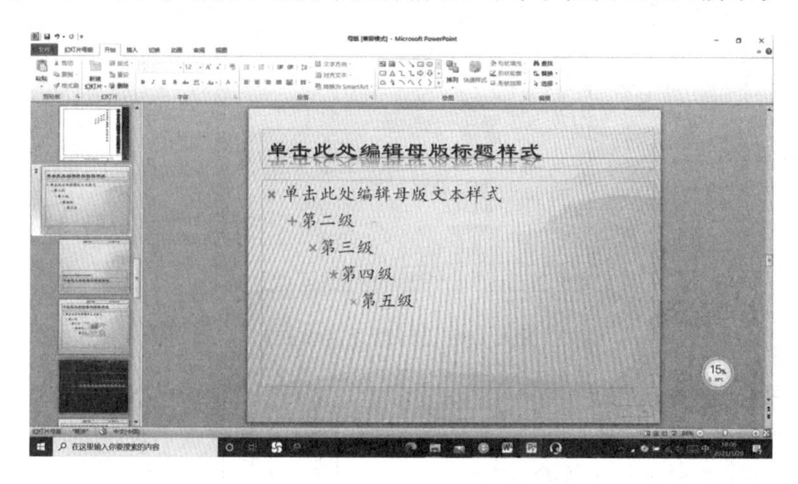

图 1.183 【跋涉】幻灯片母版的设置

⑤关闭母版视图，单击【插入】选项卡下的【页眉和页脚】按钮，打开【页眉和页脚】对话

框，勾选【日期和时间】并选择相应格式。勾选【幻灯片编号】和【标题幻灯片中不显示】。页脚设置为“武昌工学院”，最后单击【全部应用】按钮将设置应用到所有的幻灯片。

⑥选中第一张幻灯片，在【设计】选项卡下【背景】组中，单击【背景样式】，在弹出的下拉列表中选择【设置背景格式】，打开【设置背景格式】对话框。

⑦在【填充】选项卡中选择【纯色填充】单选按钮，如图 1.184 所示，在【颜色】的下拉列表中选择【浅绿】，单击【关闭】按钮将【浅绿】背景应用到第一张幻灯片，如图 1.185 所示。

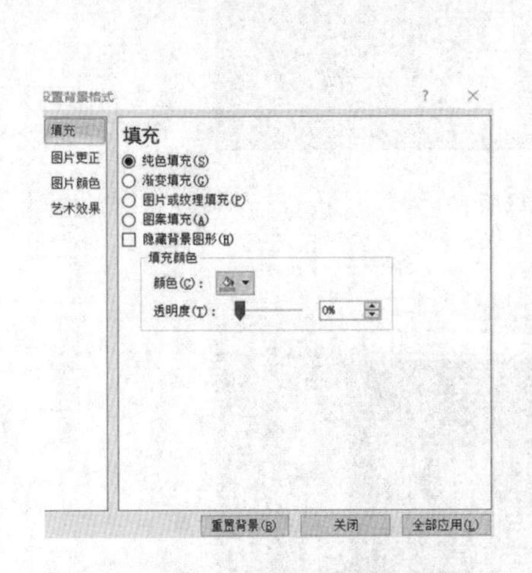

图 1.184　选择【纯色填充】

图 1.185　第一张幻灯片纯色填充效果图

⑧选中最后一张幻灯片，在【设计】选项卡下【背景】组中，单击【背景样式】，在弹出的下拉列表中选择【设置背景格式】，打开【设置背景格式】对话框。

⑨在【填充】选项卡中选择【渐变填充】单选项，如图 1.186 所示。在【预设颜色】的下拉列表中选择【雨后初晴】，单击【关闭】按钮将【雨后初晴】背景应用到最后一张幻灯片，如图 1.187 所示。

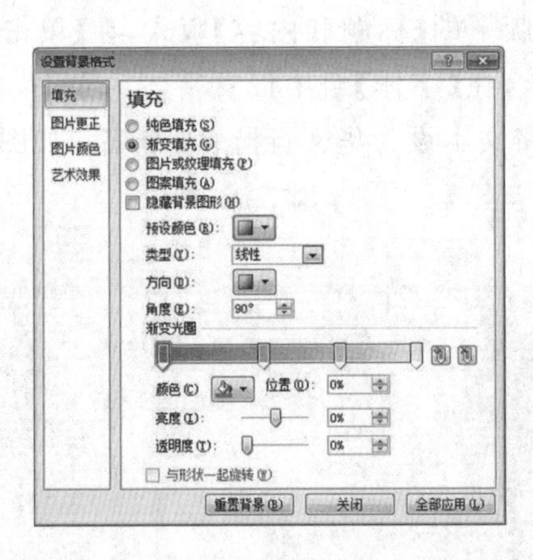

图 1.186　选择【渐变填充】

【实验练习】

(1)根据自身情况进行自我介绍，用 PowerPoint 2010 制作演示文稿，按照题目要求完成后，用 PowerPoint 的保存功能直接存盘。

①采用【行云流水】主题创建一篇“自我介绍.pptx”的演示文稿；

②设计三张幻灯片，第一张幻灯片版式为【标题幻灯片】，其中标题为“自我介绍”，并在

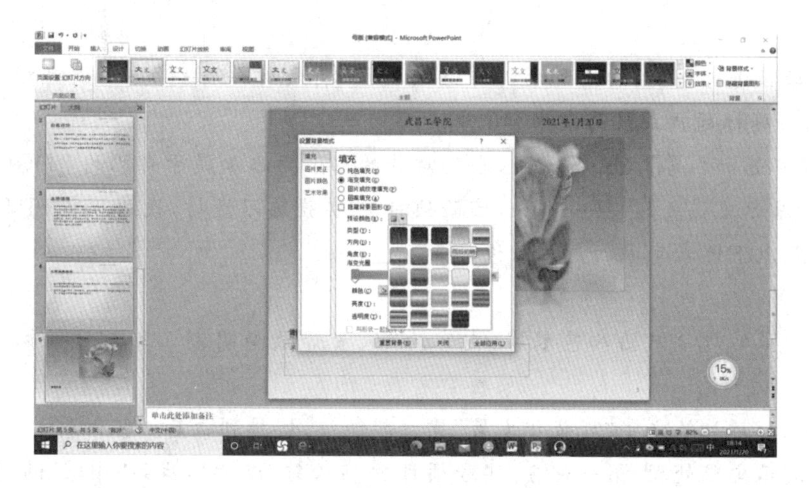

图 1.187 渐变填充效果图

副标题的位置任意插入一张剪贴画；

③第二张幻灯片采用【垂直排列标题与文本】版式，主要介绍个人基本信息（姓名、性别、年龄、班级等）；

④第三张幻灯片采用【两栏内容】版式，分别介绍自己的优、缺点；

⑤制作完成的演示文稿整体美观。

(2)利用提供的资料，制作 PowerPoint 2010 演示文稿，按照题目要求完成后，用 PowerPoint 的保存功能直接存盘。

资料一：激情盛会 和谐亚洲

资料二："激情盛会、和谐亚洲"既把握了时代的主题，又体现了亚运会的宗旨，表达了亚洲各国人民的共同愿望。

"激情盛会"一是指广州人民将用最大的热情来迎接全亚洲的运动健儿；二是广州亚运会将是一场充满激情与活力的盛会，能充分体现动感亚洲这一意义。

"和谐亚洲"则道出广州人民、中国人民对亚洲的期待，希望前来参加亚运会的各国、各地区人民，不分社会制度、不分肤色、不分语言，以相互之间的友谊，共同营造一个和谐的亚洲。

要求：

①演示文稿第一页：用资料一内容，字体、字号和颜色自行选择。

②演示文稿第二页：用资料二内容，字体、字号和颜色自行选择。

③将第一张幻灯片的版式设置为【标题幻灯片】，第二张幻灯片的版式设置为【两栏内容】。

④整个演示文稿主题设置为【复合】模板。

⑤制作完成的演示文稿整体美观。

(3)利用创建空演示文稿的方法，建立一个新的演示文稿"职业生涯规划书.pptx"，按照题目要求完成后，用 PowerPoint 2010 的保存功能直接存盘。

完成如下操作：

①采用【主管人员】主题创建一篇"职业生涯规划书"的演示文稿，内容自行编辑；

②将第一张幻灯片的版式设置为【标题幻灯片】，第二、三、四张幻灯片的版式设置为【标

题和内容】;

③利用母版进行布局,切换到幻灯片母版视图,将幻灯片标题加粗,设置标题样式为隶书、60号字,将副标题样式设为隶书、40号字;

④编辑【标题和内容】版式的母版,在幻灯片的右上角添加属于自己的LOGO图片。

(4)打开演示文稿处理/第一部分/实验项目2/实验练习素材,找到一个PPT文件,试在此基础上按照以下要求完成幻灯片的设计。

要求:

①在第一张幻灯片中插入艺术字,内容为“风景如画南明湖”,幻灯片的切换方式设为【分割】。

②第二张幻灯片给文字“现代化发展”建立超链接,链接到最后一张幻灯片。

③打开演示文稿处理/第一部分/实验项目2/实验练习素材,找到“蝴蝶”的图片,在第三张幻灯片中插入图片“蝴蝶.gif”。

④将第四张幻灯片的版式改为【图片与标题】。

⑤按照以下要求设置并应用幻灯片的母版。

a.对于首页所应用的标题母版,将其中的标题样式设为黑体、50号字;

b.对于其他页面所应用的一般幻灯片母版,将其中的标题样式设为隶书、40号字。在日期区插入当前日期(格式标准参照“2013-01-30”),在页脚中插入幻灯片编号(即页码)。

⑥将其中的第四张幻灯片的背景填充效果设置为【红日西斜】。

(5)新建五张幻灯片,按照题目要求完成后,用PowerPoint 2010的保存功能直接存盘。

要求:

①采用【波形】主题创建一篇“课程设计.pptx”的演示文稿,内容自行编辑;

②将第一张幻灯片的版式设置为【标题幻灯片】,第二、三张幻灯片的版式设置为【标题和内容】,将第四、五张幻灯片版式设置为【图片与标题】;

③利用母版进行布局,切换到幻灯片母版视图,将幻灯片标题加粗,选择左侧的【奥斯汀】幻灯片母版,然后编辑母版文字占位符;

④单独设置某个版式对应的幻灯片母版,在第二、三张幻灯片对应的母版中,添加联系方式;

⑤编辑第四、五张幻灯片的母版,删除页脚区和数字区,将日期区置于页面右下角,并在其中的图片区域插入一张任意图片。

实验项目3 演示文稿的动态效果与放映设置

【实验目的】

➢熟练掌握幻灯片中添加动画效果的方法。

➢熟练掌握如何设置交互式效果。

➢掌握演示文稿的放映方法。

【实验技术要点】

1. 演示文稿动画的设置

(1)动画类型设置:①进入(是指对象“从无到有”);②强调(是指对象直接显示后再出现

的动画效果);③退出(是指对象“从有到无”);④动作路径(是指对象沿着已有的或者自己绘制的路径运动)。

(2)动画效果的设置:①方向的设置;②形状的设置;③序列的设置。

(3)动画窗格的功能与应用:①对动画效果进行设置;②对动画顺序进行设置;③对动画时长进行设置。

(4)动画刷:①动画刷的作用;②动画刷的使用。

2. 幻灯片切换效果的类型

①细微型;②华丽型;③动态内容型。

3. 幻灯片的放映方式

①从头开始;②从当前幻灯片开始;③广播放映;④自定义放映。

4. 幻灯片的设置

①设置幻灯片放映;②隐藏幻灯片;③排练计时;④录制幻灯片。

【实验内容】

一、任务描述

(1)设置对象动画效果,具体任务如下:

①打开演示文稿处理/第一部分/实验项目3/例题素材/学唐诗.pptx,选中第二张幻灯片,插入四个文本框。输入文字,对字体、字号、对齐方式进行设置。

②对第二张幻灯片中第一个文本框进行动画的设置。

③对第二张幻灯片中第一个文本框的动画效果、持续时间进行设置。

④使用动画刷对其他三个文本框设置相同的动画效果。

⑤在【动画】选项卡的【高级动画】功能区,单击【动画窗格】按钮,可以对四个具体对象的动画顺序进行调整。

⑥设置幻灯片放映效果。

(2)对第二张幻灯片添加不同类型的动画效果,具体任务如下:

①打开演示文稿处理/第一部分/实验项目3/例题素材,插入素材中的“鹅.gif”。

②选中“鹅”图片,设置【飞入】【跷跷板】【弧线】和【飞出】4种动画效果。

(3)对第二张幻灯片合理安排多种动画效果,具体任务如下:

①在【动画窗格】中重新安排动画效果的次序和开始时间。

②选择图片【飞入】效果,移动到第2个动画效果的位置,进行相应的设置。

③选择图片【跷跷板】效果,移动到第4个动画效果的位置,进行相应的设置。

④选择图片【弧形】效果,移动到第6个动画效果的位置,进行相应的设置。

⑤选择图片【飞出】效果,进行相应的设置。

(4)创建交互式效果,具体任务如下:

①选中第三张幻灯片,在每个选项卡后面,单击【插入】选项卡,再在【插图】功能区中,选择插入【云形标注】的形状。

②添加文字,设置【云形标注】的动画效果。

③在【动画窗格】的【效果】选项卡中,选择【计时】。

④单击【触发器】进行相应的启动效果的设置。

(5)设置动作按钮,具体任务如下:

①选中第一张幻灯片,插入动作按钮。

②对动作按钮进行设置,连接到第三张幻灯片的效果。

(6)设置幻灯片的切换效果,具体任务如下:

①在【切换】选项卡的【切换到此幻灯片】功能区中,选择需要切换的效果。

②对幻灯片的播放时间和切换时间进行设置。

(7)设置幻灯片的排练计时,具体任务如下:

①设置每张幻灯片的录制时间。

②切换到普通视图下观察效果。

(8)设置幻灯片的放映方式,具体任务如下:

①设置幻灯片放映类型。

②设置幻灯片放映方式。

二、任务目标

任务完成后,最后的效果如图 1.188 所示。

图 1.188 “学唐诗”最终效果

三、任务实施

(1)打开演示文稿处理/第一部分/实验项目 3/例题素材/学唐诗.pptx。

(2)设置对象的动画效果。

①选择第二张没有文字的幻灯片。插入四个文本框,分别输入四句诗,字体设置为隶书、44 号字,效果图如图 1.189 所示。

②选中“鹅鹅鹅”文本框,选择【动画】选项卡。在【动画】功能区中,鼠标移动到某个动画效果上,可以在幻灯片上看到该动画的预览效果,便于用户选择。在此,选择【擦除】的动画效果。

③在【动画】选项卡中,单击【效果选项】按钮,将方向改为【自左侧】。在【计时】栏中,将【持续时间】改为 4 秒,如图 1.190 所示。

④保持“鹅鹅鹅”文本框的选中标志,在【动画】选项卡的【高级动画】功能区,双击【动画刷】按钮。当鼠标带有“刷子”时,分别去选择其余三句诗,将同一动画效果应用到这几个文本框上。此时,带动画效果的对象自动带有先后次序的编号,如图 1.191 所示。

(3)设置动画效果选项。

①当动画较多时,在【动画】选项卡的【高级动画】功能区,单击【动画窗格】按钮。显示如

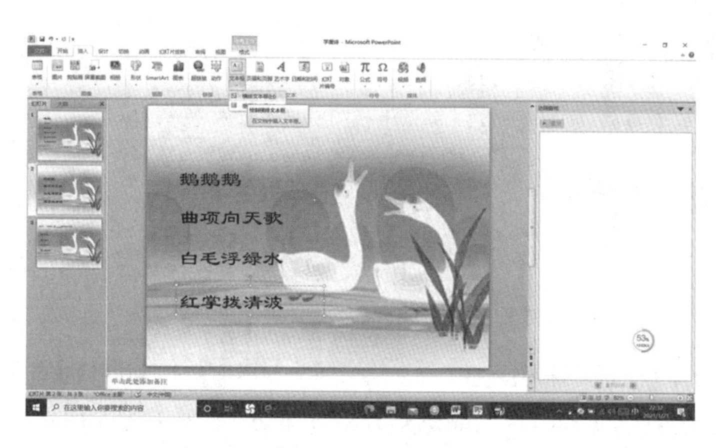

图 1.189　插入文本框

图 1.190　设置动画效果

图 1.192 所示的动画窗格，可以看到目前有 4 个动画效果。选择一个动画效果，利用鼠标拖动动画效果，可以方便地调整顺序。

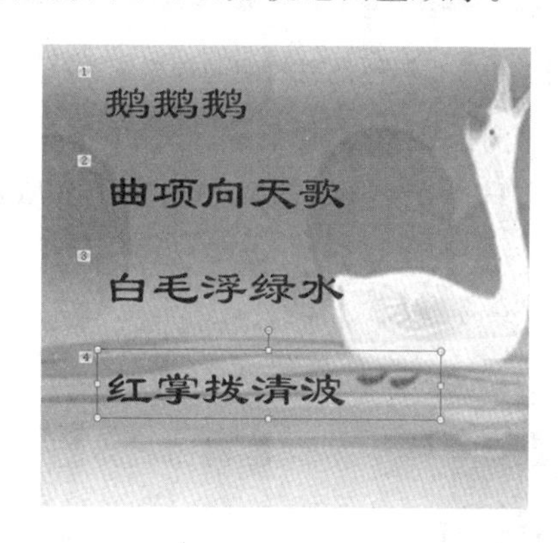

图 1.191　动画效果编号

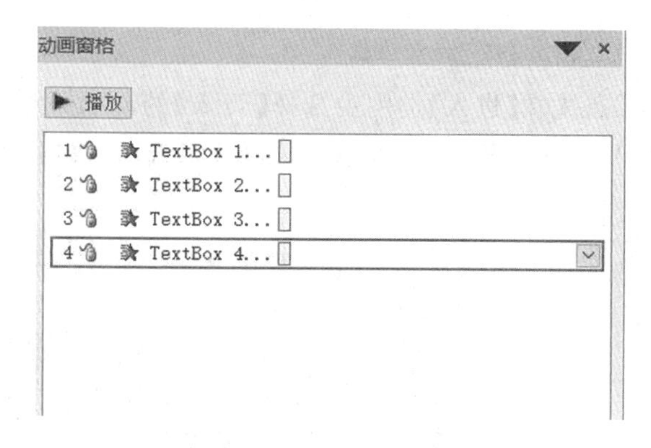

图 1.192　动画窗格一

②选择第一个动画效果，按住【Shift】键，再选择最后一个动画效果，选中所有动画效果（也可以用【Ctrl＋A】进行全选）。右击或单击动画效果右侧的下拉箭头，在弹出的快捷菜单中选择【效果选项】，显示如图 1.193 所示的【擦除】对话框。

③在【效果】选项卡中，【增强】选项组的【动画播放后】选择【下次单击后隐藏】。在【计时】选项卡中，【开始】选择【上一动画之后】，如图 1.194 所示，单击【确定】按钮。

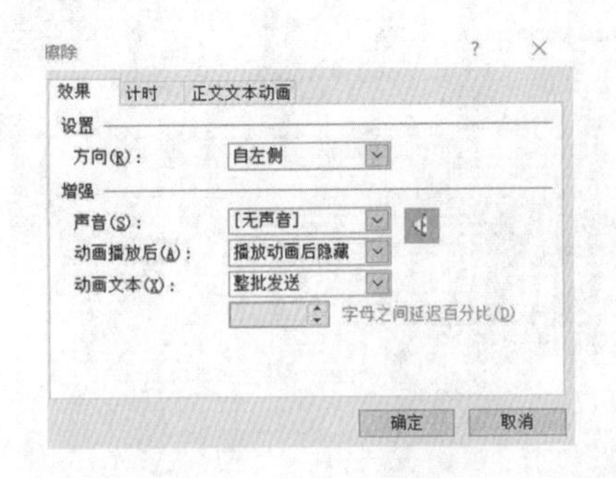

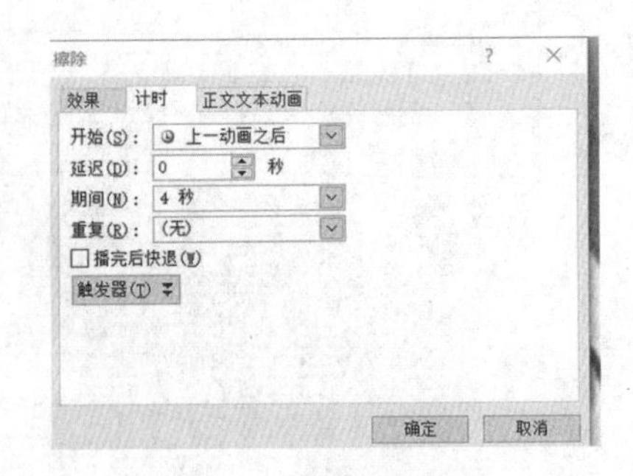

图 1.193 【擦除】对话框

图 1.194 【计时】选项卡

④将 4 句诗句重叠到一起，放置到幻灯片的左下方，如图 1.195 所示。放映幻灯片，观察动画效果。

(4)添加不同类型的动画效果。

①在第二张幻灯片中，打开演示文稿处理/第一部分/实验项目 3/例题素材，插入图片“鹅.gif”，将其移到幻灯片左侧位置，在文字的上方。

②选中“鹅”图片，在【动画】选项卡的【动画】功能区，单击右下侧的三角形按钮，可以展开所有可用的动画效果，如图 1.196 所示。

图 1.195 诗句位置

图 1.196 各种类型的动画效果

③首先在【进入】类别中选择【飞入】的动画效果。此时，观察动画窗格又增添了一个动画效果。在【动画】选项卡中，单击【效果选项】按钮，将方向改为【自左侧】，如图 1.197 所示。

图 1.197 设置【飞入】的动画效果

④接下来为“鹅”图片添加第二个动画效果。保持图片选中状态，在【动画】选项卡的【高级动画】功能区，单击【添加动画】按钮，在【强调】类别中选择【跷跷板】。

⑤类似地，为图片添加【动作路径】类别中的【弧形】动画效果，效果选项默认向下，如图1.198所示，幻灯片中出现一条路径，绿色为起点，红色为终点。选择图片，为其添加【退出】类别中的【飞出】动画效果，效果选项改为【到右侧】。

⑥放映幻灯片，诗句动画效果结束后，单击鼠标4次，观察动画效果。按【Esc】键回到普通视图。

图1.198 动作路径

(5)合理安排多种动画效果。

从如图1.199所示的动画窗格中可以看到，该幻灯片已包含8个动画效果。下面的步骤中，用户可以重新安排各个动画效果次序和开始方式，使得诗句和鹅图片的动画同时进行，图片的4种不同类型的动画效果刚好对应4句古诗。

①在动画窗格中，选择图片的【飞入】效果，将其拖动到第2个动画效果的位置。在【动画】选项卡的【计时】功能区，设置其【与上一动画同时】开始，【持续时间】设为4秒，以配合诗句的动画时间。

②将图片的【跷跷板】效果移动到第4个动画效果的位置，设置其【与上一动画同时】开始，【持续时间】设为4秒。

③将图片的【弧形】效果移动到第6个动画效果的位置，设置其【与上一动画同时】开始，【持续时间】设为4秒。

④设置图片的【飞出】效果【与上一动画同时】开始，【持续时间】设为4秒。

调整次序后的动画窗格如图1.200所示，调整其宽度后，可以看到各动画效果的时间片分布。

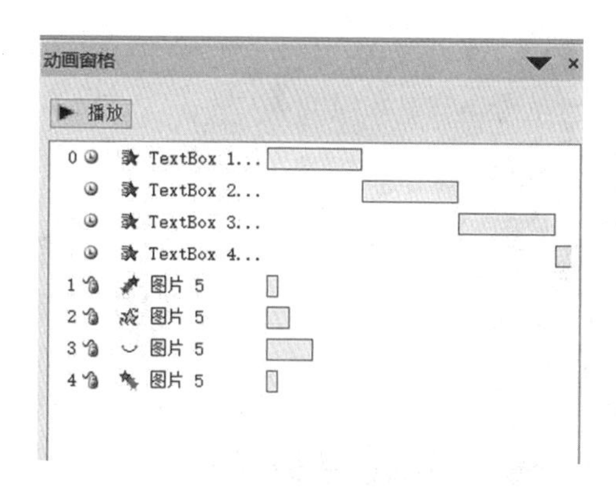

图1.199 动画窗格二

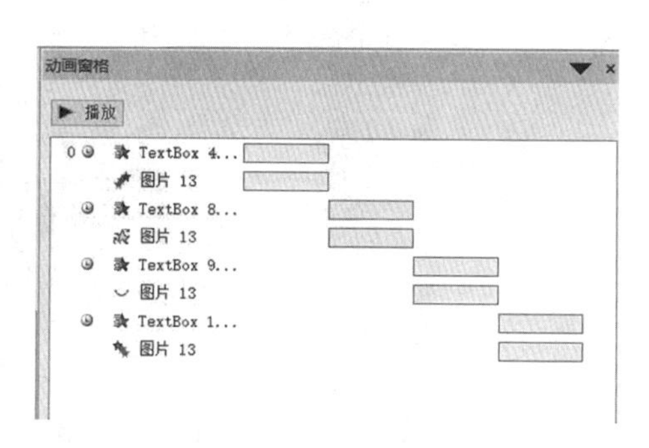

图1.200 动画窗格三

⑤放映幻灯片，观察效果。

(6)创建交互式效果。

①选择第三张幻灯片，在【插入】选项卡的【插图】功能区，单击【形状】按钮，选择【云形标注】。如图1.201所示，在幻灯片中插入4个【云形标注】，并在其中输入文字“正确”或“错

误”。

②选择第一个“错误”云形标注。在【动画】选项卡中，为其设置【淡出】的进入动画效果。在动画窗格中，右击或单击动画效果右侧的下拉箭头，在弹出的快捷菜单中选择【计时】，显示如图 1.202 所示的【淡出】对话框。

③单击【触发器】按钮，选中【单击下列对象时启动效果】，并在右侧的下拉列表框中选择【TextBox 8：(A)：李白】。单击【确定】按钮。同理，对其他三个云形标注做对应的设置。完成后，动画效果如图 1.203 所示。

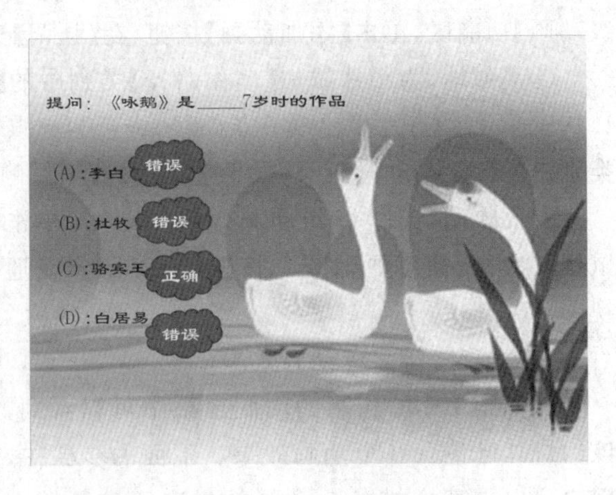

图 1.201 幻灯片内容

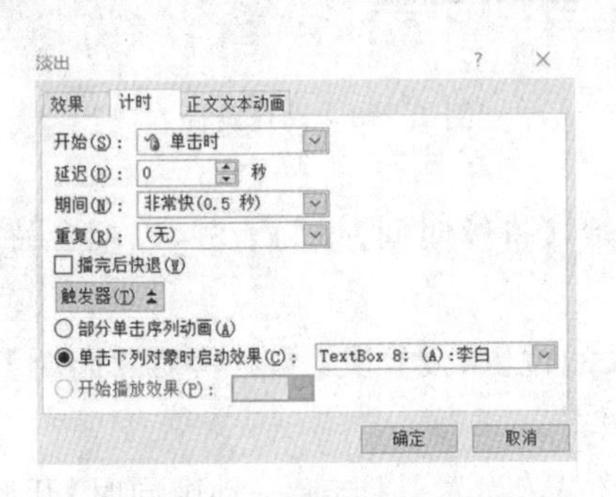

图 1.202 【淡出】对话框

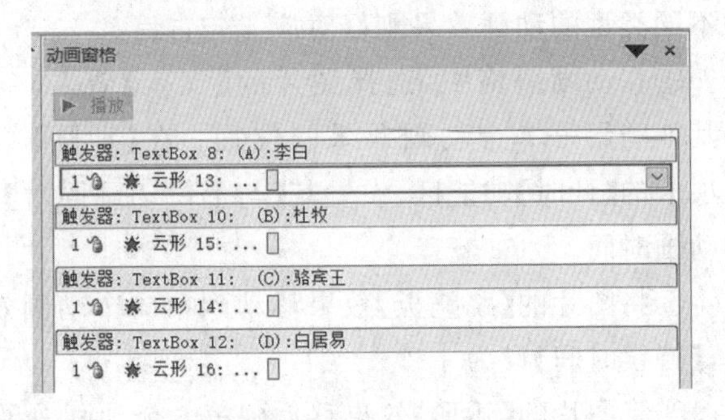

图 1.203 动画窗格四

④选择【插入】选项卡中的【形状】按钮，在展开内容的【动作按钮】一栏中，选择【前进或下一项】(见图 1.204)，放置在幻灯片的左下方，自动弹出【动作设置】对话框，设置超链接到【最后一张幻灯片】，单击【确定】按钮。放映幻灯片，观察效果，保存后退出。

图 1.204 插入动作按钮

(7)设置幻灯片的切换效果。

幻灯片之间可设置切换效果。为统一风格，将所有幻灯片设置同样的切换效果。

①在【切换】选项卡的【切换到此幻灯片】功能区，选择需要的切换效果。单击右下侧的

【其他】三角形按钮，可以展开所有可用的切换效果，如图 1.205 所示。此处，选择【华丽型】分类下的【溶解】效果。

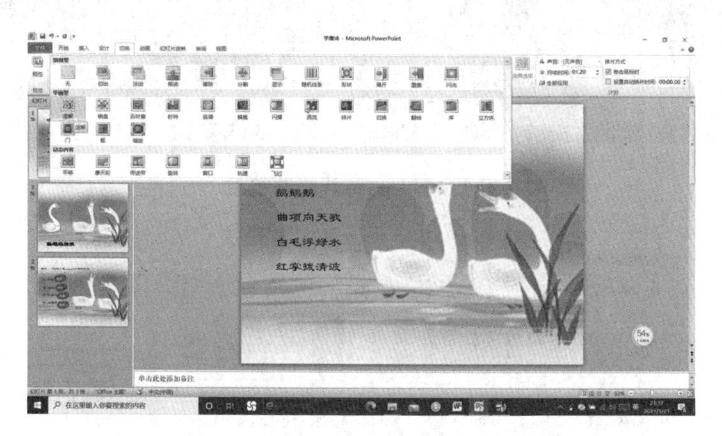

图 1.205　幻灯片切换效果

②在【切换】选项卡的【计时】功能区，设置【持续时间】为 0.5 秒。勾选【设置自动换片时间】，并设置为 2 秒，最后单击【全部应用】按钮。放映幻灯片，观察效果。

(8)排练计时和录制旁白。

根据各个幻灯片重要程度的不同，可给予不同的换片时间。若时间不容易确定，可以使用排练计时。

①选择【幻灯片放映】选项卡，在【设置】功能区单击【排练计时】按钮(见图 1.206)，进入排练放映状态，左上方会出现录制时需要的工具。

图 1.206　【排练计时】按钮

②根据需要，在合适的时间点单击【下一项】按钮，或在幻灯片上单击鼠标，来切换幻灯片。放映结束后，弹出如图 1.207 所示的对话框。单击【是】按钮保存排练时间，此时，原先在幻灯片切换中设置的自动切换时间 2 秒已被修改。

图 1.207　确认排练时间

③默认回到幻灯片浏览视图，如图 1.208 所示。每张幻灯片下方都带有放映时间。双击某张幻灯片或单击下方状态栏中的视图按钮，可切换到普通视图。放映幻灯片，观察效果。

(9)设置幻灯片放映方式。

①在【幻灯片放映】选项卡中，单击【设置幻灯片放映】按钮，弹出如图 1.209 所示的【设置放映方式】对话框。

②【放映类型】保持默认选项【演讲者放映(全屏幕)】，【放映选项】勾选【循环放映，按

图 1.208 幻灯片浏览视图

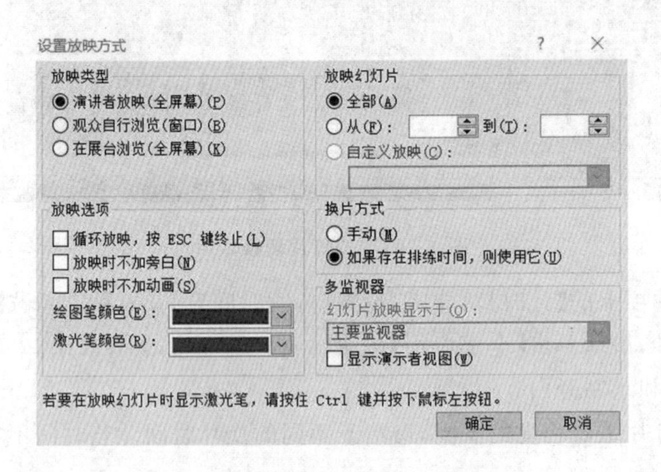

图 1.209 【设置放映方式】对话框

ESC 键终止】。其他都保持默认选项。单击【确定】按钮。放映幻灯片，观察效果。

③在上一步“设置放映方式”对话框的【放映幻灯片】栏中，有一种方式为【自定义放映】，但是不可用，原因是还未创建自定义放映。在【幻灯片放映】选项卡中单击【自定义幻灯片放映】按钮，则可选择【自定义放映】。弹出如图 1.210 所示的【自定义放映】对话框。目前尚未创建任何自定义放映。

④单击【新建】按钮，弹出如图 1.211 所示的【定义自定义放映】对话框。幻灯片放映名称为“我的放映”。选择左边的幻灯片，单击【添加】按钮，将其添加到右边的放映列表中，单击【确定】按钮创建自定义放映。放映幻灯片，观察效果，保存文件。

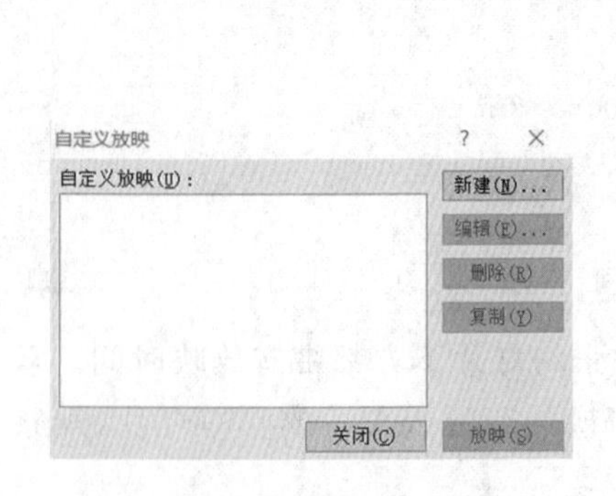

图 1.210 【自定义放映】对话框

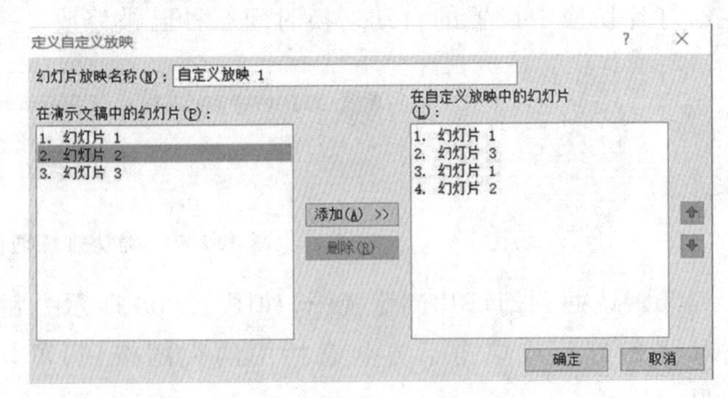

图 1.211 【定义自定义放映】对话框

【实验练习】

(1)打开演示文稿处理/第一部分/实验项目 3/实验练习素材/ yswg1. pptx，按照下列要求完成对此文稿的修饰并保存。

要求：

①在演示文稿开始处插入一张标题幻灯片，作为演示文稿的第一张幻灯片，输入主标题“趋势防毒，保驾电信”，自行设置字体、字号，设置动画效果为【动作路径】|【弧形】。

②将第二张幻灯片的背景填充效果设置为【熊熊火焰】。

③第三张幻灯片版式设置改为【垂直排列标题与文本】，并将文本部分动画效果设置成【进入】|【飞入】|【自顶部】。

④在最后一张幻灯片的左下角制作一个按钮，使用鼠标单击该按钮时，使幻灯片跳回到幻灯片首页。

⑤整个演示文稿设置成复合模板，将全部幻灯片切换效果设置成【溶解】。

(2)打开演示文稿处理/第一部分/实验项目 3/实验练习素材/ yswg2. pptx，按照下列要求完成对此文稿的修饰并保存。

要求：

①整个演示文稿设置成【新闻纸】模板。在演示文稿最后插入一张【仅标题】幻灯片，输入标题“网络为你助力！”，设置为 60 磅、红色(注意：请用自定义标签中的红色 255、绿色 0、蓝色 0)，将这张幻灯片移动为演示文稿的第 1 张幻灯片。

②将第二张幻灯片的版式设置为【内容与标题】，标题部分动画设置为【进入】|【劈裂】，设置【动作路径】为【循环】，设置【风铃】声音的动画效果，单击鼠标产生动画效果。

③第三张幻灯片版式改为【垂直排列标题与文本】。此处采用左侧擦除的动画效果，插入一张行业相关的剪贴画。

④将第三张幻灯片主题设置成【跋涉】，将全部幻灯片切换效果设置成【百叶窗】。

⑤对整个演示文稿的每张幻灯片设置自定义放映的播放效果。

(3)新建一个演示文稿，以文件名“综合操作 3”保存在 D 盘文件夹中，并按如下要求操作。

要求：

①将第一张默认的幻灯片删除。

②插入一张空白幻灯片：

a. 插入一横排文本框，设置文字内容为“应聘人基本资料”，字体为隶书，36 号字，字形为加粗、倾斜，字体效果为【阴影】；

b. 设置幻灯片背景填充纹理为【粉色面巾纸】；

c. 在幻灯片中添加任意一个剪贴画。

③插入第二张幻灯片，选择幻灯片版式为【标题和内容】：

a. 设置标题文字为艺术字“个人简介”(艺术字样式与颜色自行设置)；

b. 在文本处添加“姓名：张三”“性别：男”“年龄：24”“学历：本科”四个项目；

c. 在幻灯片中添加任意一个剪贴画；

d. 设置标题自定义动画为【按字/词自右侧飞入】，文本自定义动画为【按段落淡出】，剪贴画自定义动画为【自底部飞入】；

④设置全部幻灯片切换效果为【棋盘】。

(4)新建一个演示文稿，以文件名“综合操作 4”保存在 D 盘文件夹中，并按如下要求操作。

要求：

①将第一张幻灯片的版式设置为【标题和内容】，输入标题文字“四种类型人的特征”，内容输入文本文字“驱动型特点、外向型特点、分析型特点、友善型特点”，自行设置字体、字号、颜色。

②设置幻灯片的设计主题为【波形】。

③插入第二张幻灯片，版式设置为【垂直排列标题与文本】，输入标题文字“驱动型特点”，输入文本文字“没有耐性、高度自信、强势作风、果断、自负”，自行设置字体、字号、颜色。在第二张幻灯片中设置背景格式，在【渐变填充】项中，【预设颜色】为【茵茵绿原】，【类型】为【射线】。

④在所有幻灯片页脚位置插入幻灯片编号和可自动更新的日期，日期格式为“2013 年 1 月 31 日”。

⑤在第一张幻灯片中任意插入一张图片，并设置如下内容：

a. 设置标题的动画样式为【劈裂】【中央向左右展开】；图片的动画效果为自底部飞入。

b. 设置标题“四种类型人的特征”颜色为红色（RGB255，0，0），字体为华文彩云，字号为60，文本设置相同格式。

c. 设置所有幻灯片的切换方式为自左侧擦除，换片方式为自动换片间隔 2 秒，取消勾选【单击鼠标时】。

(5)在桌面上新建一个名为“作业”的 PowerPoint 演示文稿，按要求完成后保存在 D 盘文件夹中。

要求：

①使用【暗香扑面】主题制作“武昌工学院. pptx”演示文稿，包括“武昌工学院的历史”“武昌工学院的文化传承”“武昌工学院的今天与未来”“武昌工学院与我”等内容。自行在网上查资料编辑，篇幅至少为 6 页。

②自行在该演示文稿中加入文本、图表、图片及声音文件。

③将第一、二张幻灯片主标题设置成自顶部飞入的动画效果，通过自定义动画将其他幻灯片中的标题、文本、表格、图表、对象分别设置成你所喜欢的动画效果。

④将第一、二张幻灯片设置成手动幻灯片的切换及每隔 1 秒自动换页的水平百叶窗中速切换的播放方式，第三、四、五张幻灯片设置成时间为 2 秒的定时换页的至左侧棋盘切换的播放方式，自行设置其他幻灯片的切换效果。

⑤将第二、第五张幻灯片依次复制到最后，将第六张幻灯片删除。

⑥将第一张幻灯片的主题设为【波形】，其余幻灯片的主题设为【都市】。

⑦按照以下要求设置并应用幻灯片的母版：

a. 对首页应用标题母版，将其中的标题样式设为黑体、50 号字；

b. 对其他页面应用一般幻灯片母版，在日期区中插入当前日期（格式标准参照“2013-01-30”），在页脚中插入幻灯片编号（即页码）。

第2部分

信息处理技术综合实训项目

实训项目1 某高校本科毕业论文排版

【任务目标】

为规范本科生毕业论文(设计)撰写格式,根据《武昌工学院本科生毕业论文(设计)工作管理办法》(武工院〔2019〕115号),特制定本科生毕业论文(设计)撰写规范。

1.论文标题

论文标题应以简短、明确、恰当的文字概括出论文核心内容。标题字数要适当,一般不宜超过20字,如果有些细节必须放进标题,为避免冗长,可以分成主标题和副标题,主标题写得简明,将细节放在副标题里。

2.摘要和关键词

摘要要求用中、英文分别书写,分三段式撰写,第一段撰写研究的目的和重要性;第二段撰写研究的主要内容;第三段撰写研究成果和结论,突出论文的创新点。

摘要文字必须简练,字数以400～500字为宜,关键词一般为3～5个。

3.目录

目录应清晰列出论文各部分的一级和二级标题,逐项标明页码。如工科为1……1.1……非工科为一、……(一)……目录中的标题应与正文中的标题保持一致,附录(图)也应依次列入目录。

4.正文

正文是毕业论文(设计)的核心部分,至少分三部分撰写。正文部分要求如下:

(1)引论或背景。

引论是论文正文的开端,要求言简意赅,注意不要与摘要雷同或成为摘要的注解。

(2)主体。

论文主体是毕业论文(设计)的主要部分,要求章节标题清晰,文字简练,表达通顺。章节标题、表格、插图、公式及数字要求如下:

①章节标题。工科章节编号应采用分级阿拉伯数字编号,第一级为“1”“2”“3”等,第二级为“1.1”“1.2”“1.3”等,第三级为“1.1.1”“1.1.2”“1.1.3”等,分级阿拉伯数字的编号一般不超过四级,两级之间用下圆点隔开,每一级的末尾不加标点。非工科第一级为“一、”“二、”“三、”等,第二级为“(一)”“(二)”“(三)”等,第三级为“1.”“2.”“3.”等,第四级为“(1)”“(2)”“(3)”等。

②表格。每一个表格都应有表标题和表序号。表序号应采用阿拉伯数字按章连续编序,如第2章第4个表的序号为“表2.4”。表标题和表序之间应空一格,表标题中不能使用标点符号,表标题和表序号居中置于表上方(五号,宋体,加粗,居中,数字和字母为Times New Roman)。表名中不允许使用标点符号,表名后不加标点。

表格形式应前后统一,表格设计可选用开口式、封闭式或三线式等。表格总宽度不超过文字宽度,如表内换行,可取消页面设置定义的间距限制(表内文字小五号,宋体,居中,数字和字母为Times New Roman,表头文字加粗)。

表与表标题、表序号为一个整体,不得拆开排版为两页。当页空白不够排版该表整体时，可将其后文字部分提前，将表移至次页最前面。

③插图。插图应简洁美观，与文字紧密配合，文图相符、内容正确，插图总宽度不超过文字宽度。图序号应采用阿拉伯数字按章连续编序，如第1章第4个插图的序号为“图1.4”。图序和图题置于插图下方（五号，宋体，加粗，居中，数字和字母为Times New Roman）。

④公式。论文中的公式应标注序号并加圆括号，序号应采用阿拉伯数字按章连续编序，如第3章第2个公式的序号为“式3.2”。序号排在公式右侧，且全文所有公式居中，序号右缩进2格。

⑤数字。测量统计数据一律用阿拉伯数字，但在叙述较小的数目时，一般不用阿拉伯数字，如“三力作用于一点”，不宜写成“3力作用于1点”。约数可以用中文数字，也可以用阿拉伯数字，如“约一百五十人”，也可写成“约150人”。

数字的区间不得使用一字线“—”，而应使用标点符号中的波浪线“～”。如：“取值范围为0～30”。

5. 结论（结语）

结论（结语）是对整个研究工作进行归纳和综合得出的结论。结论（结语）集中反映作者的研究成果，表达作者对所研究课题的见解和主张，一般概括性强、篇幅较短。

6. 中外文参考文献

参考文献的著录项目和格式均应符合国家有关标准（按照GB/T 7714—2015执行）。参考文献的序号左顶格，并用数字加方括号表示，与正文中的引文标示一致，如[1][2]……每一条参考文献著录均以“.”结束。列示顺序为中文在前、外文在后。中文文献按第一作者姓氏的拼音增序排列，外文文献按第一作者名的字母增序排列，第一作者相同的文献则按发表时间增序排列。将各文献的类型代号（即文献类型英文名的首字母）注明在文献名之后。

本项目的任务目标是在Word中运用武昌工学院本科生毕业论文（设计）撰写规范，对一篇本科毕业论文进行排版，排版后的论文第一章如图2.1所示。

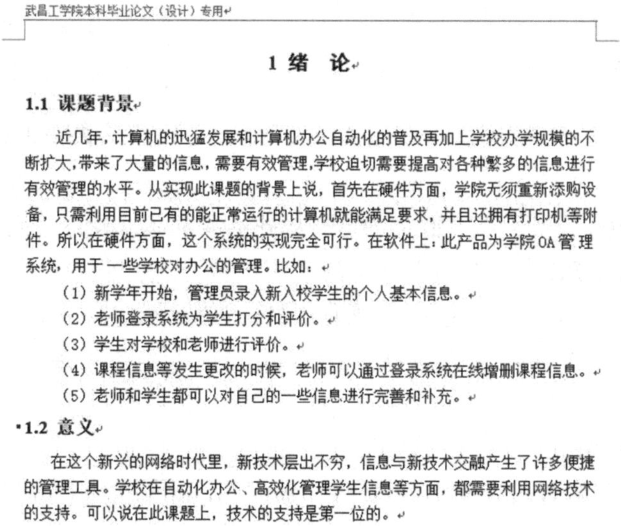

武昌工学院本科毕业论文（设计）专用

1 绪　论

1.1 课题背景

近几年，计算机的迅猛发展和计算机办公自动化的普及再加上学校办学规模的不断扩大，带来了大量的信息，需要有效管理，学校迫切需要提高对各种繁多的信息进行有效管理的水平。从实现此课题的背景上说，首先在硬件方面，学院无须重新添购设备，只需利用目前已有的能正常运行的计算机就能满足要求，并且还拥有打印机等附件。所以在硬件方面，这个系统的实现完全可行。在软件上：此产品为学院OA管理系统，用于一些学校对办公的管理。比如：

（1）新学年开始，管理员录入新入校学生的个人基本信息。

（2）老师登录系统为学生打分和评价。

（3）学生对学校和老师进行评价。

（4）课程信息等发生更改的时候，老师可以通过登录系统在线增删课程信息。

（5）老师和学生都可以对自己的一些信息进行完善和补充。

1.2 意义

在这个新兴的网络时代里，新技术层出不穷，信息与新技术交融产生了许多便捷的管理工具。学校在自动化办公、高效化管理学生信息等方面，都需要利用网络技术的支持。可以说在此课题上，技术的支持是第一位的。

图2.1　论文排版

【任务解析】

按照武昌工学院本科生毕业论文的撰写要求编辑一篇本科毕业论文。根据武昌工学院本科毕业论文基本规范,具体排版格式要求如下。

1. 页面设置

(1)纸张大小:A4。

(2)页边距:上 2.5 厘米;下 2.5 厘米;左 3.0 厘米;右 3.0 厘米。

(3)行间距:1.25 倍。

(4)全文按章节进行分节。

(5)目录(第一节),目录页不设页码。

(6)正文内容(第二节),页码从 1 开始,页脚居中显示页码,页码用阿拉伯数字小五号字底端居中。页眉靠左对齐,显示内容为“本科毕业论文(设计)专用”,字体为宋体、小五号。

2. 目录设置

(1)目录只列到二级标题。要求自动生成目录。

(2)“目录”字体:小二号,宋体,加粗,居中,1.25 倍行距,段前段后各 1 行。

(3)目录中的一级标题字体:四号,宋体,加粗,编号从 1 开始。

(4)目录中的二级标题字体:小四号,宋体,不加粗,编号从 1.1 开始,缩进 2 字符。

3. 正文格式设置

(1)一级标题:小二号,宋体,加粗,居中,1.25 倍行距,段前段后各 1 行。

(2)二级标题:四号,宋体,加粗,左顶格。

(3)三级标题:小四号,宋体,加粗,左顶格。

(4)正文内容:小四号,宋体,首行缩进 2 字符,两端对齐,1.25 倍行距。

注意:正文中的图和图名应居中显示,表和表名应居中显示。表名与图名字体为五号,宋体,加粗,居中。

【任务实施】

任务 1　文档处理

文档的处理包括文本的录入、文本的选定及撤销,文档的编辑错误检查及自动更正,是 Word 的核心模块。

在文档的处理中,编辑文档是最重要、最基础的操作,文本的录入是第一步。用户在文本输入时,需要减少【Enter】键和空格键的使用次数,即在文档录入时,尽量使用段落和页面功能对文档进行初步排版,避免出现使用【Enter】分页、空格分段和缩进等操作。特别在长文档排版中,学会使用段落、布局等相关功能可以避免出现格式错误,保证文档的美观整洁。

单纯录入的原则如下。

(1)不要使用空格键进行字间距的调整以及标题居中、段落首行缩进的设置。

(2)不要使用【Enter】键进行段落间距的排版,当一个段落结束时才按【Enter】键。

(3)不要使用连续按【Enter】键产生空行的方法进行内容分页的设置。

输入完文本后,需要设置文本的字体格式与段落格式。

设置字体格式，可以在【开始】选项卡的【字体】选项组中，设置文本的字体、字形、字号与效果等字体格式。

设置段落格式，段落格式是指以段落为单位，设置段落的对齐方式、段间距、行间距与段落符号及编号等。

【段落】对话框如图 2.2 所示，包含【缩进和间距】【换行和分页】【中文版式】三个选项卡。其中，【缩进和间距】是最常见的段落设置选项，可以在此处设置段前间距、段后间距、首行缩进、悬挂缩进等参数。

任务 2　Word 中的页面设置

在【页面布局】选项卡下单击【页面设置】按钮，在【页面设置】对话框里可以对页边距、纸张大小、版式、文档网格等内容进行设置。

在【插入】选项卡【页眉和页脚】选项组中，单击【页眉】选项，可在下拉列表中选择相应的页眉样式。页脚样式的设置与页眉一样，在【插入】选项卡【页眉和页脚】选项组中选择【页脚】，然后对页眉、页脚上的内容进行设置。一般在页眉上加上通用的标题，在页脚上加上页码等信息。设置完页眉和页脚的文档如图 2.3 所示。

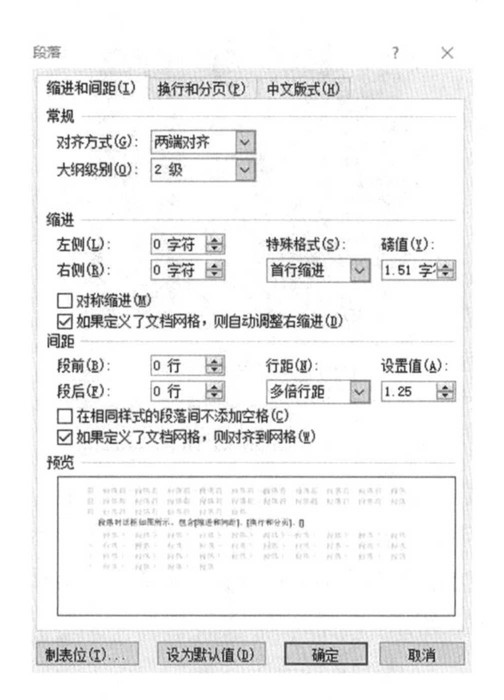

图 2.2　【段落】对话框

武昌工学院本科毕业论文（设计）专用

1 绪　论

1.1 课题背景

近几年，计算机的迅猛发展和计算机办公自动化的普及再加上学校办学规模的不断扩大，带来了大量的信息，需要有效管理，学校迫切需要提高对各种繁多的信息进行有效管理的水平。从实现此课题的背景上说，首先在硬件方面，学院无须重新添购设备，只需利用目前已有的能正常运行的计算机就能满足要求，并且还拥有打印机等附件。所以在硬件方面，这个系统的实现完全可行。在软件上：此产品为学院 OA 管理系统，用于一些学校对办公的管理。比如：

（1）新学年开始，管理员录入新入校学生的个人基本信息。

（2）老师登录系统为学生打分和评价。

（3）学生对学校和老师进行评价。

（4）课程信息等发生更改的时候，老师可以通过登录系统在线增删课程信息。

（5）老师和学生都可以对自己的一些信息进行完善和补充。

1.2 意义

在这个新兴的网络时代里，新技术层出不穷，信息与新技术交融产生了许多便捷的管理工具。学校在自动化办公、高效化管理学生信息等方面，都需要利用网络技术的支持。可以说在此课题上，技术的支持是第一位的。

此项课题的实现还有一个要求，就是高校信息处理的繁重度超出了之前系统的承受能力，在每个高校基本上在办学之初就配给了一部管理系统，但是由于当时技术的有限性，再加上这几年信息技术的飞速发展，旧的系统在功能实现和数据处理和储存上存在天然的劣势，因此，开发一套适用于当前高校的管理的系统是有必要的。

作为信息化办公中的基建，计算机在高校的普及，为我们提供了实现这条程序管理设想的基础，计算机办公化取代纸质办公，是低能耗管理，科学有效管理的大势所趋，它拥有数据存量大，存储时间久，占地面积小，易转移，易找寻等特点，相较于传统的管理模式，它拥有无可比拟的优越性，因此，开发这样一套高校 OA 系统是有必要和有技术和基础支持的。

1.3 论文组织结构

此篇论文一共包括 5 章：

其一：就是课题的研究目的和意义。针对以 Java web 为基础的信息学院 OA 系统的背景分析和该系统开发的实际意义，做了详尽的分析说明，还指出了其必要性以及和其他类似应用相比的优势。

图 2.3　设置完页眉和页脚的文档

任务3 Word中的目录设置

1.导航窗格的应用

在一个较长的文档中，利用导航窗格可以看到整个文档的结构，单击导航窗格中的标题可以快速到达对应的文本位置，这对于写作和阅读都具有非常重要的作用。打开【视图】选项卡，在【显示】功能组中勾选【导航窗格】复选框，可以快速打开该文档的结构图，如图2.4所示。

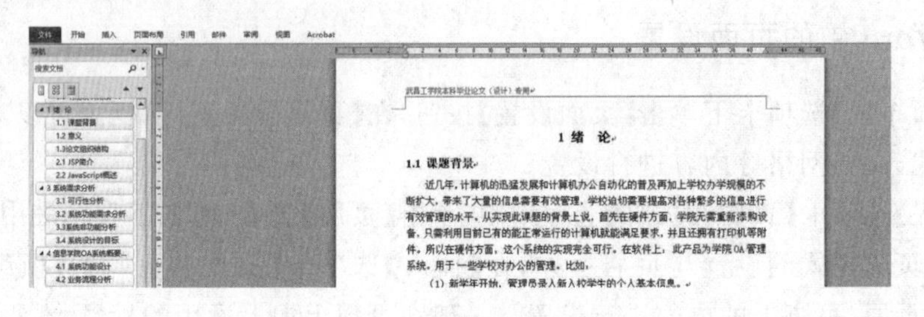

图2.4 导航窗格

2.生成目录

如果需要对文档插入一个目录，可以选择【引用】|【目录】命令，选择【手动目录】，然后在表格内手动编辑目录。如果已经用样式工具对文档的层次结构进行了设定，即设置了“标题1”“标题2”……那么Word就能够自动根据这些标题的层次生成目录结构。选择【引用】|【目录】|【自动目录1】，即可生成一个非常规整的自动目录。

如果目录的页码或文字内容有所变化，只需要右击目录，在弹出的快捷菜单中单击【更新域】命令即可刷新目录，让目录保持最新状态。更新目录如图2.5所示。

图2.5 更新目录

任务4 长文档的排版

1.利用分隔符进行分节、分页

在编辑论文时，有特定要求，如每一个章节开始要新起一页，目录部分没有页眉页脚，正文部分需要设置页眉页脚，页码有多种体系，正文的页码要从“1”开始编码等。这时需要整体把文档进行分节和分页。

在目录和正文之间插入分节符，在每一章末尾插入分页符，实现下一章内容新起一页。

具体操作为：将插入点放在目录页的最下方，选择【页面布局】选项卡，在【页面设置】组中单击【分隔符】，选择【分节符】中的【下一页】，即可在目录后插入一个分节符。将插入点放在每一章的末尾，选择【页面布局】选项卡，在【页面设置】组中单击【分隔符】，选择【分页符】中的【分页符】，即可实现下一章内容新起一页。如图2.6所示。

2.文档大纲的设置

利用自定义样式设置好文档各级标题的大纲级别。在【开始】选项卡的【样式】组的右下角单击打开【样式】，根据要求新建一级、二级、三级标题和正文的样式，建好后，在正文中选择标题或正文文本，在【样式】窗口中单击样式名称即可将该样式应用到对应的标题或正文中去。

如果没有自定义样式，也可以通过系统内置的样式完成各级标题的定义。打开【样式】窗口，根据题目要求对已有的标题1、标题2的样式进行修改，然后选择正文中的标题或文本，在【样式】窗口中单击样式名称即可将该样式应用到对应的标题或正文中去。

论文排好版后的目录效果如图2.7所示，正文如图2.1所示。

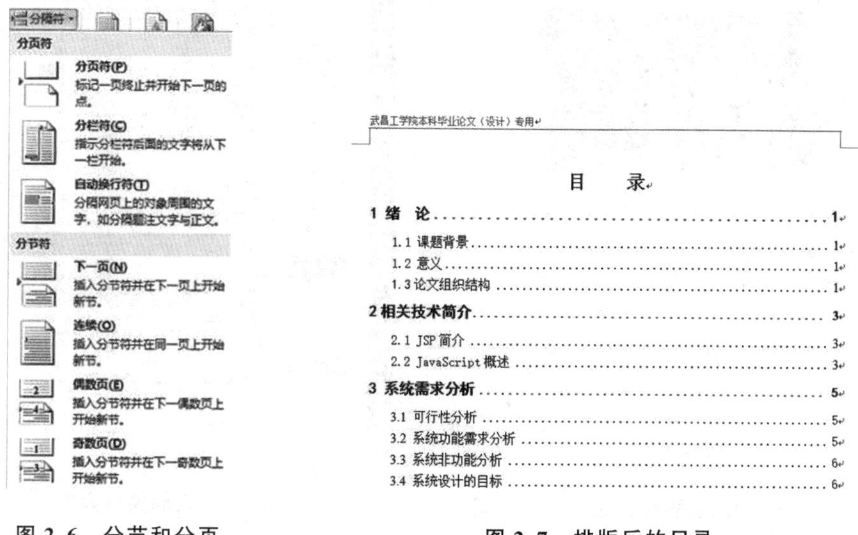

图2.6 分节和分页

图2.7 排版后的目录

实训项目2 Word实现求职简历

【任务目标】

高校学生几年后都将面临毕业求职，那么求职简历是必不可少的。一份制作精美的简历可以给阅读简历的HR愉悦感，甚至可以增加被录用的机会。本项目的任务目标即运用Word知识，创建一份个人简历，简历内容不限。但其中必须包含班级、姓名、学号、性别、个人兴趣爱好等内容，必须对简历内容进行适当的字符及段落的格式化，必须用适当的艺术字、图片对简历进行修饰。运用Word设置合适的字体、字号、项目符号、段间距、段落格式，插入图片、插入表格，设置表格中单元格的宽度和高度、对齐方式、边框和底纹等。封面和简历内页分别如图2.8和图2.9所示。加入了线条和色块，使得简历的页面更加丰富，层次更加分明。

【任务解析】

1. 设计求职简历的封面

制作一份精美的求职简历，首先要为简历设计一张漂亮的封面，封面最好用图片或艺术字进行点缀，包含个人基本信息。

2. 设计求职简历的内页

简历的内页包含基本情况、自我评价、教育经历、校园经历、工作经历和能力特长等内容，为了使个人简历清晰、整洁、有条理，建议运用文本框和线条进行合理组合。

武昌工学院
WUCHANG INSTITUTE OF TECHNOLOGY

求职简历

姓　　名：
专　　业：
联系电话：
电子邮箱：

图 2.8　求职简历封面

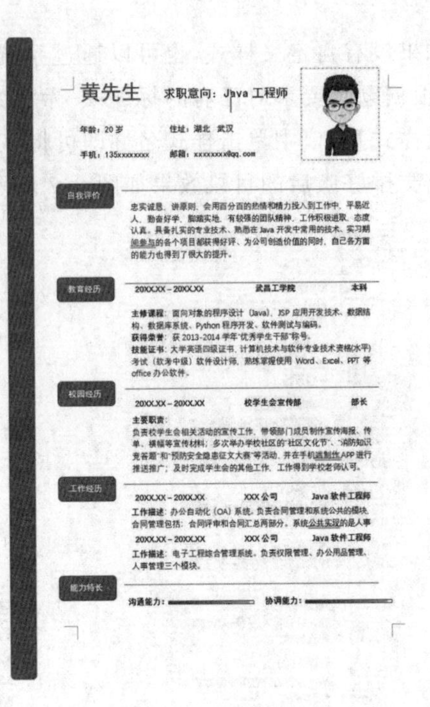

图 2.9　求职简历内页

3. 插入艺术字

可通过顶部菜单里的【插入】选择【艺术字】，进行艺术字设计。选中艺术字后，可以进行【形状填充】和【形状轮廓】等设计。

4. 插入形状和文本框

可通过顶部菜单里的【插入】选择【形状】或者【文本框】，进行组合设计。

5. 渐变填充

可通过【设置形状格式】中的【渐变填充】，设置渐变光圈来达到类似百分比的程度效果。

【任务实施】

在理解任务解析的基础上，完成以下项目任务。

任务 1　制作简历封面

1. 准备工作

将光标定位于第一页。准备好学校的校徽、校门及校名的图片。

2. 插入图片

分别选中"校徽.jpg""校门.jpg"及"校名.jpg"图片插入到封面页中。

3. 调整图片大小

单击"校名.jpg"图片，成比例地调整图片的高度和宽度。并将校名和校徽调整到合适位置。

4. 输入文字

在封面页中，输入文字"求职简历"，选中后单击【艺术字】，并将字体设置为华文隶书、字号48、蓝色、加粗、阴影。调整到合适位置。

5.“即点即输”与制表位的使用

切换到页面视图或Web版式视图，输入如图2.10所示的个人基本信息。文字设置为华文行楷、二号；段落设置为段前间距0.5行。

姓　　名：________________

专　　业：________________

联系电话：________________

电子邮箱：________________

图2.10　个人基本信息

任务2　制作简历内页

1.准备工作

按快捷键【Ctrl+End】，将插入点定位到封面的最后一页。准备好求职者诸如“自我评价”“教育经历”“校园经历”“工作经历”和“能力特长”等文字素材，以及求职者正面照片素材。选中简历主题颜色为蓝色或其他颜色。

2.简历内页的侧边栏

执行【插入】|【形状】|【圆角矩形】，拖曳出一个纵向形状，设置形状的高度为29.5厘米，宽度为1.2厘米。在上方的快捷工具栏【绘图工具】|【格式】下方找到【对齐】，并选中【对齐边距】。

3.简历内页的个人信息

插入一个【文本框】，输入求职者姓名，设置字体为黑体，字号为28号，在【格式】里对文本框的【形状轮廓】和【形状填充】分别选择无轮廓和无填充。再次插入一个【文本框】，输入求职意向，如“求职意向：Java工程师”，设置字体为黑体，字号为三号，同样地，将该文本框设置为无轮廓和无填充。调整这两个文本框到合适的位置，按住【Shift】键，同时选中多个文本框，然后单击【绘图工具】|【格式】，选中【组合】按钮，如图2.11所示。

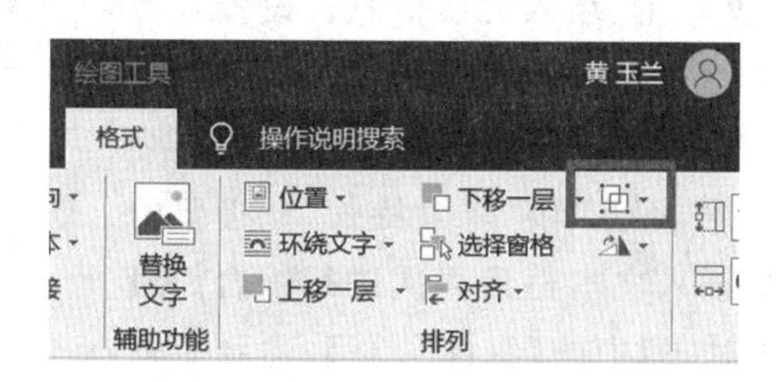

图2.11　【排列】工具框中的【组合】按钮

下方附年龄、手机、住址和邮箱等个人信息。可以插入4个文本框，依次输入相关信息，但更常见的做法是插入1个文本框输入文字信息后，对当前文本框进行复制，再修改文本框里的文字信息。这样可以方便地使得文本框里的文字信息字体和字号保持一致。为保证美观，这4个文本框水平和垂直方向都需要对齐。可以按住【Shift】键，同时选中多个文本框，单击【绘图工具】|【格式】，选中【对齐】下拉列表框中的【水平居中】和【垂直居中】，如图2.12所示。然后选中所有文本框后选择【组合】操作。

4.简历内页的求职者照片

插入一个“求职者.jpg”图片，选中后，单击右侧弹出的布局快捷方式，选择【浮于文字上方】，如图2.13所示。调整照片的大小和位置。此时按住【Shift】键可以快速按比例调节图

片大小。选中“求职者.jpg”图片后，选择主题色蓝色，在【格式】|【图片边框】的【粗细】里选择【0.5 磅】,【虚线】里选择【划线-点】样式即可，如图 2.14 所示。

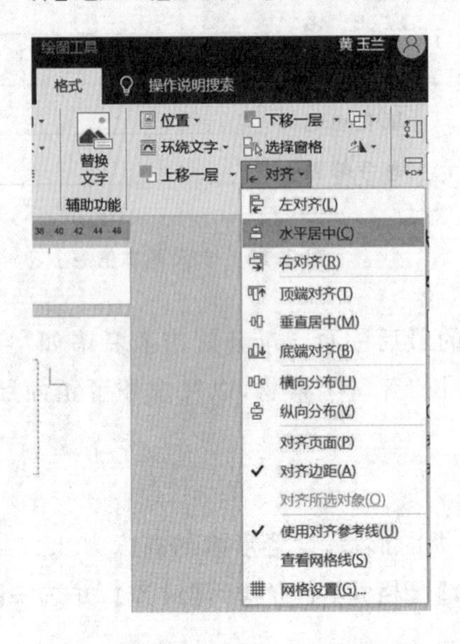

图 2.12 【对齐】下拉列表框

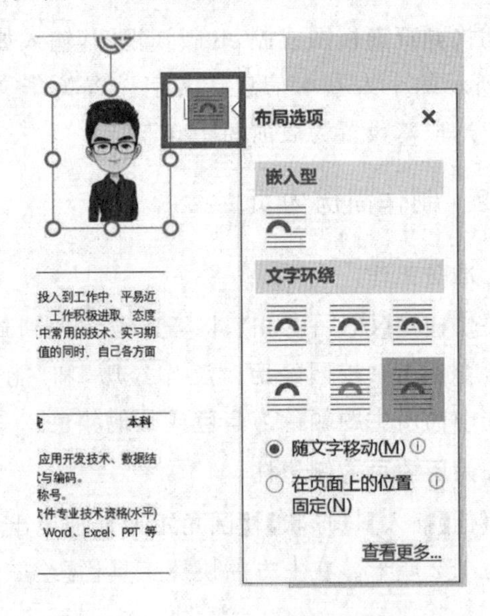

图 2.13 布局中的文字环绕类型

5. 简历内页的主体信息

插入一个【形状】，选择【基本形状】中的【圆角矩形】，输入“自我评价”字样，文字设置为黑体、五号字，颜色选择白色。插入一个【形状】，选择【线条】中的【直线】，在“自我评价”右侧画出一条直线，直线颜色选择主题色蓝色。下方插入一个无轮廓和无填充的文本框，填入文字信息。设置好后将圆角矩形框、直线和文本框三者进行组合操作。

同理，复制“自我评价”组合框，分别修改里面的内容为“教育经历”“校园经历”“工作经历”和“能力特长”。必要的时候可以选择【取消组合】，插入文本框后再次进行组合。最后选择所有文本框，选择【对齐】中的【纵向分布】，达到对齐美观的效果。

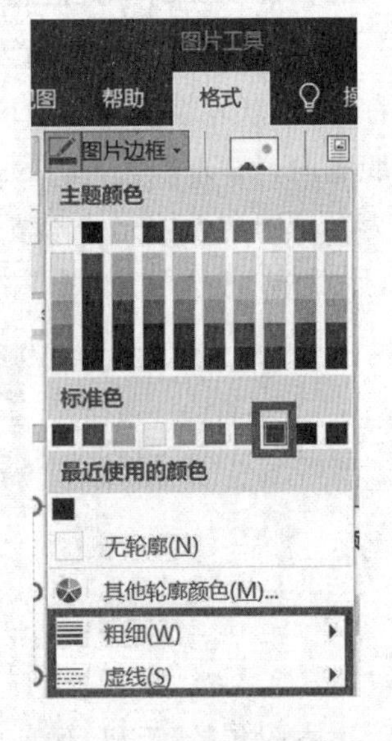

图 2.14 【图片边框】选项

6. 能力特长的渐变设置

插入一个文本框，输入文字信息“沟通能力：”，右侧插入一个【圆角矩形】，设置高度为 0.15 厘米，宽度为 4 厘米。选中该圆角矩形框，在弹出的快捷样式中选中【填充】|【渐变】|【其他渐变】，如图 2.15 所示。

在右侧【设置形状格式】里，单击【填充】，选中渐变填充，设置渐变光圈，默认有三个光圈，一个光圈选择主题色蓝色，另一个光圈选择“灰色，个性色 3，淡色 80%”，调整光圈的位置，如拖动到 95%的位置上，则表示沟通能力很好，如图 2.16 所示。

用同样的方法设置“协调能力”。

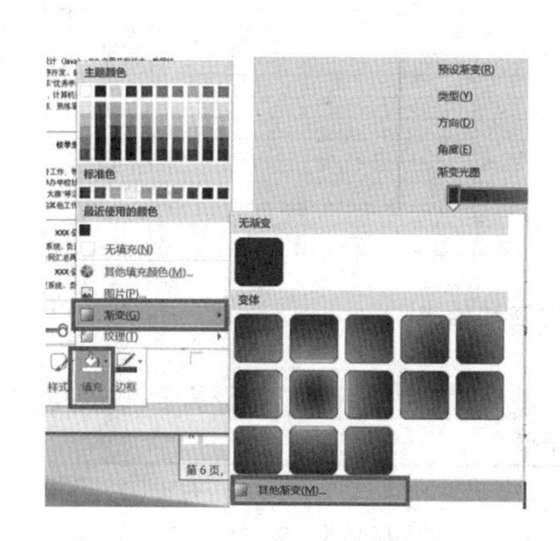

图 2.15　填充中的渐变样式

图 2.16　渐变填充中的渐变光圈

7. 保存文件

单击【文件】工具栏中的【保存】按钮，保存文件。

实训项目3　Excel 实现工资管理表

【任务目标】

某单位工资管理表从四个方面对职工工资进行日常计算、统计和管理：基本信息统计，各年龄段、职称人数统计，汇总统计，统计图表制作。该单位某月人事部门拿到的职工工资初始表、统计初始表如图 2.17 和图 2.18 所示。这些表格需要补齐该月缺失的基本数据，进行格式化设置，再进行一系列计算，最后得到统计结果，供高层决策。即运用 Excel 数据计算、函数操作等技术，对图 2.17 所示的职工工资初始表执行一系列数据格式化检查、计算和统计后，得到“职工工资表”，效果如图 2.19 所示；完成图 2.18 所示的统计初始表中各个数据的统计以及图表的插入，得到最终统计结果表，效果如图 2.20 所示。注意，最终完成的职工工资表应在图 2.19 的基础上隐藏职工的身份证号码。

具体要求为：

(1)完成当月工资文件的建立，包括一个“工资管理”工作簿文件，“工资管理”工作簿中包含“职工工资表”、“统计结果表”工作表。

(2)对“职工工资表”中的相关数据设置有效性条件并输入缺失数据。

①设置“身份证号码”的有效性条件为 18 位文本。

②设置“参加工作时间”的有效性条件为介于 1980 年 1 月 1 日和 2018 年 12 月之间。

③设置“出勤天数”介于 0 和 26 之间。

④图 2.17 所示职工工资初始表的缺失数据，如职工的“身份证号码”、“参加工作时间”

	B	C	D	E	F	G	H	I	J	K	L	M	N	O
1	职工工资表													
2	姓名	身份证号码	参加工作时间	职称	部门	年龄	工龄	基本工资	岗位工资	加班费	缺勤扣除	出勤天数	实发工资	备注
3	包宏伟	2102131958	1980/4/7	高级工程师	生产部							24		
4	陈万驰	2102041965		高级工程师	技术部							20		
5	杜学江	2102011968	1990/12/9	高级工程师	市场部									
6	吉祥	2032041971	1994/9/1	高级工程师	生产部							21		
7	李娜娜		2010/7/7	工程师	生产部							17		
8	刘康锋	2102081975	1997/10/10	高级工程师	技术部									
9	刘鹏举	2102071978		工程师	市场部							18		
10	冯峰	2102041973	1996/9/10	高级工程师	生产部							17		
11	张艳	2102001982	2005/3/5	工程师	市场部									
12	王丽			工程师	生产部							18		
13	赵楠	2102071973	1996/5/10	高级工程师	技术部							24		
14	李敏	2102131963	1985/8/10	高级工程师	生产部									
15	李丽	2102131977	2000/1/1	工程师	市场部							19		
16	陈东	2102101976	2000/6/30	工程师	生产部							20		
17	马晰			工程师	生产部									
18	周娜	2102141978	2001/8/1	工程师	技术部							20		
19	刘兵	2102101994	2017/4/10	助理工程师	市场部									
20	赵华	2102101995	2018/7/20	助理工程师	生产部							21		
21	齐飞扬	2102151992	2016/12/1	助理工程师	技术部							24		
22	岳洋	2102151993	2017/8/1	助理工程师	技术部									
23														
24	(元/天)					合计:								

图 2.17　职工工资初始表

	A	B	C	D	E	F
1	统计结果					
2	统计1-基本统计					
3	平均年龄		高于平均年龄的人数			
4	平均工龄		高于平均工龄的人数			
5	平均工资		高于平均工资的人数			
6	平均出勤天数		高于平均出勤天数的人数			
7	统计2-各年龄段、职称人数统计					
8	分段点	年龄层次	人数1	人数2	职称	人数
9	30	青年			高级工程师	
10	50	中年			工程师	
11		老年			助理工程师	
12	统计3-汇总统计					
13		分类汇总统计结果			countif、sumif统计结果	
14	部门	人数	实发工资总数	加班费总数	人数	工资总数
15	技术部					
16	生产部					
17	市场部					
18	合计					

图 2.18　统计初始表

	B	C	D	E	F	G	H	I	J	K	L	M	N	O
1	职工工资表													
2	姓名	身份证号码	参加工作时间	职称	部门	年龄	工龄	基本工资	岗位工资	加班费	缺勤扣除	出勤天数	实发工资	备注
3	陈万驰	2102041965	1990/11/1	高级工程师	技术部	56	31	3100	2500	0	0	20	5600	4
4	刘康锋	2102081975	1997/10/10	高级工程师	技术部	46	24	2400	2500	0	100	19	4800	7
5	赵楠	2102071973	1996/5/10	高级工程师	技术部	48	25	2500	2500	400	0	24	5400	5
6	周娜	2102141978	2001/8/1	工程师	技术部	43	20	2000	2000	0	0	20	4000	11
7	齐飞扬	2102151992	2016/12/1	助理工程师	技术部	29	5	500	1500	400	0	24	2400	17
8	岳洋	2102151993	2017/8/1	助理工程师	技术部	28	4	400	1500	500	0	25	2400	17
9	包宏伟	2102131958	1980/4/7	高级工程师	生产部	63	41	4100	2500	400	0	24	7000	1
10	吉祥	2032041971	1994/9/1	高级工程师	生产部	50	27	2700	2500	100	0	21	5300	6
11	冯峰	2102041973	1996/9/10	高级工程师	生产部	48	25	2500	2500	0	300	17	4700	8
12	李敏	2102131963	1985/8/10	高级工程师	生产部	58	36	3600	2500	500	0	25	6600	2
13	李娜娜	2102011988	2010/7/7	工程师	生产部	33	11	1100	2000	0	300	17	2800	16
14	王丽	2102001982	2005/5/10	工程师	生产部	39	16	1600	2000	0	200	18	3400	15
15	陈东	2102101976	2000/6/30	工程师	生产部	45	21	2100	2000	0	0	20	4100	10
16	马晰	2102141974	1998/9/5	工程师	生产部	47	23	2300	2000	300	0	23	4600	9
17	赵华	2102101995	2018/7/20	助理工程师	生产部	26	3	300	1500	100	0	21	1900	20
18	杜学江	2102011968	1990/12/9	高级工程师	市场部	53	31	3100	2500	200	0	22	5800	3
19	刘鹏举	2102071978	2001/7/10	工程师	市场部	43	20	2000	2000	0	200	18	3800	13
20	张艳	2102001982	2005/3/5	工程师	市场部	39	16	1600	2000	100	0	21	3700	14
21	李丽	2102131977	2000/1/1	工程师	市场部	44	21	2100	2000	0	100	19	4000	11
22	刘兵	2102101994	2017/4/10	助理工程师	市场部	27	4	400	1500	500	0	25	2400	17
23									24600					
24	(元/天)	100				合计:		40400	66600	3500			84700	

图 2.19　未隐藏身份证号码的职工工资表

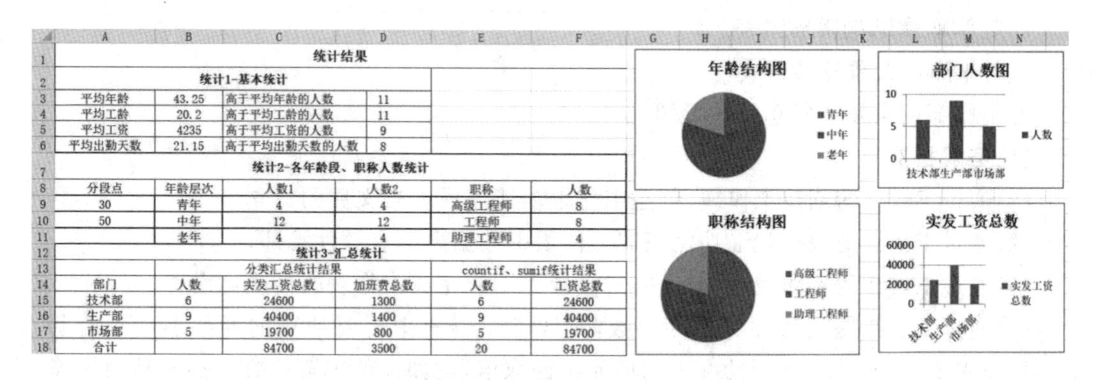

统计结果					
统计1-基本统计					
平均年龄	43.25	高于平均年龄的人数	11		
平均工龄	20.2	高于平均工龄的人数	11		
平均工资	4235	高于平均工资的人数	9		
平均出勤天数	21.15	高于平均出勤天数的人数	8		
统计2-各年龄段、职称人数统计					
分段点	年龄层次	人数1	人数2	职称	人数
30	青年	4	4	高级工程师	8
50	中年	12	12	工程师	8
	老年	4	4	助理工程师	4
统计3-汇总统计					
	分类汇总统计结果			countif、sumif统计结果	
部门	人数	实发工资总数	加班费总数	人数	工资总数
技术部	6	24600	1300	6	24600
生产部	9	40400	1400	9	40400
市场部	5	19700	800	5	19700
合计		84700	3500	20	84700

图 2.20　统计结果表

和“出勤天数”等列数据需参照图 2.19 所列数据补齐。

(3)“职工工资表”需按照下列格式化要求来设置。

对“职工工资初始表”的标题行设置跨行居中,字体设置为宋体、14 磅、加粗;列标题行字体设置为宋体、12 磅、加粗;表格中其他内容的字体设置为宋体、11 磅。

(4)需按照如下工资相关的计算逻辑完成“职工工资表”中“年龄”等列数据以及相关合计单元格数据的计算,具体如下。

①根据职工的“身份证号码”计算每位职工的年龄:年龄=现在的年份-出生的年份。

②根据职工的“参加工作时间”计算每位职工的工龄:工龄=现在的年份-参加工作的年份。

③根据“基本工资=工龄×100”的规则计算每位职工的基本工资。

④根据“高级工程师 2500、工程师 2000、助理工程师 1500”的岗位工资标准计算出每位职工的岗位工资。

⑤根据“出勤天数超过 20 天为加班,加班费标准按每天出勤工资计算”的规则计算出每位职工的加班费。

⑥根据“按正常天数,出勤天数不足 20 天为缺勤,缺勤按每天出勤工资扣除”的规则计算出每位职工的缺勤扣除。

⑦根据“实发工资=基本工资+岗位工资+加班费-缺勤扣除”的规则计算出每位职工的实发工资。

⑧在“备注”列按实发工资进行排名计算。

⑨在“合计”行(即每列工资的最后一行),计算出各种工资的合计总数。

⑩对“职工工资初始表”按“部门”进行排序操作。

(5)在“统计初始表”中完成一系列统计操作。

①完成“统计初始表”相关的计算操作。

a. 分别计算所有职工的平均年龄、平均工龄、平均工资、平均出勤天数。

b. 分别计算各职称级别的人数。

c. 分别计算各年龄段人数。

d. 用“分类汇总”功能计算各部门的工资总金额、加班费总金额。

②根据“统计初始表”各类数据制作相应的统计图表。

a. 制作年龄结构饼形图表。

b.制作职称结构饼形图表。

c.制作部门人数柱形图表。

d.制作部门实发工资总数柱形图表。

【任务解析】

(1)通过 Excel 的创建工作簿、创建工作表功能完成表格文件的建立。

(2)通过 Excel 的数据验证功能完成工作表中数据列的有效性验证。

(3)通过 Excel 的字体设置、对齐方式设置等功能完成工作表的格式化设置。

(4)通过 Excel 提供的各类基本函数,对职工工资表中需要计算的列数据编写计算公式。可使用 IF 函数计算不同情况下的单元格的取值,例如岗位工资、加班费、缺勤扣除等。

(5)通过 Excel 提供的各类基本函数,对统计表中需要计算的单元格数据编写计算公式。

①用 AVERAGE 函数分别计算所有职工的平均年龄、平均工龄、平均工资、平均出勤天数。

②用 COUNTIF 函数分别计算各职称级别的人数。

③用 FREQUENCY( )、COUNTIFS( )函数分别计算各年龄段人数。

④用“分类汇总”功能计算各部门的工资总金额、加班费总金额。

(6)通过 Excel 的插入图表功能,根据工作表中数据生成需要的图表。

【任务实施】

任务 1 创建“工资管理”工作簿

创建“工资管理”工作簿,在“工资管理”工作簿中分别创建工作表“职工工资初始表”、“统计初始表”,工作表内容如图 2.17 和图 2.18 所示。将工作簿保存为:工资管理. xlsx。

任务 2 对“职工工资初始表”中的相关数据设置有效性条件并输入缺失数据

(1)设置下列数据列的有效性验证条件:“身份证号码”为 18 位文本;“参加工作时间”介于 1980 年 1 月 1 日和 2018 年 12 月之间;“出勤天数”介于 0 和 26 之间。

在【数据】选项卡的【数据工具】组中,单击【数据有效性】按钮右侧的三角形按钮,选择【数据有效性】命令,利用“数据有效性”的功能和相应操作分别设置:

①“身份证号码”的有效性条件为:18 位文本。

②“参加工作时间”的有效性条件为:介于 1980 年 1 月 1 日和 2018 年 12 月之间。

③“出勤天数”的有效性条件为:介于 0 和 26 之间。

(2)补录缺失的“身份证号码”“参加工作时间”和“出勤天数”列数据。

按照图 2.19 所示工作表内容,分别在“职工工资初始表”中的 C7、C12、C17 单元格录入相关职工的“身份证号码”;在 D4、D9、D12、D17 单元格中录入相关职工的“参加工作时间”;在 M5、M8、M11、M14、M17、M19、M22 单元格中补录相关职工的“出勤天数”。

注意:按职工的“姓名”在图 2.19 中查询相关职工缺失的“身份证号码”、“参加工作时间”和“出勤天数”等数据并录入。

任务 3 对“职工工资初始表”进行格式化设置

对“职工工资初始表”的标题行设置跨行居中,字体设置为宋体、14 磅、加粗;列标题行字体设置为宋体、12磅、加粗;表格中其他内容的字体设置为宋体、11磅。

利用【开始】选项卡中的【字体】组、【对齐方式】组中的相关命令分别对“职工工资初始表”的标题行、列标题行、表格中其他内容按要求进行格式化设置。

任务4 完成“职工工资初始表”的计算操作

(1)根据职工的身份证号码,计算每位职工的年龄,年龄=现在的年份-出生的年份。

查阅NOW( )函数、YEAR( )函数、MID( )函数功能,综合使用这三个函数从身份证号码中取出出生年份。

设置G3=YEAR(NOW())-MID(C3,7,4),计算出职工“包宏伟”的年龄,然后利用数据填充功能完成其他职工的年龄的计算。

(2)计算每位职工的工龄。

设置H3=YEAR(NOW())-YEAR(D3),计算出职工“包宏伟”的工龄,然后利用数据填充功能完成其他职工的工龄的计算。

注意:H3=YEAR(NOW())-YEAR(D3),如果计算的结果(H3单元格)仍是日期类型的格式,应将单元格格式设置为【常规】或【数字】,结果才能正常显示为工龄值。

(3)计算每位职工的基本工资:基本工资=工龄×100。

设置I3=H3*100,计算出职工“包宏伟”的基本工资,然后利用数据填充功能完成其他职工基本工资的计算。

(4)使用IF函数的嵌套计算出每位职工的岗位工资。

岗位工资为:

高级工程师:2500。工程师:2000。助理工程师:1500。

设置J3=IF(E3="高级工程师",2500,IF(E3="工程师",2000,1500)),计算出职工“包宏伟”的岗位工资,然后利用数据填充功能完成其他职工岗位工资的计算。

(5)使用IF函数计算每位职工的加班费,出勤天数超过20天为加班。加班费标准按每天出勤工资计算(每天出勤工资:C24单元格数据)。

设置K3=IF(M3>20,(M3-20)*$C$24,0),计算出职工“包宏伟”的加班费,然后利用数据填充功能完成其他职工加班费的计算。

(6)使用IF函数计算每位职工的缺勤扣除,按正常天数,出勤天数不足20天为缺勤,缺勤按每天出勤工资扣除(每天出勤工资:C24单元格数据)。

设置L3=IF(M3<20,(20-M3)*$C$24,0),计算出职工“包宏伟”的缺勤扣除,然后利用数据填充功能完成其他职工缺勤扣除的计算。

(7)计算每位职工的实发工资:实发工资=基本工资+岗位工资+加班费-缺勤扣除。

设置N3= I3+J3+K3-L3,计算出职工“包宏伟”的实发工资,然后利用数据填充功能完成其他职工实发工资的计算。

(8)在“备注”列按实发工资进行排名计算。

设置O3=RANK(N3,$N$3:$N$22,0),计算出职工“包宏伟”的工资排名,然后利用数据填充功能完成其他职工工资排名的计算。

(9)在“合计”行(即每列工资的最后一行),统计出各种工资的合计总数。

(10)对“职工工资初始表” 按“部门”进行排序操作。

在【数据】选项卡的【排序和筛选】组中，单击【排序】命令，进入【排序】对话框，按“部门”进行“升序”排序。

所有计算和操作完成后，效果如图 2.19 所示。

任务 5 在“统计结果表”中完成对“职工工资初始表”的一系列统计操作

每个统计操作分两步完成：

①完成表中相关的计算操作。

②根据统计表各类数据制作相应的统计图表。

(1)在指定单元格计算所有职工的平均年龄、平均工龄、平均出勤天数。

设置 B3＝AVERAGE(工资表！G3:G22)；

B4＝AVERAGE(工资表！H3:H22)；

B5＝AVERAGE(工资表！N3:N22)；

B6＝AVERAGE(工资表！M3:M22)

D3＝COUNTIF(工资表！G3:G22,"＞43.25")；

D4＝COUNTIF(工资表！H3:H22,"＞20.2")；

D5＝COUNTIF(工资表！N3:N22,"＞4235")；

D6＝COUNTIF(工资表！M3:M22,"＞21.15")。

(2)统计各年龄段的人数，分别用 FREQUENCY( ),COUNTIFS( )函数统计各年龄段人数。将结果分别放于人数 1、人数 2 中。年龄段划分为：

青年(年龄＜＝30) 中年(30＜年龄＜＝50) 老年(年龄＞50)

设置 C9＝FREQUENCY(工资表！G3:G22,A9:A11)，请根据 FREQUENCY 函数的操作方法进行后续的操作，计算出 C10 和 C11 的值。

设置 D9＝COUNTIF(工资表！G3:G22,"＜＝30")；

设置 D10＝COUNTIFS(工资表！G3:G22,"＞30",工资表！G3:G22,"＜＝50")；

设置 D11＝COUNTIF(工资表！G3:G22,"＞50")。

(3)统计各职称级别的人数，用 COUNTIF 函数进行统计。

设置 F9＝COUNTIF(工资表！E3:E22,"高级工程师")；

设置 F10＝COUNTIF(工资表！E3:E22,"工程师")；

设置 F11＝COUNTIF(工资表！E3:E22,"助理工程师")。

(4)制作各年龄段的人数饼形图，制作各职称级别的人数饼形图，如图 2.20 所示。

①选中相应数据区域，选择【插入】选项卡下【图表】组的【饼图】功能，在【二维饼图】中选择【饼图】图表制作年龄结构图表。

②选中相应数据区域，用类似的方法制作职称结构图表。

(5)进行分类汇总操作。

①插入一张工作表，命名为“分类汇总表”。

②将数据(B2:O22)复制到“分类汇总表”工作表中，前面已按“部门”进行了排序操作，现在可以直接按“部门”分类汇总来计算出各部门的人数(对“部门”计数)。

在【数据】选项卡的【分级显示】组中，单击【分类汇总】命令，进入【分类汇总】对话框，在【分类字段】下选择【部门】，在【汇总方式】下选择【计数】，【选定汇总项】下选择【部门】，勾选

【汇总结果显示在数据下方】，最后单击【确定】按钮完成操作。

③使用类似的操作方法按“部门”分类汇总计算出各部门的实发工资总金额、加班费总金额。（“实发工资”“加班费”的汇总方式为“求和”）。需要注意的是，为了保证所有的分类汇总的计算数据都显示出来，分类汇总计算各部门的工资总金额、加班费总金额时，不要勾选【替换当前分类汇总】选项。

④分类汇总结果如图 2.21 所示。

	A	B	C	D	E	F	G	H	I	J	K	L	M	N
1						分类汇总表								
2	姓名	身份证号码	参加工作时间	职称	部门	年龄	工龄	基本工资	岗位工资	加班费	缺勤扣除	出勤天数	实发工资	备注
3	陈万驰	2102041965	1990/11/1	高级工程师	技术部	56	31	3100	2500	0	0	20	5600	4
4	刘康锋	2102081975	1997/10/10	高级工程师	技术部	46	24	2400	2500	0	100	19	4800	7
5	赵楠	2102071973	1996/5/10	高级工程师	技术部	48	25	2500	2500	400	0	24	5400	5
6	周娜	2102141978	2001/8/1	工程师	技术部	43	20	2000	2000	0	0	20	4000	11
7	齐飞扬	2102151992	2016/12/1	助理工程师	技术部	29	5	500	1500	400	0	24	2400	17
8	岳洋	2102151993	2017/8/1	助理工程师	技术部	28	4	400	1500	500	0	25	2400	17
9					技术部 汇总					1300			24600	
10				技术部 计数	6									
11	包宏伟	2102131958	1980/4/7	高级工程师	生产部	63	41	4100	2500	400	0	24	7000	1
12	吉祥	2032041971	1994/9/1	高级工程师	生产部	50	27	2700	2500	100	0	21	5300	6
13	冯峰	2102041973	1996/9/10	高级工程师	生产部	48	25	2500	2500	0	300	17	4700	8
14	李敏	2102131963	1985/8/10	高级工程师	生产部	58	36	3600	2500	500	0	25	6600	2
15	李娜娜	2102011988	2010/7/7	工程师	生产部	33	11	1100	2000	0	300	17	2800	16
16	王丽	2102001982	2005/5/10	工程师	生产部	39	16	1600	2000	0	200	18	3400	15
17	陈东	2102101976	2000/6/30	工程师	生产部	45	21	2100	2000	0	0	20	4100	10
18	马晰	2102141974	1998/9/5	工程师	生产部	47	23	2300	2000	300	0	23	4600	9
19	赵华	2102101995	2018/7/20	助理工程师	生产部	26	3	300	1500	100	0	21	1900	20
20					生产部 汇总					1400			40400	
21				生产部 计数	9									
22	杜学江	2102011968	1990/12/9	高级工程师	市场部	53	31	3100	2500	200	0	22	5800	3
23	刘鹏举	2102071978	2001/7/10	工程师	市场部	43	20	2000	2000	0	200	18	3800	13
24	张艳	2102001982	2005/3/5	工程师	市场部	39	16	1600	2000	100	0	21	3700	14
25	李丽	2102131977	2000/1/1	工程师	市场部	44	21	2100	2000	0	100	19	4000	11
26	刘兵	2102101994	2017/4/10	助理工程师	市场部	27	4	400	1500	500	0	25	2400	17
27					市场部 汇总					800			19700	
28				市场部 计数	5									
29					总计					3500			84700	
30				总计数	20									

图 2.21 分类汇总表

⑤在“统计初始表”的“分类汇总统计结果”区（B15:F17 单元格区域），分别使用公式引用“分类汇总表”中的分类汇总结果数据。

例如：在“统计初始表”中，分别设置 B15＝分类汇总表！E10，B16＝分类汇总表！E21，B17＝分类汇总表！E28，B15:F17 单元格区域其他数据的引用请依照此方法进行。

⑥使用 COUNTIF、SUMIF 函数统计各部门的人数和工资总数，对比“分类汇总表”中相应数据，看是否一致。

⑦制作各部门的人数和实发工资总数柱形图表，如图 2.20 所示。

a. 选中相应数据区域，选择【插入】选项卡下【图表】组的【柱形图】功能，在【二维柱形图】中选择【簇状柱形图】图表制作部门人数图表。

b. 选中相应数据区域，用类似的方法制作各部门实发工资总数图表。

⑧将“身份证号码”列数据隐藏，对原始数据进行保护。

操作过程：选中“身份证号码”这一列，然后单击【开始】选项卡，再在【单元格】组中单击【格式】按钮，在其下拉式菜单中选择【隐藏和取消隐藏】功能下的【隐藏列】命令。

任务 6 保存工作簿

所有操作完成后，把“职工工资初始表”重命名为“职工工资表”，把“统计初始表”重命名为“统计结果表”，并保存工作簿“工资管理”。

实训项目 4　Excel 实现高校教师教学工作数据量化评分表

【任务目标】

某高校信息工程学院每学期对教师工作情况分为四部分开展记录和考核：基本教学任务、教学检查、教学质量工程、教学活动及其他。这些教学工作的记录数据如图 2.22 所示。该表呈现了教师承担课程门数、学时数、获得的巡课评分及听课评分、课程命题套数等。这些数据的数值单位各自不一，为了进一步利用这些数据，科学评价教师教学工作情况，信息工程学院制定了一套“教师教学工作量化评定规则”，拟将这些原始数据施加量化规则后，得出每个教师的最终唯一评定分数，如图 2.23 所示，这个最终的评定分数可以为教师业绩评定等提供重要支撑。

	A	B	C	D	E	F	G	H	I	J	K	L	M	N	O
1		信息工程学院2020-2021学年第一学期教师教学工作情况统计表													
2	部门	教师	基本教学任务					教学检查			教学质量工程			教学活动及其他	
3			承担理论课程门数	承担教学学时数	巡课评议	听课评议	命题	期初教学检查	期中教学检查	期末教学检查	课程思政优秀案例	省级教学团队申报	…	教学通报1-4周	…
4			门数	学时数	百分制得分	百分制得分	套数	得分	得分	得分	份数	份数	…	次数	…
5	软件工程系	卢一诺	3	224	92	95	2	94	94	98	1			1	
6		熊雨涵	2	196	94	95	1	95	95	99		1			
7		林丹彤	2	144	95	94	1	96	96	94				1	
8		张昊轩	2	128	95	97	2	97	97	97	1				
9		张昊宇	2	160	94	98	3	98	98	98	1	1			
10		王子睿	3	96	92	92	0	99	99	99				1	
11		李梓琪	3	96	91	94	1	94	94	94					
12		应佳倪	2	96	94	94	2	95	97	95	1			1	
13		应佳萌	3	128	94	94	1	96	98	96					
14		胡佳琪	2	224	98	92	2	97	99	97				1	
15		周梓涛	2	224	94	91	3	96	94	96	1				
16		李正茂	1	224	92	94	4	97	95	97					
17		黄禩逵	2	160	98	94	2	98	96	98	1				
18		黄禩羿	2	224	99	98	1	99	99	99	1	1			
19	…														

图 2.22　教师教学工作数据原始表

	A	B	C	D	E	F	G	H	I	J	K	L	M	N	O	P	Q	R	S	T	U	V	W
1		信息工程学院2020-2021学年第一学期教师教学工作量化评定表																					
2	部门	教师	基本教学任务（60分）									教学检查（30分）				教学质量工程（6分）				教学活动及其他（4分）			总计
3			承担理论课程门数(20分)		承担教学学时数(20分)		巡课评议（10分）	听课评议（10）分	命题		小计得分	期初教学检查（10分）	期中教学检查（10分）	期末教学检查（10分）	小计得分	课程思政优秀案例入册	省级教学团队申报	…	小计得分最高6分	教学通报1-4周	…	小计得分最高4分	
4			门数	得分	学时数	得分	得分	得分	套数	得分		得分	得分	得分		得分	得分	得分		得分	得分		
5	软件工程系	卢一诺	3	21	224	21	9.2	9.5	2	1	60	9.4	9.4	9.8	28.6	1			1	1		1	90.60
6		熊雨涵	2	20	196	21	9.4	9.5	1	0.5	60	9.5	9.5	9.9	28.9		1		1			0	89.90
7		林丹彤	2	20	144	19	9.5	9.4	1	0.5	58.4	9.6	9.6	9.4	28.6				0	1		1	88.00
8		张昊轩	2	20	128	19	9.5	9.7	2	1	59.2	9.7	9.7	9.7	29.1	1			1			0	89.30
9		张昊宇	2	20	160	20	9.4	9.8	3	1.5	60	9.8	9.8	9.8	29.4	1	1		2			0	91.40
10		王子睿	3	21	96	18	9.2	9.2	0	0	57.4	9.9	9.9	9.9	29.7				0	1		1	88.10
11		李梓琪	3	21	96	18	9.1	9.4	1	0.5	58	9.4	9.4	9.4	28.2				0			0	86.20
12		应佳倪	2	20	96	18	9.4	9.4	2	1	57.8	9.5	9.7	9.5	28.7	1			1	1		1	88.50
13		应佳萌	3	21	128	19	9.4	9.4	1	0.5	59.3	9.6	9.8	9.6	29				0			0	88.30
14		胡佳琪	2	20	224	21	9.8	9.2	2	1	60	9.7	9.9	9.7	29.3				0	1		1	90.30
15		周梓涛	2	20	224	21	9.4	9.1	3	1.5	60	9.6	9.4	9.6	28.6	1			1			0	89.60
16		李正茂	1	19	224	21	9.2	9.4	4	2	60	9.7	9.5	9.7	28.9				0			0	88.90
17		黄禩逵	2	20	160	20	9.8	9.4	2	1	60	9.8	9.6	9.8	29.2	1			1			0	90.20
18		黄禩羿	2	20	224	21	9.9	9.8	1	0.5	60	9.9	9.9	9.9	29.7	1	1		2			0	91.70
19	…																						

图 2.23　施加评定规则后的教师教学工作量化评定表

本项目的任务目标即运用 Excel 数据计算、函数操作等技术，实现“教师教学工作量化评定规则”，将教师的各项原始工作记录数据(来自图 2.22 的各项数据)量化，计算出每个教师的各类小计分数和最终分数(图 2.23 中的相关数据)。

为量化计算出相应分数，需要仔细理解信息工程学院制定的“教师教学工作量化评定规则”。教师教学工作量化评定规则如下：

教师日常工作中四部分分值比例分别为：基本教学任务60%(60分)、教学检查30%(30分)、教学质量工程6%(6分)、教学活动及其他4%(4分)。具体分值分布为：

1.基本教学任务60%(60分)

学院原始数据(见图2.22)已经记录了每位教师的承担课程门数和课程学时数，需要转换成量化分数。转换方法：

(1)考查承担课程门数是否达标20%(20分)。

每个教师承担2门课程视为基本任务达标；

承担课程门数>2计21分；

承担课程门数=2计20分；

承担课程门数=1(未达到教师工作要求)计19分。

(2)考查承担课程学时数是否达到常规教学工作量20%(20分)。

教师承担学时数<128，低于常规教学工作量，计18分；

128≤教师承担学时数<160，非活跃教学工作量，计19分；

160≤教师承担学时数<192，常规教学工作量，计20分；

192≤教师承担学时数≤224，高于常规教学工作量，计21分。

(3)巡课评分10%(10分)。

学院原始数据已记录巡课人巡课评分(百分制)，需要转换成量化分数。转换方法：百分制评分×0.1=最终巡课评议得分。

(4)听课评分10%(10分)。

学院原始数据已记录听课人听课评分(百分制)，需要转换成量化分数。转换方法：百分制评分×0.1=最终听课评议得分。

(5)命题：教师每制定一套命题，获得命题数×0.5的额外加分。

要求：以上各项得分总值如超过60分，以60分计。

2.教学检查30%(30分)

教学检查满分分值为30分。学院原始数据已记录三次教学检查评分(百分制)，需要转换成量化分数。转换方法：每次教学检查百分制得分×0.1得到此次教学检查量化得分。

3.教学质量工程6%(6分)

获得教学成果奖、省级教学团队立项等均为质量工程项目，具体项目个数根据每学期具体教学质量工程而定。学院原始数据已记录所有老师参加各类项目的情况，需要转换成量化分数。转换方法：教师每负责一个项目，得1分。单个教师计算分值如超过6分，总分值按满分6分计。

4.教学活动及其他4%(4分)

学院原始数据已记录各类教学奖惩通报及各项教学活动记载得分，需要转换成量化分数。转换方法：实际记载次数根据奖惩次数而定，每记载一次一般计+1分或者-1分，单个教师计算分值超过4分，总分值按满分4分计；计算分值低于-4分，总分值按-4分计。

【任务解析】

1.理解量化规则的内涵

原始数据单位不一样,因为数据性质不一样,不能通过简单相加的方式得出一个"总分",而应该统一数据单位,根据教师工作情况对每一部分数据考虑"权重"。这个权重根据题目要求制定为:基本教学任务占60%(60分)、教学检查占30%(30分)、教学质量工程占6%(6分)、教学活动及其他占4%(4分)。每个教师每一部分分值的计算,需要由原始数据通过计算规则得到。例如教师"卢一诺"承担3门课,得分21分;承担学时224学时,得分21分;在听课评议原始数据记载中为95分,因为听课评议权重值为10%,所以应用量化规则后的量化值为9.5。在基本教学任务部分,各项分值相加后为61.7分,超过60以60作为小计得分。该教师四大项小计量化值计算完毕,合计分90.60即为该教师的最终得分。

2.理解为什么要运用Excel数据计算、函数操作来完成此项目

该项目如果不运用Excel相关技术,每个教师的每项分数均需要手动计算并录入,计算和录入均容易出错,如果能够灵活运用Excel单元格数据计算、函数操作以及自动填充功能,能高效、准确完成本项目的实现。

3.根据单元格数值所在不同数值段计算得出不同结果值

可通过多重IF函数完成。

例如评定规则考查承担课程门数是否达标,分值为20分。

每个教师承担2门课程视为基本任务达标;

承担课程门数＞2计21分;

承担课程门数＝2计20分;

承担课程门数＝1(未达到教师工作要求)计19分。

Excel的IF函数在该例的具体应用为:

目标单元格数值设置为:IF(课程门数单元格＞2,21,IF(课程门数单元格＝2,20,IF(课程门数单元格＜＝1,19,0)))。

4.自定义单元格运算结果值

通过IF函数的选择分支值的设定来完成。

如评定规则为"分值超过60分,以60分计"。

Excel的IF函数在该例的具体应用为:

目标单元格数值设置为:IF(单元格实际数值＞60,60,单元格实际数值),此处自定义结果值为60。

5.简单数学运算得出单元格结果值

直接实施＋、－、×、/等算术运算。

例如评定规则为"教师每制定一套命题,获得命题数×0.5的额外加分"。

Excel的数值运算在该例的具体应用为:

目标单元格数值设置为:命题套数单元格×0.5。

6.将不同单元格数值做总和计算

实施"＋"数学运算或者运用SUM函数。

例如评定规则为各部分小计分值的总和,即为单个教师的最终评定分数。

Excel 的数值运算以及 SUM 函数在该例的具体应用为：

目标单元格(以 W5 为例)数值设置为：K5＋O5＋S5＋V5 或者＝SUM(K5,O5,S5,V5)或者＝SUM(K5＋O5＋S5＋V5)。

【任务实施】

在理解任务解析的基础上，完成以下项目任务。

任务 1　根据量化要求完成量化评定表结构，保留原始数据

(1)在原始表上增加用于呈现各项量化值的空白列，见图 2.23 中的列 D、F、J、K、O、S、V、W。

(2)完善表头、标题列信息。

(3)保留原始数据。一部分作为最终呈现的数据(承担理论课程门数、教学学时数、命题套数、教学质量工程、教学活动及其他)，一部分后续需要按照规则修改(巡课评议数据、听课评议数据及期初、期中、期末教学检查数据)，如图 2.24 所示。

	A	B	C	D	E	F	G	H	I	J	K	L	M	N	O	P	Q	R	S	T	U	V	W
1		信息工程学院2020-2021学年第一学期教师教学工作量化评定表																					
2	部门	教师	基本教学任务(60分)									教学检查（30分）				教学质量工程（6分）				教学活动及其他（4分）			总计
3			承担理论课程门数(20分)		承担教学学时数(20分)		巡课评议（10分）	听课评议（10）分	命题		小计得分	期初教学检查（10分）	期中教学检查（10分）	期末教学检查（10分）	小计得分	课程思政优秀案例入册	省级教学团队申报	…	小计得分最高6分	教学通报1~4周	…	小计得分最高4分	
4			门数	得分	学时数	得分	得分	得分	套数	得分		得分	得分	得分		得分	得分	得分		得分	得分		
5	软件工程系	卢一诺	3		224		92	95	2			94	94	98		1				1			
6		巍雨涵	2		196		94	95	1			95	95	99			1						
7		林丹彤	2		144		95	94	1			96	96	94						1			
8		张昊轩	2		128		95	97	2			97	97	97		1							
9		张昊宇	2		160		94	98	3			98	98	98		1	1						
10		王子睿	3		96		92	92	0			99	99	99						1			
11		李梓琪	3		96		91	94	1			94	94	94									
12		应佳俍	2		96		94	94	2			95	97	95		1				1			
13		应佳萌	3		128		94	94	1			96	98	96									
14		胡佳琪	2		224		98	92	2			97	99	97						1			
15		周梓涛	2		224		94	91	3			96	94	96		1							
16		李正茂	1		224		92	94	4			97	95	97									
17		黄褀谊	2		160		98	94	2			98	96	98		1							
18		黄褀羿	2		224		99	98	1			99	99	99		1	1						
19	…																						

图 2.24　完善量化评定表结构

任务 2　Excel 实现基本教学任务的量化评分规则

(1)计算各单项得分。

承担理论课程门数得分：设置 D5＝IF(C5＞2,21,IF(C5＝2,20,IF(C5＜＝1,19,0)))。

承担教学学时得分：设置 F5＝IF(E5＞＝192,21,IF(E5＞＝160,20,IF(E5＞＝128,19,18)))。

巡课得分和听课得分：G5、H5 原分数为百分制，按照评分规则，应该乘以权重 0.1，得出正确分值后填入。

命题得分：设置 J5＝I5＊0.5。

(2)计算小计得分。

设置 K5＝IF(SUM(D5＋F5＋J5＋G5＋H5)＞60,60,SUM(D5＋F5＋J5＋G5＋H5))。

(3)计算其他教师的“基本教学任务”评分。

使用 Excel 数据自动填充方法，分别向下拖动 D5、F5、J5、K5 单元格完成位于 6 至 18 行的 D、F、J、K 列相应单元格数据填充。

其中，D5 是第一个教师“卢一诺”的“基本教学任务”的“小计得分”所在单元格。

任务 3　Excel 实现“教学检查”的量化评分规则

(1)L5、M5、N5 原分数为百分制，按照评分规则，应该乘以权重 0.1，得出正确分值后填入。

(2)计算小计得分。

设置 O5=SUM(L5:N5)。

(3)完成其他教师的“教学检查”小计评分。

使用 Excel 数据自动填充方法，拖动 O5 单元格完成位于 6 至 18 行的 O 列单元格数据填充。

其中，O5 是第一个教师“卢一诺”的“教学检查”的“小计得分”所在单元格。

任务 4　Excel 实现“教学质量工程”的量化评分规则

(1)按照“教学质量工程”的量化评分规则，原定数据可以保持不变。

(2)按照“单个教师计算分值超过 6 分，总分值按满分 6 分计”的评分规则，小计得分应设置为：S5=IF(SUM(P5:R5)>6,6,SUM(P5:R5))。

(3)完成其他教师的“教学质量工程”小计评分。

使用 Excel 数据自动填充方法，拖动 S5 单元格完成位于 6 至 18 行的 S 列单元格数据填充。

其中，S5 是第一个教师“卢一诺”的“教学质量工程”的“小计得分”所在单元格。

任务 5　Excel 实现“教学活动及其他”的量化评分规则

(1)按照“教学活动及其他”量化评分规则，T、U 所在列的原定数据可以保持不变。

(2)按照“单个教师计算分值超过 4 分，总分值按满分 4 分计；计算分值低于－4 分，总分值按－4 分计”的评分规则，小计得分应设置为：V5=IF(SUM(T5:U5)>4,4,IF(SUM(T5:U5)<-4,-4,SUM(T5:U5)))。

(3)完成其他教师的“教学活动及其他”小计评分。

使用 Excel 数据自动填充方法，拖动 V5 单元格完成位于 6 至 18 行的 V 列单元格数据填充。

其中，V5 是第一个教师“卢一诺”的“教学活动及其他”的“小计得分”所在单元格。

任务 6　Excel 实现教师量化评定得分“总计”

设置 W5= K5+O5+S5+V5。

使用 Excel 数据自动填充方法，拖动 W5 单元格完成位于 6 至 18 行的 W 列单元格数据填充。至此，完成所有教师的全部量化评定得分计算。

其中，W5 是第一个教师“卢一诺”的“总计”所在单元格。

实训项目 5　长城汽车股份有限公司销售业绩及产品展示

【任务目标】

长城汽车股份有限公司以“客户满意”和“市场领先”为主要的营销战略目标，通过营销服务的创新变革，提升终端形象和服务质量，把人、财、物向“客户满意”聚焦，以超值服务为客户创造惊喜，不断提升客户满意度。

为了提升品牌形象，公司决定实施一系列的营销策略，着手制作演示文稿，首要任务是对公司概况做简单的介绍，包括公司简介、公司的组织结构、公司成员、公司的销售等。演示文稿的背景要进行统一风格的设计，因此，幻灯片母版的设计非常重要。汽车的销售业绩、产品展示是公司宣传的重要内容之一，因此演示文稿中更多地运用了插入图片、视频、动画等方法，使公司的宣传起到更好的推广作用。制作完成的演示文稿效果图如图 2.25 所示。

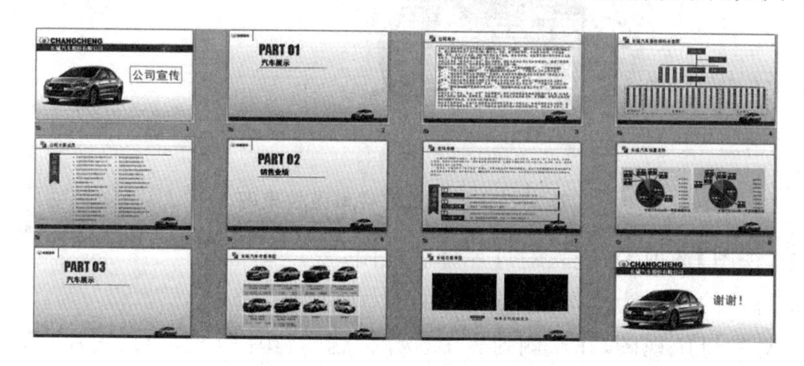

图 2.25　长城汽车股份有限公司销售业绩及产品展示

【任务解析】

(1)创建“长城汽车股份有限公司销售业绩及产品展示”演示文稿。

(2)制作幻灯片母版：①设置标题幻灯片母版；②设置 Office 主题母版；③制作空白版式母版。

(3)制作第一部分幻灯片(公司概况)：①制作第一张幻灯片：公司宣传封面。②制作第二张幻灯片：公司概况。③制作第三张幻灯片：公司简介。④制作第四张幻灯片：介绍公司组织结构。⑤制作第五张幻灯片：介绍公司主要成员。

(4)制作第二部分幻灯片(销售业绩)：①制作第六张幻灯片：PART 02。②制作第七张幻灯片：全球业绩。③制作第八张幻灯片：长城汽车销量走势。

(5)制作第三部分幻灯片(产品展示)：①制作第九张幻灯片：PART 03。②制作第十张幻灯片：长城汽车在售车型。③制作第十一张幻灯片：汽车视频展示。④制作第十二张幻灯片：致谢。

(6)保存演示文稿。

【任务实施】

在理解任务解析的基础上，完成以下项目任务。

任务 1　创建“长城汽车股份有限公司销售业绩及产品展示”演示文稿

(1)创建“长城汽车股份有限公司销售业绩及产品展示”演示文稿，将演示文稿保存为：长城汽车股份有限公司销售业绩及产品展示.pptx。

(2)在【开始】选项卡的【幻灯片】功能组中单击【新建幻灯片】右侧的三角形按钮，然后在展开的列表中选择一个幻灯片版式。

(3)选中第一张幻灯片，单击【新建幻灯片】按钮或者按【Ctrl+M】组合键，即可在当前幻灯片后面插入一张新幻灯片。

任务2 制作幻灯片母版

(1)设置标题幻灯片母版,标题幻灯片母版效果如图 2.26 所示。

图 2.26 标题幻灯片母版效果图

①切换至【视图】选项卡,进入幻灯片母版视图。

②设置幻灯片的大小为全屏显示(16∶9)。

③单击幻灯片母版视图,在左侧列表中选择标题幻灯片版式,插入图片“演示文稿处理/第二部分/素材/ditu1.png”,并将其调整到合适的位置。用同样的方法再次插入图片“演示文稿处理/第二部分/素材/ditu2.png”。

④绘制红色矩形形状,设置矩形的颜色、大小和阴影。

⑤绘制红色线条,并设置线型、粗细,调整到合适的位置。

⑥添加文本。

⑦添加公司 LOGO。插入图片“演示文稿处理/第二部分/素材/chebiao.png”,调整到合适的位置。

(2)设置 Office 主题母版。

①在幻灯片母版视图的左侧列表中选择【Office 主题 幻灯片母版】。

②插入图片“演示文稿处理/第二部分/素材/ditu1.jpg”作为底图。

③绘制一个半透明的矩形,设置高度为 14.29 厘米,宽度为 25.4 厘米,位置为自左上角水平 0 厘米、垂直 0 厘米;无轮廓线,填充色为渐变填充(类型为线性,颜色为“白色,背景 1,深色 50%”,透明度 81%),如图 2.27 所示。

(3)设置空白版式幻灯片母版。

①在左侧的幻灯片母版列表中选择【空白版式】,如图 2.28 所示。

图 2.27 Office 主题幻灯片母版

图 2.28 空白版式母版效果图

②插入公司图标：演示文稿处理/第二部分/素材/changchengqiche. png。

③绘制黑色线条，设置其高度为 1.5 厘米、宽度 0 厘米，将线条放到合适的位置。

④右击左侧列表中设置完成的空白版式母版，选择【复制版式】，按要求制作空白版式 1 的幻灯片母版，在母版中绘制宽度和高度均为 0.65 厘米的矩形，添加文字占位符，字体设置为黑体、20 磅。如图 2.29 所示。

任务 3　制作第一部分幻灯片（公司概况）

（1）前面设置的标题幻灯片母版默认由第一张幻灯片使用。

（2）按照要求制作第二、三、四、五张幻灯片，并选择合适的版式。

（3）自行设置动画效果。

第一部分“公司概况”效果图如图 2.30 所示。

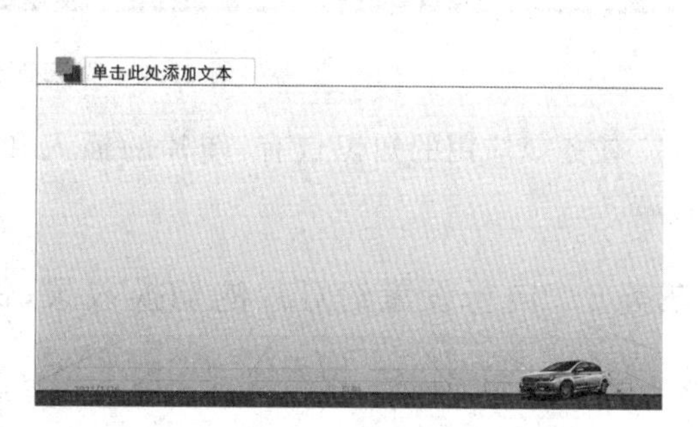

图 2.29　空白版式 1 母版效果图

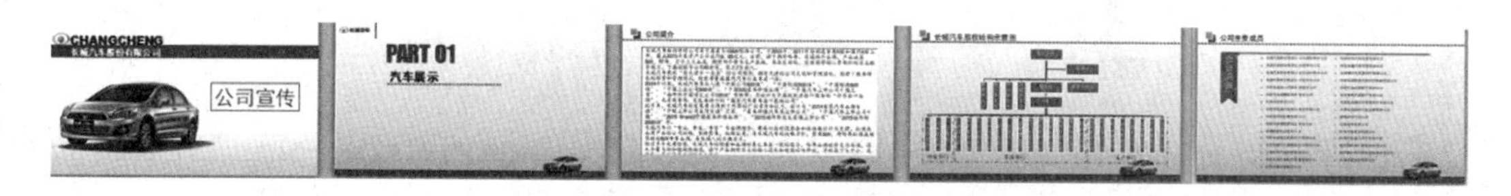

图 2.30　第一部分“公司概况”效果图

任务 3 应用的知识点有：幻灯片版式的应用；插入艺术字；插入文档；插入形状；插入组织结构图；插入对象；动画效果的设置。

任务 4　制作第二部分幻灯片（销售业绩）

（1）根据每张幻灯片的特点选择合适的版式。

（2）按照要求制作第六、七、八张幻灯片。

（3）自行设置动画效果。

第二部分“销售业绩”效果图如图 2.31 所示。

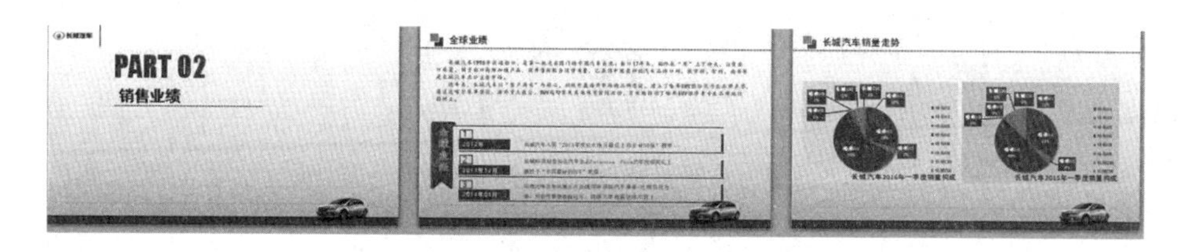

图 2.31　第二部分“销售业绩”效果图

任务 4 应用的知识点有：图表插入和编辑；表格的插入和编辑；动画效果的设置。

任务 5　制作第三部分幻灯片（产品展示）

（1）根据每张幻灯片的特点选择合适的版式。

（2）按照要求制作第九、十、十一、十二张幻灯片。

（3）自行设置动画效果。

第三部分"产品展示"效果图如图 2.32 所示。

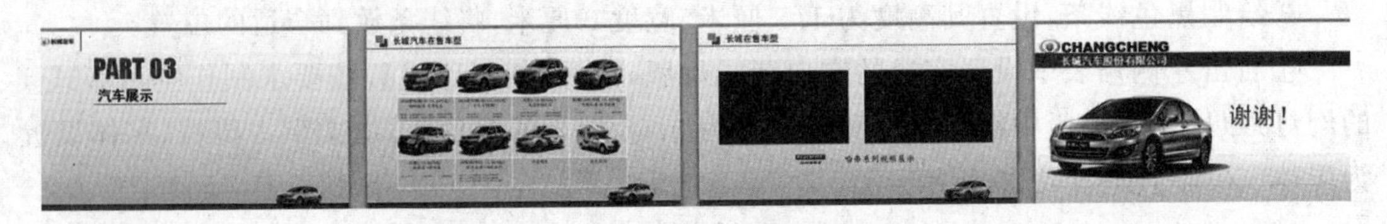

图 2.32 第三部分"产品展示"效果图

任务 5 应用的知识点有：图片的插入和编辑；视频和音频的插入和编辑；动画效果的设置。

任务 6 自行设置幻灯片的切换效果，保存演示文稿

所有操作完成后，保存演示文稿。

第3部分

信息处理基础知识纲要和试题训练

该部分包括信息技术基本概念、信息处理基础知识、计算机系统基础知识、操作系统使用和文件管理基础知识、文字处理基础知识、电子表格基础知识、演示文稿基础知识、数据库应用基础知识、计算机网络应用基础知识、信息安全基础知识、有关法律法规基础知识、信息处理实务、专业英语等十三个方面的主要内容纲要和试题训练。

第1节 内容纲要

一、信息技术基本概念

1. 信息社会与信息技术应用

- 信息与数据(大数据、云计算)的基本概念
- 信息的特征、分类
- 信息化、信息社会与信息技术
- 信息系统应用及发展
- 信息素养(信息意识、信息能力和信息道德)

2. 初等数学基础知识

- 数据的简单统计、常用统计函数、常用统计图表
- 初等数学应用

二、信息处理基础知识

1. 信息处理基本概念

- 信息处理的全过程
- 信息处理的要求(准确、安全、及时、适用)
- 信息处理系统
- 信息处理人员的职责
- 信息处理流程以及有关的规章制度

2. 数据处理方法

- 数据收集方法、分类方法、编码方法
- 数据录入方法与要求,数据校验方法
- 数据的整理、清洗和筛选
- 数据加工和计算
- 数据的存储和检索
- 数据分析
- 数据的展示(可视化)

三、计算机系统基础知识

1. 硬件基础知识

- 计算机硬件系统中各主要部件的连接
- CPU 的主要性能指标
- 主存的类别、特征及主要性能指标
- 辅存(外存)的类别、特征及主要性能指标

- 常用存储介质的类别、特征、主要性能指标及保护方法
- 常用输入/输出设备的类别、特征及主要性能指标
- 常用I/O接口的类别和特征
- 常用信息处理设备的安装、使用及维护常识

2. 软件基础知识

- 操作系统基本概念
- 应用软件基本知识

3. 多媒体基础知识(包括数字媒体)

- 多媒体数据格式
- 常用多媒体工具及应用

四、操作系统使用和文件管理基础知识

- 图标、窗口及其各组成部分的基本概念
- 操作系统的使用方法
- 文件、文件系统及目录结构
- 文件的压缩与解压
- 文件管理操作方法

五、文字处理基础知识

- 文字处理的基本过程
- 汉字输入方法
- 文字编辑和排版基本知识
- 文字处理软件的基本功能与操作方法
- 文件类型与格式兼容性

六、电子表格基础知识

- 电子表格的基本概念
- 电子表格的组成
- 电子表格软件的基本功能与操作方法
- 常用数据格式和常用函数
- 利用电子表格软件进行数据统计分析

七、演示文稿基础知识

- 演示文稿的基本概念
- 常用演示文稿软件的基本功能
- 利用演示文稿软件制作符合要求的、可视化的演示文稿

八、数据库应用基础知识

- 数据库应用的基本概念

• 数据库管理系统的基本理论

九、计算机网络应用基础知识

• 局域网基本概念
• TCP/IP 协议和互联网基本概念
• 移动互联网(包括无线网络 4G/5G)基本概念
• 云计算和物联网基本概念
• 常用网络通信设备的类别和特征
• 网络信息的浏览、搜索、交流和下载方法

十、信息安全基础知识

• 计算机系统安装及使用中的安全基本知识
• 计算机操作环境的健康与安全基本知识
• 信息安全保障的常用方法(管理措施、计算机病毒防治、文件存取控制、数据加密/解密、备份与恢复、数字签名、防火墙)

十一、有关法律法规基础知识

• 涉及知识产权保护的法律法规要点,如《计算机软件保护条例》、《中华人民共和国著作权法》(以下简称《著作权法》)
• 涉及计算机系统安全保护和互联网管理的法律法规要点
• 有关信息安全的法律法规与职业道德要求(国家安全与社会安全、网络安全、商业秘密与个人信息的保护等)

十二、信息处理实务

• 理解应用部门的信息处理要求以及现有的信息处理环境
• 根据信息处理目标,制订信息处理工作计划与流程
• 根据日常办公业务中的问题,选择并改进信息处理方法
• 发现信息处理中的问题,寻求解决方法
• 信息处理团队中的合作、沟通与协调
• 信息处理过程中的质量控制与质量保证
• 撰写数据处理工作总结和数据统计分析报告

十三、专业英语

• 正确阅读和理解计算机系统及使用中常见的简单英文语句

第2节 试题训练

一、信息技术基本概念

• 信息化、信息社会与信息技术基本概念

1. 关于信息技术的应用，下列说法不正确的是（　　）。

A. 远程医疗

B. 用银联卡在 POS 机上刷卡消费

C. 生活中所有事情都可以借助计算机来完成

D. 十字路口交通违章拍摄

2. 下列关于信息的说法中，不正确的是（　　）。

A. 信息在人类产生语言后才出现　　B. 21 世纪被称为信息时代

C. 信息是伴随着人类的诞生而产生的　　D. 信息就像空气一样，无处不在

3. 下列关于信息的说法，正确的是（　　）。

A. 信息有多种表现形式　　B. 信息可以离开载体而存在

C. 一张歌碟是信息　　D. 存有照片的数码相机是信息

4. 日常生活中我们会经常使用智能化的信息处理技术，下列软件中，没有体现信息的智能化处理技术的是（　　）。

A. 网页制作软件　　B. 语音识别软件

C. 翻译软件　　D. 手写输入软件

5. 尽管相隔万里，通过卫星信号，全球各地的人们可以坐在家中观看巴西里约奥运会的精彩比赛。这主要体现了信息的（　　）。

A. 依附性　　B. 时效性　　C. 价值性　　D. 传递性

6. 现代社会中，人们把（　　）称为构成世界的三大要素。

A. 精神、物质、知识　　B. 财富、能量、知识

C. 物质、能量、信息　　D. 物质、能量、知识

7. 小迪同学准备做一期关于“红军长征胜利 80 周年”的宣传电子报刊，他可以通过（　　）等途径获得相关素材。

①互联网查询　②参观军事博物馆　③拜访革命老战士　④查阅军事报刊

A. ②③④　　B. ①②③　　C. ①②③④　　D. ①②④

8. 下面案例中，属于信息技术应用的是（　　）。

①三维动画游戏　②网上购物　③电子邮件　④教学课件　⑤电子相册

A. ①②③⑤　　B. ①②③④⑤　　C. ②③④⑤　　D. ①③④

9. 以下对信息技术的解释不正确的是（　　）。

A. 信息技术是信息社会的基础技术

B. 信息技术是有关信息的获取、传递、存储、处理、交流和表达的技术

C. 通信技术是信息技术的核心技术

D. 信息技术融合了计算机技术、通信技术以及网络技术等多种技术

10. 你收到陌生号码发来的一条短信，内容为“我是你的老同学张扬，这是我们以前的合影，请点击链接观看照片”，以下不恰当的做法是(　　)。

A. 给张扬同学打电话确认　　B. 删除

C. 不予理会　　D. 好奇点击

11. 下列选项属于信息的是(　　)。

A. 教师讲课发出的声波　　B. 转播世界杯的电磁波

C. 明天去郊游　　D. 记录成绩的纸张

12. 计算机是信息处理系统的核心设备，它在信息系统中所起的作用不会是(　　)。

A. 信息产生　　B. 信息输出　　C. 信息储存　　D. 信息分析

13. 在当前社会中，对我们的生活最具威胁的问题是(　　)。

A. 信息的安全问题　　B. 信息的传输速度太慢

C. 信息的编码混乱　　D. 信息量的不足

14. 对于信息产业，以下解释不正确的是(　　)。

A. 信息产业以从业人员的智慧和创造性思维为生产要素

B. 信息产业是信息社会的支柱产业

C. 信息产业是指计算机产业

D. 信息产业是对信息进行加工处理以及与之相关的产业

15. 通信技术在信息技术中的作用是(　　)。

A. 用于承载信息　　B. 实现信息的加工

C. 实现信息的传输　　D. 用于信息的编写

16. 通常所称的“信息高速公路”指的是(　　)。

A. 局域网　　B. 特快专递

C. 国家信息基础设施　　D. 通过高速公路邮递信息

17. 下面(　　)不是信息技术的发展趋势。

A. 数字化　　B. 复杂化　　C. 网络化　　D. 个性化

18. 人类社会的发展经历了(　　)次信息技术革命。

A. 六　　B. 三　　C. 四　　D. 五

19. 下列关于信息技术的叙述，正确的是(　　)。

A. 信息技术简称 IE

B. 老师利用计算机分析学生成绩属于信息存储

C. 信息技术就是计算机技术

D. 信息技术是研究如何获取信息、传输信息、处理信息和使用信息的技术

20. 天气预报、房地产价格信息都会随着时间的推移而变化，这体现了信息的(　　)。

A. 价值性　　B. 载体依附性

C. 共享性　　D. 时效性

答案　1～5：CAAAD 6～10：CCBCD 11～15：CAACC 16～20：CBDDD

• 初等数学基础知识

1. 在一个密闭不透明的袋子里有若干个白球，为估计白球个数，小何向其中投入 8 个黑

球，搅拌均匀后随机摸出一个球，记下颜色，再把它放入袋中，不断重复摸球400次，其中88次摸到黑球，则估计袋中大约有白球（　　）。

A. 18个　　B. 28个　　C. 36个　　D. 42个

2. 一次招聘活动中，共有8人进入复试，他们的复试成绩（百分制）如下：70、100、90、80、70、90、90、80。对于这组数据，下列说法正确的是（　　）。

A. 平均数是80　　B. 众数是90　　C. 中位数是80　　D. 极差是70

答案　1～2：BB

• 大数据云计算专题

1. 以下哪个不是大数据的特征（　　）。

A. 价值密度低　　B. 数据类型繁多

C. 访问时间短　　D. 处理速度快

2. 当前大数据技术的基础是由（　　）首先提出的。

A. 微软　　B. 百度　　C. 谷歌　　D. 阿里巴巴

3. 大数据的起源是（　　）。

A. 金融　　B. 电信　　C. 互联网　　D. 公共管理

4. 根据不同的业务需求来建立数据模型，抽取最有意义的向量，决定选取哪种方法的数据分析角色人员是（　　）。

A. 数据管理人员　　B. 数据分析员

C. 研究科学家　　D. 软件开发工程师

5.（　　）反映数据的精细化程度，越细化的数据，价值越高。

A. 规模　　B. 活性　　C. 颗粒度　　D. 关联度

6. 大数据技术的战略意义不在于掌握庞大的数据信息，而在于对这些含有意义的数据进行（　　）。

A. 数据处理　　B. 专业化处理

C. 速度处理　　D. 内容处理

7. 与运营商数据相比，互联网数据有以下几点局限性，除了（　　）。

A. 数据局部性　　B. 数据封闭性

C. 数据割裂性　　D. 数据全面性

8. 社交网络产生了海量用户以及实时和完整的数据，同时社交网络也记录了用户群体的（　　），通过深入挖掘这些数据来了解用户，然后将这些分析后的数据信息推给需要的品牌商家或是微博营销公司。

A. 地址　　B. 行为　　C. 情绪　　D. 来源

9. 大数据金融征信是对外服务一个重要的领域，下面说法错误的是（　　）。

A. 要严格保护用户信息安全　　B. 数据结果脱敏加工

C. 可以输出用户的位置信息　　D. 必须获得用户授权

答案　1～5：CCCCC　6～9：BDCC

• 数据可视化专题

1. 当前，市场上已经出现了众多的数据可视化软件和工具，下面工具不是大数据可视化工具的是（　　）。

A. Tableau　　B. Datawatch　　C. Platfora　　D. Photoshop

2. 可视化模型有助于理解可视化的具体过程，常用的可视化模型不包括（　　）。

A. 循环模型　　B. 分析模型

C. 递归模型　　D. 顺序模型

3. 目前有多种成熟的知识可视化工具，下面（　　）不属于这类可视化工具。

A. 概念图　　B. 思维导图

C. 认知地图　　D. 趋势图

4. 平行坐标系使用（　　）来代表维度，通过在轴上刻画多维数据的数值并用折线连接某一数据项在所有轴上的坐标点，从而在二维空间内展示多维数据。

A. 平行的竖直轴线　　B. 交叉的横直轴线

C. 平行的横直轴线　　D. 交叉的竖直轴线

5. 散点图矩阵通过（　　）坐标系中的一组点来展示变量之间的关系。

A. 一维　　B. 二维　　C. 三维　　D. 多维

6. 图表类型的选择有赖于所要处理和展现的数据类型，例如离散数据的数值可清晰计数，最适合用（　　）展示。

A. 曲线图　　B. 柱状图　　C. 饼图　　D. 气泡图

7. 雷达图适用于（　　）数据，且每个维度必须可以排序。

A. 一维　　B. 二维　　C. 三维　　D. 多维

8. 可视分析的运行过程可看作是（　　）的循环过程。

A. “数据→知识→数据”　　B. “知识→知识→知识”

C. “数据→数据→数据”　　D. “知识→数据→数据”

答案　1～5:DCDAB 6～8:BDA

二、信息处理基础知识

1. 在 Windows 窗口中，关于“滚动条”，下列说法中正确的是（　　）。

A. 窗口中有垂直滚动条，一定也有水平滚动条

B. 随着窗口尺寸放大与缩小，滚动条时有时无

C. 滚动条中的滚动块的位置只能用鼠标来拖动移位

D. 各种被打开的窗口中，都会出现滚动条

2. psd 是（　　）软件的专用图像格式。

A. AutoCAD　　B. CorelDRAW

C. ACDSee　　D. Photoshop

3. 学生上生物课时，老师借助于计算机课件讲解血液循环，这属于计算机应用中的（　　）。

A. CAD　　B. CAI　　C. CAG　　D. CAM

4. 下列说法中，属于随机存取存储器(RAM)工作特点的是（　　）。

A. 存储在其中的信息可以永久保存

B. 一旦断电，存储在其上的信息将全部消失，且无法恢复

C. 存储容量极大，属于海量存储器

D. 计算机中，只是用来存储数据的

5. 在生活中，“闪客”是指（　　）。

A. 游戏高手　　B. Flash 高手

C. 黑客　　D. PS 高手

6. 在 Windows 窗口中，有些菜单选项的右侧有“…”标志，单击这些选项后（　　）。

A. 将打开下一级子菜单　　B. 可能出现死机现象

C. 系统将给出对话框　　D. 用户要长时间等待

7. 二进制数 1001 对应的十进制数是（　　）。

A. 7　　B. 9　　C. 8　　D. 10

8. 二进制的加法运算法则为：0+0=0，0+1=1，1+0=1，1+1=10。那么二进制算式 11+11 等于（　　）。

A. 111　　B. 100　　C. 110　　D. 101

9. 一个完整的计算机系统由（　　）组成。

A. 主机和显示器　　B. 硬件系统和软件系统

C. 系统软件和应用软件　　D. 输入和输出设备

10. 数学老师想利用小键盘区的数字键输入数字，结果没有成功，他需要按（　　）键，使对应的指示灯亮起才能成功输入。

A. Caps Lock　　B. Num Lock　　C. Shift　　D. Alt

11. 要选定多个不连续的文件或文件夹，应借助（　　）键来实现。

A. Ctrl　　B. Alt　　C. Tab　　D. Shift

12. 将一幅 bmp 格式的图像转换成 jpg 格式之后，会使（　　）。

A. 文件容量变小　　B. 文件容量变大

C. 文件容量大小不变　　D. 图像更清晰

13. 要实现中英文输入法之间的切换需按（　　）键。

A. Shift+Alt　　B. Ctrl+Shift

C. Ctrl+空格键　　D. Ctrl+Alt

14. 李明输入文字时，掌握了正确的打字指法，他把两个拇指放到了空格键上，其他的八个手指应该分别放在（　　）等八个基本键上。

A. ZXCV BNM；　　B. QWER UIOP

C. ASDF JKL；　　D. 1234 7890

15. 下列软件中，不是杀毒软件的是（　　）。

A. 瑞星　　B. 360 杀毒

C. 金山毒霸　　D. 迅雷

16. 常用来制作电子报刊的软件有（　　）。

A. Word、记事本　　B. 记事本、Excel

C. Word、Excel　　D. Word、PowerPoint

17. 在 Windows 中，以下关于快捷方式的说法，正确的是（　　）。

A. 只能在桌面上建立快捷方式

B. 删除了快捷方式后，目标程序也会跟着删除

C. 快捷方式是一种用于快速启动程序的链接图标

D. 快捷方式与文件夹的作用是一样的

18. 我们在使用拼音输入法输入汉字时，可用（　　）代替数字键“1”的选择项。

A. 空格键　　B. 回车键

C. Alt＋Shift　　D. Ctrl

19. 下列不属于操作系统的是（　　）。

A. UNIX　　B. Windows　　C. ACDSee　　D. Linux

20. 电子计算机的发展按时间先后顺序大致经历了四个阶段（　　）。

A. 电子管→集成电路→晶体管→大规模集成电路

B. 晶体管→电子管→集成电路→大规模集成电路

C. 电子管→晶体管→集成电路→大规模集成电路

D. 晶体管→集成电路→电子管→大规模集成电路

答案　1～5：BDBBB 6～10：CBCBB 11～15：AACCD 16～20：DCACC

三、计算机系统基础知识

• 计算机硬件、软件基础知识

1. 常用的 1.44 MB 软磁盘，其中 1.44 MB 指的是（　　）。

A. 厂家代号　　B. 商标号　　C. 磁盘编号　　D. 磁盘容量

2. 计算机软件可以分为（　　）。

A. 系统软件和应用软件　　B. 应用软件和自由软件

C. 共享软件和自由软件　　D. 系统软件和自由软件

3. 下列关于计算机病毒的叙述中，错误的一条是（　　）。

A. 计算机病毒具有潜伏性

B. 计算机病毒具有传染性

C. 已被感染过的计算机具有对该病毒的免疫性

D. 计算机病毒是一个特殊的程序

4. 在 URL 中，http 的含义是（　　）。

A. 万维网　　B.“山东热线”

C. 超文本传输协议　　D. 文件传输协议

5. 以下 E-mail 地址中，合法的是（　　）。

A. abcd-jjc@263. net　　B. abcd-jjc. 263. net

C. @263. net　　D. abcd-jjc@263，net

6. 世界上第一台计算机于 1946 年诞生，它的名字叫（　　）。

A. ENIAC　　B. UNIX　　C. EDVAC　　D. WAX

7. 下列对计算机发展趋势的描述中，不正确的是（　　）。

A. 网络化　　B. 规格化　　C. 智能化　　D. 高度集成化

8. 微型计算机硬件系统中最核心的部件是（　　）。

A. 存储器　　B. 输入/输出设备

C. CPU　　D. UPS

9. 在微型计算机中,访问速度最快的存储器是(　　)。

A. 硬盘　　B. 软盘　　C. 内存储器　　D. 光盘

10. 计算机硬件能直接识别和执行的语言是(　　)。

A. 高级语言　　B. 符号语言　　C. 汇编语言　　D. 机器语言

11. 某单位的人事档案管理程序属于(　　)。

A. 图形处理软件　　B. 应用软件

C. 系统软件　　D. 文字处理软件

12. 计算机可能感染病毒的途径是(　　)。

A. 从键盘输入统计数据　　B. 运行外来程序

C. 软盘表面不清洁　　D. 机房电源不稳定

13. 计算机网络的基本功能是(　　)。

A. 下载文件和搜索　　B. 浏览和发送电子邮件

C. 通信和资源共享　　D. 新闻组和网络聊天室

14. 图像文件的格式不包括(　　)。

A. BMP　　B. DOC　　C. GIF　　D. JPEG

15. 下列四条叙述中,正确的一条是(　　)。

A. 造成计算机不能正常工作的原因,若不是硬件故障就是计算机病毒

B. 发现计算机有病毒时,只要换上一张新软盘就可以放心操作了

C. 计算机病毒是由于硬件配置不完善造成的

D. 计算机病毒是人为制造的程序

16. 一个完整的计算机系统包括(　　)。

A. 主机. 键盘和显示器　　B. 计算机与外部设备

C. 硬件系统和软件系统　　D. 系统软件与应用软件

17. 下列几种存储器中,存取周期最短的是(　　)。

A. 内存储器　　B. 光盘存储器　　C. 硬盘存储器　　D. 软盘存储器

18. 下列不可以作为输入设备的是(　　)。

A. 扫描仪　　B. 磁盘　　C. 打印机　　D. 光笔

19. 将计算机的内存储器和外存储器相比,内存的主要特点之一是(　　)。

A. 价格更便宜　　B. 存储容量更大

C. 存取速度快　　D. 价格虽贵但容量大

20. 计算机指令的集合称为(　　)。

A. 计算机语言　　B. 程序　　C. 软件　　D. 数据库系统

答案　1～5:DACCA　6～10:ABCCD　11～15:BBCBD　16～20:CACCB

• 多媒体基础知识

1. 下述(　　)不属于多媒体通信技术。

A. 各种媒体的数字化　　B. 数据的存储

C. 数据压缩　　D. 数据高速传输

2. MIDI 文件中记录的是(　　)。

A. 乐谱　　B. MIDI 量化等级和采样频率

C. 波形采样　　D. 声道

3. 下列声音文件格式中,(　　)是波形声音文件格式。

A. WAV　　B. CMF　　C. VOC　　D. MID

4. 下列说法中(　　)是不正确的。

A. 图像都是由一些排成行列的像素组成的,通常称为位图或点阵图

B. 图形是用计算机绘制的画面,也称矢量图

C. 图像的数据量较大,所以彩色图(如照片等)不可以转换为图像数据

D. 图形文件中只记录生成图的算法和图上的某些特征点,数据量较小

5. 多媒体技术中的媒体一般是指(　　)。

A. 硬件媒体　　B. 存储媒体　　C. 信息媒体　　D. 软件媒体

6. 计算机多媒体技术,是指计算机能接收、处理和表现(　　)等多种信息媒体的技术。

A. 中文、英文、日文和其他文字　　B. 硬盘、软件、键盘和鼠标

C. 文字、声音和图像　　D. 拼音码、五笔字型和全息码

7. 音频与视频信息在计算机内是以(　　)表示的。

A. 模拟信息　　B. 模拟信息或数字信息

C. 数字信息　　D. 某种转换公式

8. 对波形声音采样频率越高,则数据量(　　)。

A. 越大　　B. 越小　　C. 恒定　　D. 不能确定

9. 在多媒体技术中使用数字化技术,下面不正确的叙述是(　　)。

A. 数字化技术经济、造价低,模拟方式昂贵、造价高

B. 数字化技术的数字信息一般不会衰减,不会受到噪声干扰

C. 数字化技术在数字信息的复制和传送过程中一般不会产生噪声和误差的积累

D. 模拟信息不适合数字计算机进行加工和处理

10. 如下(　　)不是多媒体技术的特点。

A. 集成性　　B. 交互性　　C. 实时性　　D. 兼容性

11. 如下(　　)不是图形图像文件的扩展名。

A. MP3　　B. BMP　　C. GIF　　D. WMF

12. 如下(　　)不是图形图像处理软件。

A. ACDSee　　B. CorelDRAW　　C. 3ds Max　　D. sndrec32

13. 应用流放技术实现在网络中传输多媒体信息时,以下不正确的叙述是(　　)。

A. 用户可以边下载边收听、收看

B. 用户需把声音/影视文件全部下载后才能收听、收看

C. 用户可以边下载边收听、收看的媒体称为流媒体

D. 实现流放技术需要配置流放服务器

14. 在数字音频信息获取与处理过程中,下述顺序中正确的是(　　)。

A. A/D 变换→采样→压缩→存储→解压缩→D/A 变换

B. 采样→压缩→A/D 变换→存储→解压缩→D/A 变换

C. 采样→A/D 变换→压缩→存储→解压缩→D/A 变换

D. 采样→D/A 变换→压缩→存储→解压缩→A/D 变换

15. WAV 波形文件与 MIDI 文件相比，下述叙述中正确的是（　　）。

A. WAV 波形文件比 MIDI 文件音乐质量高

B. 存储同样的音乐文件，WAV 波形文件比 MIDI 文件存储量大

C. 在多媒体使用中，一般背景音乐用 MIDI 文件、解说用 WAV 文件

D. 在多媒体使用中，一般背景音乐用 WAV 文件、解说用 MIDI 文件

16. MPEG 是压缩全动画视频的一种标准，它包括三个部分，下列各项中，（　　）项不属于三部分之一。

A. MPEG-Video　　B. MPEG-Radio

C. MPEG-Audio　　D. MPEG-System

17. 下列资料中，（　　）不是多媒体素材。

A. 波形、声音　　B. 文本、数据

C. 图形、图像、视频、动画　　D. 光盘

18.（　　）用于压缩静止图像。

A. JPEG　　B. MPEG　　C. ZIP　　D. 以上均不能

答案　1～5：BAACC　6～10：CCAAD　11～15：ADBCC　16～18：BDA

四、操作系统使用和文件管理基础知识

• 操作系统使用基础知识

1. 在 Windows 中文件名由（　　）两部分组成。

A. 主文件名和圆点　　B. 扩展名和圆点

C. 主文件名和扩展名　　D. 大写字母和小写字母

2. Windows 的"查找"菜单（　　）。

A. 能帮助使用者找到指定的文件　　B. 能方便地帮助使用者存储文件

C. 帮助使用者添加文件　　D. 帮助使用者拼接文件

3. 通过下列哪一个选项（　　）可以查看一个文件占用磁盘空间的大小。

A. 属性　　B. 新建　　C. 复制　　D. 剪切

4. Windows 中，新建一文件夹后，该文件夹中有（　　）个文件。

A. 0　　B. 1　　C. 2　　D. 以上都不是

5. 在 Windows 中，下列正确的文件名是（　　）。

A. MY PROGRAM GROUP. TXT　　B. FILE1|FILE2

C. A＜＞B. C　　D. A? B. DOC

6. 下面关于文件夹的命名的说法中错误的是（　　）。

A. 可以包含英文字母　　B. 可以包含空格

C. 可以包含"?"　　D. 可以包含数字

7. 在复制文件完成后，下列叙述正确的是（　　）。

A. 原文件消失，目标文件出现

B. 原文件仍在，目标文件出现

C. 原文件消失，目标文件不存在

D. 原文件仍在，目标文件不存在

8. 在默认状态下（　　）文件夹图标，可直接打开该文件夹。

A. 单击　　B. 双击　　C. 移动　　D. 右击

9. 回收站里的文件“还原”后（　　）。

A. 文件还原到原来被删除的地方　　B. 文件还原到桌面

C. 文件还原到 C 盘　　D. 文件不确定还原的地方

10. 在（　　）删除的文件，不会进入“回收站”。

A. 资源管理器　　B. 桌面上

C. 硬盘上　　D. 软盘中

11. 要删除文件或文件夹首先应（　　）。

A. 选定要删除的文件或文件夹　　B. 清空回收站

C. 打开回收站　　D. 对文件或文件夹进行剪切

12. 在 Windows 中，若要恢复回收站中的文件，在选定待恢复的文件后，应选择（　　）命令。

A. 还原　　B. 清空回收站　　C. 删除　　D. 关闭

13. Del 键的作用是（　　）。

A. 退格键　　B. 控制键　　C. 删除字符　　D. 制表定位键

14. Shift 键的作用是（　　）。

A. 输入上档字符　　B. 锁定大写　　C. 删除字符　　D. 锁定数字功能

15. Backspace 键的作用是（　　）。

A. 锁定数字功能　　B. 删除字符　　C. 输入上档字符　　D. 锁定大写

16. Num Lock 键的作用是（　　）。

A. 锁定数字功能　　B. 锁定大写　　C. 删除字符　　D. 输入上档字符

17. 设置屏幕保护程序是为了（　　）。

A. 保护显示器　　B. 增添娱乐性　　C. 好看　　D. 主要看自己的爱好

18. 回收站里的文件或文件夹（　　）。

A. 既能恢复，也可以永久性删除　　B. 只能恢复，不可以永久性删除

C. 只能删除，不能恢复了　　D. 既不能恢复，也不可以永久性删除

19. “复制”命令的快捷键是（　　）。

A. Ctrl＋S　　B. Ctrl＋V　　C. Ctrl＋C　　D. Ctrl＋D

20. 在打开文件夹后，要选择一批非连续文件，在选择了第一个文件后，要按住（　　）键，同时再选择其他文件。

A. Tab　　B. Shift　　C. Alt　　D. Ctrl

答案　1～5：CAAAA　6～10：CBBAD　11～15：AACAB　16～20：AAACD

• 文件管理基础知识

1. 文件系统在创建一个文件时，为它建立一个（　　）。

A. 文件目录　　B. 目录文件

C. 逻辑结构　　D. 逻辑空间

2. 如果文件系统中有两个文件重名，不应采用（　　）。

A. 一级目录结构　　B. 树形目录结构

C. 二级目录结构　　　　　　　　D. A 和 C

3. 文件系统采用二级文件目录可以(　　)。

A. 缩短访问存储器的时间　　　　B. 实现文件共享
C. 节省内存空间　　　　　　　　D. 解决不同用户间的文件命名冲突

4. 文件代表了计算机系统中的(　　)。

A. 硬件　　B. 软件　　C. 软件资源　　D. 硬件资源

5. 特殊文件是与(　　)有关的文件。

A. 文本　　B. 图像　　C. 硬件设备　　D. 二进制数据

6. 文件的存储方法依赖于(　　)。

A. 文件的物理结构　　　　　　　B. 存放文件的存储设备的特性
C. A 和 B　　　　　　　　　　　D. 文件的逻辑

7. 树形目录结构的第一级称为目录树的(　　)。

A. 分支节点　　B. 根节点　　C. 叶节点　　D. 终节点

8. 使用绝对路径名访问文件是从(　　)开始按目录结构访问某个文件。

A. 当前目录　　　　　　　　　　B. 用户主目录
C. 根目录　　　　　　　　　　　D. 父目录

9. 目录文件所存放的信息是(　　)。

A. 某一文件存放的数据信息
B. 某一文件的文件目录
C. 该目录中所有数据文件的目录
D. 该目录中所有子目录文件和数据文件的目录

10. (　　)是指有关操作系统和其他系统程序组成的文件。

A. 系统文件　　B. 档案文件　　C. 用户文件　　D. 顺序文件

11. 按文件用途来分，编辑程序是(　　)。

A. 系统文件　　B. 档案文件　　C. 用户文件　　D. 库文件

12. 由字符序列组成，文件内的信息不再划分结构，这是指(　　)。

A. 流式文件　　　　　　　　　　B. 记录式文件
C. 顺序文件　　　　　　　　　　D. 有序文件

13. Autoexec. bat 文件的逻辑结构形式是(　　)。

A. 字符流式文件　　　　　　　　B. 库文件
C. 记录式文件　　　　　　　　　D. 只读文件

14. 逻辑文件是(　　)的文件组织形式。

A. 在外部设备上　　　　　　　　B. 从用户观点看
C. 虚拟存储　　　　　　　　　　D. 目录

15. 为了对文件系统中的文件进行安全管理，任何一个用户在进入系统时都必须进行注册，这一级管理是(　　)安全管理。

A. 系统级　　B. 用户级　　C. 目录级　　D. 文件级

16. 文件的二级目录结构由(　　)和用户文件目录组成。

A. 主文件目录　　B. 子目录　　C. 根目录　　D. 当前目录

答案　1～5:AADCC 6～10:CBCDA 11～15:AAABA 16:A

五、文字处理基础知识

1. 在 Word 编辑状态,可以使插入点快速移到文档首部的组合键是(　　)。

A. Ctrl＋Home　　B. Alt＋Home　　C. Home　　D. PgUp

2. 在文本编辑状态,执行“开始”选项卡中“剪贴板”功能区中的“复制”命令后(　　)。

A. 将选定的内容复制到插入点

B. 将剪贴板的内容复制到插入点

C. 将选定的内容复制到剪贴板

D. 将选定内容的格式复制到剪贴板

3. 要迅速将插入点定位到第 10 页,可使用查找和替换对话框的(　　)选项卡。

A. 替换　　B. 设备　　C. 定位　　D. 查找

4. 在 Word 中若要删除表格中的某单元格所在行,则应选择“删除单元格”对话框中(　　)。

A. 右侧单元格左移　　B. 下方单元格上移

C. 整行删除　　D. 整列删除

5. 在 Word 2010 中,要复制选定的文档内容,可按住(　　)键,再用鼠标拖曳至指定位置。

A. Ctrl　　B. Shift　　C. Alt　　D. Ins

6. 在 Word 操作过程中能够显示总页数、节号、页号、页数等信息的是(　　)。

A. 状态栏　　B. 标题栏　　C. 功能区　　D. 编辑区

7. 在 Word 编辑状态下,可以显示页眉/页脚的是(　　)。

A. Web 版式视图　　B. 大纲视图　　C. 页面视图　　D. 阅读版式视图

8. 在 Word 环境中,不能显示标尺的视图方式是(　　)。

A. 大纲视图　　B. 草稿视图　　C. Web 版式视图　　D. 页面视图

9. 在 Word 中,如果要使文档内容横向打印,在“页面设置”对话框中应选择的标签是(　　)。

A. 文档网格　　B. 页边距　　C. 纸张　　D. 版式

10. 在 Word 文档中,页眉和页脚上的文字(　　)。

A. 不可以设置其字体、字号、颜色等

B. 可以对其字体、字号、颜色等进行设置

C. 仅可设置字体,不能设置字号和颜色

D. 不能设置段落格式,如行间距、段落对齐方式

11. 在 Word 的编辑状态设置了标尺,可以同时显示水平标尺和垂直标尺的视图方式是(　　)。

A. 页面视图　　B. 大纲视图　　C. Web 版式视图　　D. 阅读版式视图

12. 在 Word 表格中,标题行分别为:姓名,语文,数学,英文,平均分。下面哪个可以计算出每个同学的平均分(　　)。

A. ＝SUM(left)　　B. ＝AVERAGE(left)

C. =SUM(above)　　D. =AVERAGE(above)

13. 在编辑完文档后，需要将其关闭，除了可以用退出 Word 2010 的方法来关闭文档外，还可以通过选择“文件/退出”命令或按(　　)键来关闭文档。

A. Ctrl+F4　　B. Ctrl+F2　　C. Ctrl+F3　　D. Ctrl+F1

14. 在 Word 2010 中，选择“文件”选项卡的“退出”选项时(　　)。

A. 将 Word 2010 中当前活动窗口关闭　　B. 将关闭 Word 2010 下的所有窗口

C. 将退出 Word 2010 系统　　D. 将 Word 2010 当前活动窗口最小化

15. 在 Word 2010 中使用标尺可以直接设置段落缩进，标尺顶部的倒三角形标记代表(　　)。

A. 首行缩进　　B. 悬挂缩进　　C. 左缩进　　D. 右缩进

16. 在 Word 2010 中使用标尺可以直接设置段落缩进，标尺左边的正三角形标记代表(　　)。

A. 首行缩进　　B. 悬挂缩进　　C. 左缩进　　D. 右缩进

17. 在 Word 2010 中使用标尺可以直接设置段落缩进，标尺右边的正三角形标记代表(　　)。

A. 首行缩进　　B. 悬挂缩进　　C. 左缩进　　D. 右缩进

18. 下列哪项不属于 Word 2010 的文本效果(　　)。

A. 轮廓　　B. 阴影　　C. 发光　　D. 三维

19. 在 Word 中若某一段落的行距不特别设置，则由 Word 根据该字符的大小自动调整，此行距称为(　　)行距。

A. 1.5 倍行距　　B. 单倍行距　　C. 固定值　　D. 最小值

20. Word 2010 中的“字体”组属于(　　)功能区。

A. 文件　　B. 开始　　C. 引用　　D. 视图

答案　1～5:ACCCA　6～10:ACABB　11～15:ABAAA　16～20:BDDBB

六、电子表格基础知识

1. 下列关于 Excel 的叙述中，错误的是(　　)。

A. 一个 Excel 文件就是一个工作表

B. 一个 Excel 文件就是一个工作簿

C. 一个工作簿可以有多个工作表

D. 双击某工作表标签，可以对该工作表重新命名

2. 在 Excel 中，一个完整的函数计算包括(　　)。

1. “=”和函数名　　B. 函数名和参数

C. “=”和参数　　D. “=”、函数名和参数

3. 为了区别“数字”和“数字字符串”数据，Excel 要求在输入项前添加(　　)符号来区别。

A. #　　B. @　　C. “　　D. ‘

4. 在 Excel 2010 中，双击某工作表标签将(　　)。

A. 重命名该工作表　　B. 切换到该工作表

C. 删除该工作表　　D. 隐藏该工作表

5. 在 Excel 中，字符型数据的默认对齐方式是(　　)。

A. 左对齐　　B. 右对齐

C. 两端对齐　　D. 视具体情况而定

6. 下列序列中，不能直接利用自动填充快速输入的是(　　)。

A. 星期一、星期二、星期三、……　　B. 第一类、第二类、第三类、……

C. 甲、乙、丙、……　　D. Mon、Tue、Wed、……

7. Excel 的缺省工作簿名称是(　　)。

A. 文档 1　　B. sheet1　　C. book1　　D. DOC

8. 在 Excel 中，工作表的管理是由(　　)来完成的。

A. 文件　　B. 程序　　C. 工作簿　　D. 单元格

9. 在 Excel 的单元格内输入日期时，年、月、日分隔符可以是(　　)。

A. "/"或"-"　　B. "."或"|"

C. "/"或"\"　　D. "\"或"-"

10. Excel 的主要功能是(　　)。

A. 表格处理，文字处理，文件管理

B. 表格处理，网络通信，图表处理

C. 表格处理，数据库管理，图表处理

D. 表格处理，数据库管理，网络通信

11. 全选按钮位于 Excel 2010 窗口的(　　)。

A. 工具栏中　　B. 左上角，行号和列标在此相汇

C. 编辑栏中　　D. 底部，状态栏中

12. 在 Excel 工作表单元格中输入字符型数据 5118，下列输入中正确的是(　　)。

A. '5118　　B. "5118　　C. "5118"　　D. '5118'

13. 以下不属于 Excel 2010 中数字分类的是(　　)。

A. 常规　　B. 货币　　C. 文本　　D. 条形码

14. 在 Excel 2010 中要录入身份证号，数字分类应选择(　　)格式。

A. 常规　　B. 数字(值)　　C. 科学计数　　D. 文本

15. 在 Excel 编辑状态下，若要调整单元格的宽度和高度，利用下列哪种方法更直接、快捷(　　)。

A. 工具栏　　B. 格式

C. 菜单栏　　D. 工作表的行标签和列标签

16. Excel 工作表 G8 单元格的值为 7654.375，执行某些操作之后，在 G8 单元格中显示一串"#"符号，说明 G8 单元格的(　　)。

A. 公式有错，无法计算

B. 数据已经因操作失误而丢失

C. 显示宽度不够，只要调整宽度即可

D. 格式与类型不匹配，无法显示

17. 在 Excel 中，运算符"&"表示(　　)。

A. 逻辑值的与运算　　B. 字符串的比较运算
C. 数值型数据的相加　　D. 字符型数据的连接

18. 在 Excel 中,下列地址为相对地址的是(　　)。
A. $D5　　B. $E$7　　C. C3　　D. F$8

19. 某区域由 A1、A2、A3、B1、B2、B3 六个单元格组成。下列不能表示该区域的是(　　)。
A. A1:B3　　B. A3:B1　　C. B3:A1　　D. A1:B1

20. Excel 中默认的单元格引用是(　　)。
A. 相对引用　　B. 绝对引用　　C. 混合引用　　D. 三维引用

答案　1～5:ADDAA　6～10:BCCAC　11～15:BADDD　16～20:CCCDA

七、演示文稿基础知识

1. PowerPoint 2010 的主要功能是(　　)。
A. 电子演示文稿处理　　B. 声音处理
C. 图像处理　　D. 文字处理

2. 在 PowerPoint 2010 中,添加新幻灯片的快捷键是(　　)。
A. Ctrl+M　　B. Ctrl+N　　C. Ctrl+O　　D. Ctrl+P

3. 下列视图中不属于 PowerPoint 2010 视图的是(　　)。
A. 幻灯片视图　　B. 页面视图
C. 大纲视图　　D. 备注页视图

4. PowerPoint 2010 制作的演示文稿文件扩展名是(　　)。
A. . pptx　　B. . xls　　C. . fpt　　D. . doc

5. (　　)视图是进入 PowerPoint 2010 后的默认视图。
A. 幻灯片浏览　　B. 大纲　　C. 幻灯片　　D. 普通

6. 在 PowerPoint 2010 中,要同时选择第 1、2、5 三张幻灯片,应该在(　　)视图下操作。
A. 普通　　B. 大纲　　C. 幻灯片浏览　　D. 备注页

7. 在 PowerPoint 2010 中,"插入"选项卡可以创建(　　)。
A. 新文件,打开文件　　B. 表、形状与图标
C. 文本左对齐　　D. 动画

8. 在 PowerPoint 2010 中,"设计"选项卡可自定义演示文稿的(　　)。
A. 新文件,打开文件　　B. 表、形状与图标
C. 背景、主题设计和颜色　　D. 动画设计与页面设计

9. 按住(　　)键可以选择多张不连续的幻灯片。
A. Shift　　B. Ctrl　　C. Alt　　D. Ctrl+Shift

10. 按住鼠标左键,并拖动幻灯片到其他位置是进行幻灯片的(　　)操作。
A. 移动　　B. 复制　　C. 删除　　D. 插入

11. 要进行幻灯片页面设置、主题选择,可以在(　　)选项卡中操作。
A. 开始　　B. 插入　　C. 视图　　D. 设计

12. 要对幻灯片母版进行设计和修改时,应在(　　)选项卡中操作。

A. 设计　　B. 审阅　　C. 插入　　D. 视图

13. 从当前幻灯片开始放映幻灯片的快捷键是(　　)。

A. Shift+F5　　B. Shift+F4　　C. Shift+F3　　D. Shift+F2

14. 从第一张幻灯片开始放映幻灯片的快捷键是(　　)。

A. F2　　B. F3　　C. F4　　D. F5

15. 要设置幻灯片中对象的动画效果以及动画的出现方式时,应在(　　)选项卡中操作。

A. 切换　　B. 动画　　C. 设计　　D. 审阅

16. 要设置幻灯片的切换效果以及切换方式时,应在(　　)选项卡中操作。

A. 开始　　B. 设计　　C. 切换　　D. 动画

17. 要在幻灯片中插入表格、图片、艺术字、视频、音频等元素时,应在(　　)选项卡中操作。

A. 文件　　B. 开始　　C. 插入　　D. 设计

18. 要让 PowerPoint 2010 制作的演示文稿在 PowerPoint 2010 中放映,必须将演示文稿的保存类型设置为(　　)。

A. PowerPoint 演示文稿(*. pptx)

B. PowerPoint 97—2010 演示文稿(*. ppt)

C. XPS 文档(*. xps)

D. Windows Media 视频(*. wmv)

19. 在 PowerPoint 2010 中,"审阅"选项卡可以检查(　　)。

A. 文件　　B. 动画　　C. 拼写　　D. 切换

20. 在状态栏中没有显示的是(　　)视图按钮。

A. 普通　　B. 幻灯片浏览　　C. 幻灯片放映　　D. 备注页

答案　1~5:AABAD　6~10:CBCBA　11~15:DDADB　16~20:CCACD

八、数据库应用基础知识

1. 单个用户使用的数据视图的描述称为(　　)。

A. 外模式　　B. 概念模式　　C. 内模式　　D. 存储模式

2. 子模式 DDL 用来描述(　　)。

A. 数据库的总体逻辑结构　　B. 数据库的局部逻辑结构

C. 数据库的物理存储结构　　D. 数据库的概念结构

3. 在 DBS 中,DBMS 和 OS 之间的关系是(　　)。

A. 相互调用　　B. DBMS 调用 OS

C. OS 调用 DBMS　　D. 并发运行

4. 数据库物理存储方式的描述称为(　　)。

A. 外模式　　B. 内模式　　C. 概念模式　　D. 逻辑模式

5. 在下面给出的内容中,不属于 DBA 职责的是(　　)。

A. 定义概念模式　　B. 修改模式结构

C. 编写应用程序　　D. 编写完整性规则

6. 在数据库三级模式间引入二级映像的主要作用是(　　)。

A. 提高数据与程序的独立性　　B. 提高数据与程序的安全性

C. 保持数据与程序的一致性　　D. 提高数据与程序的可移植性

7. DB、DBMS 和 DBS 三者之间的关系是(　　)。

A. DB 包括 DBMS 和 DBS　　B. DBS 包括 DB 和 DBMS

C. DBMS 包括 DB 和 DBS　　D. 不能相互包括

8. DBS 中“第三级存储器”是指(　　)。

A. 磁盘和磁带　　B. 磁带和光盘

C. 光盘和磁盘　　D. 快闪存和磁盘

9. 位于用户和操作系统之间的一层数据管理软件是(　　)。

A. DBS　　B. DB　　C. DBMS　　D. MIS

10. 数据库系统中的数据模型通常由(　　)三部分组成。

A. 数据结构、数据操作和完整性约束　　B. 数据定义、数据操作和安全性约束

C. 数据结构、数据管理和数据保护　　D. 数据定义、数据管理和运行控制

11. CODASYL 组织提出的 DBTG 报告中的数据模型是(　　)的主要代表。

A. 层次模型　　B. 网状模型

C. 关系模型　　D. 实体联系模型

12. 数据库技术的三级模式中,数据的全局逻辑结构用(　　)来描述。

A. 子模式　　B. 用户模式　　C. 模式　　D. 存储模式

13. 用户涉及的逻辑结构用(　　)描述。

A. 模式　　B. 存储模式　　C. 概念模式　　D. 子模式

14. 数据库的开发控制、完整性检查、安全性检查等是对数据库的(　　)。

A. 设计　　B. 保护　　C. 操纵　　D. 维护

15. (　　)是控制数据整体结构的人,负责三级结构定义和修改。

A. 专业用户　　B. 应用程序员　　C. DBA　　D. 一般用户

16. 文件系统的一个缺点是(　　)。

A. 数据不保存　　B. 数据冗余性

C. 没有专用软件对数据进行管理　　D. 数据联系强

17. (　　)完成对数据库数据的查询与更新。

A. DCL　　B. DDL　　C. DML　　D. DQL

18. 关系模型的程序员不需熟悉数据库的(　　)。

A. 数据操作　　B. 完整性约束条件　　C. 存取路径　　D. 数据定义

19. DBMS 提供 DML 实现对数据的操作。可以独立交互使用的 DML 称为(　　)。

A. 宿主型　　B. 独立型　　C. 自含型　　D. 嵌入型

20. DBMS 提供 DML 实现对数据的操作。嵌入高级语言中使用的 DML 称为(　　)。

A. 自主型　　B. 自含型　　C. 宿主型　　D. 交互型

答案　1～5:ABBBC　6～10:ABBCA　11～15:BCDBC　16～20:BCCCC

九、计算机网络应用基础知识

1. 根据报文交换的基本原理,可以将其交换系统的功能概括为(　　)。

A. 存储系统　　B. 转发系统

C. 存储-转发系统　　D. 传输-控制系统

2. TCP/IP 网络类型中，提供端到端的通信的是(　　)。

A. 应用层　　B. 传输层　　C. 网络层　　D. 网络接口层

3. 网卡可以完成(　　)功能。

A. 物理层　　B. 数据链路层

C. 物理和数据链路层　　D. 数据链路层和网络层

4. 当数据由计算机 A 传送至计算机 B 时，不参与数据封装工作的是(　　)。

A. 物理层　　B. 数据链路层

C. 应用层　　D. 表示层

5. CSMA/CD 是 IEEE 802.3 所定义的协议标准，它适用于(　　)。

A. 令牌环网　　B. 令牌总线网　　C. 网络互联　　D. 以太网

6. 100BASE-TX 中，所用的传输介质是(　　)。

A. 3 类双绞线　　B. 5 类双绞线

C. 1 类屏蔽双绞线　　D. 任意双绞线

7. 当采用点对点的通信方式将两个局域网互联时一般使用的连接设备是(　　)。

A. 放大器　　B. 网桥　　C. 路由器　　D. 中继器

8. 路由器工作在 OSI 模型的(　　)。

A. 网络层　　B. 传输层　　C. 数据链路层　　D. 物理层

9. 在 Windows 95 的 TCP/IP 网络中，对 IP 地址可以(　　)。

A. 通过 DHCP 和 DNS 设定　　B. 通过 DHCP 和人工设定

C. 通过子网掩码　　D. 默认网关设定

10. 下列关于 TCP 和 UDP 的描述正确的是(　　)。

A. TCP 和 UDP 均是面向连接的

B. TCP 和 UDP 均是无连接的

C. TCP 是面向连接的，UDP 是无连接的

D. UDP 是面向连接的，TCP 是无连接的

11. 在 PC 上安装 Modem 时，它们之间采用的主要接口标准是(　　)。

A. X.25　　B. RJ11　　C. RS232　　D. DRJ45

12. PC 通过远程拨号访问 Internet，除了要有一 PC 和一个 Modem 之外，还要有(　　)。

A. 一块网卡和一部电话机

B. 一条有效的电话线

C. 一条有效的电话线和一部电话机

D. 一个 HUB

13. Windows NT 是以(　　)方式集中管理并组织网络的。

A. 工作组　　B. 域　　C. 客房服务　　D. 服务器

14. 在配置一个电子邮件客户程序时，需要配置(　　)。

A. SMTP 以便可以发送邮件，POP 以便可以接收邮件

B. POP 以便可以发送邮件,SMTP 以便可以接收邮件

C. SMTP 以便可以发送和接收邮件

D. POP 以便可以发送和接收邮件

15. 域名服务 DNS 的主要功能为(　　)。

A. 通过查询获得主机和网络的相关信息

B. 查询主机的 MAC 地址

C. 查询主机的计算机名

D. 合理分配 IP 地址的使用

16. 关于 IP 地址 192.168.0.0～192.168.255.255 的正确说法是(　　)。

A. 它们是标准的 IP 地址,可以从 Internet 的 NIC 分配使用

B. 它们已经被保留在 Internet 的 NIC 内部使用,不能够对外分配使用

C. 它们已经留在美国使用

D. 它们可以被任何企业用于企业内部网,但是不能够用于 Internet

17. WWW 是 Internet 上的一种(　　)。

A. 浏览器　　B. 协议　　C. 协议集　　D. 服务

18. HTML 中用于指定超链接的 tag 是(　　)。

A. A　　B. LINK　　C. HRED　　D. HLINK

19. 有关 ASP 和 JavaScript 的正确描述是(　　)。

A. 两者都能够在 Web 浏览器上运行

B. ASP 在服务器端执行,而 JavaScript 一般在客户端执行

C. JavaScript 在服务器端执行,而 ASP 一般在客户端执行

D. 它们是两种不同的网页制作语言,在制作网页时一般选择其一

20. 第二代计算机网络的主要特点是(　　)。

A. 主机与终端通过通信线路传递数据

B. 网络通信的双方都是计算机

C. 各计算机制造厂商网络结构标准化

D. 产生了网络体系结构的国际化标准

答案　1～5:CBCAD　6～10:BBABC　11～15:CBBAA　16～20:DDCBB

十、信息安全基础知识

1. 利用暴力或非暴力手段攻击破坏信息系统的安全,便构成计算机犯罪。其犯罪的形式有多种。有人在计算机内有意插入程序,在特定的条件下触发该程序,使整个系统瘫痪或删除大量的信息。这种犯罪形式属于(　　)。

A. 数据欺骗　　B. 逻辑炸弹　　C. 监听窃取　　D. 超级冲击

2. 软件运行时使用了不该使用的命令导致软件出现故障,这种故障属于(　　)。

A. 配置性故障　　B. 兼容性故障　　C. 操作性故障　　D. 冲突性故障

3. 以下关于计算机维护的叙述中,不正确的是(　　)。

A. 闪电或雷暴时应关闭计算机和外设

B. 数据中心的 UPS 可在停电时提供备份电源

C. 注意保持 PC 机和外设的清洁

D. 磁场对电脑的运行没有影响

4. 软件发生故障后，往往通过重新配置、重新安装或重启电脑后可以排除故障。软件故障的这一特点称为(　　)。

A. 功能性错误　　B. 随机性　　C. 隐蔽性　　D. 可恢复性

5. 电脑安全防护措施不包括(　　)。

A. 定期查杀病毒和木马　　B. 及时下载补丁并修复漏洞

C. 加强账户安全和网络安全　　D. 每周清理垃圾和优化加速

6. (　　)不属于保护数据安全的技术措施。

A. 数据加密　　B. 数据备份　　C. 数据隔离　　D. 数据压缩

7. 信息系统通常会自动实时地将所有用户的操作行为记录在日志中，其目的是使系统安全运维(　　)。

A. 有法可依　　B. 有据可查，有迹可循

C. 有错可训　　D. 有备份可恢复

8. 计算机网络中，防火墙的功能不包括(　　)。

A. 防止某个设备的火灾蔓延到其他设备

B. 对网络存取以及访问进行监控和审计

C. 根据安全策略实施访问限制，防止信息外泄

D. 控制网络中不同信任程度区域间传送的数据流

9. 同一台计算机上同时运行多种杀毒软件的结果不包括(　　)。

A. 不同的软件造成冲突　　B. 系统运行速度减慢

C. 占用更多的系统资源　　D. 清除病毒更为彻底

10. 信息系统的安全环节很多，其中最薄弱的环节是(　　)，最需要在这方面加强安全措施。

A. 硬件　　B. 软件　　C. 数据　　D. 人

11. (　　)不属于信息安全技术。

A. 加密技术　　B. 数字签名技术

C. 电子商务技术　　D. 认证技术

12. 在使用计算机的过程中应增强的安全意识中不包括(　　)。

A. 密码最好用随机的六位数字

B. 不要点击打开来历不明的链接

C. 重要的数据文件要及时备份

D. 不要访问吸引人的非法网站

13. 人工智能(AI)时代，人类面临许多新的安全威胁。以下(　　)不属于安全问题。

A. AI 可能因为学习了有问题的数据而产生安全隐患或伦理缺陷

B. 黑客入侵可能利用 AI 技术使自动化系统故意犯罪，造成危害

C. 由于制度漏洞和监管不力，AI 系统可能面临失控，造成损失

D. AI 技术在某些工作、某些能力方面超越人类，淘汰某些职业

14. 关于 20 世纪 80 年代 Mirros 蠕虫危害的描述错误的是(　　)。

A. 该蠕虫利用UNIX系统上的漏洞传播

B. 窃取用户的机密信息，破坏计算机数据文件

C. 占用了大量的计算机处理器的时间，导致拒绝服务

D. 大量的流量堵塞了网络，导致网络瘫痪

15. 以下关于DOS攻击的描述正确的是(　　)。

A. 不需要侵入受攻击的系统

B. 以窃取目标系统上的机密信息为目的

C. 导致目标系统无法处理正常用户的请求

D. 如果目标系统没有漏洞，远程攻击就不可能成功

16. 许多黑客攻击都是利用软件实现中的缓冲区溢出的漏洞，对于这一威胁，最可靠的解决方案是(　　)。

A. 安装防火墙　　B. 安装入侵检测系统

C. 给系统安装最新的补丁　　D. 安装防病毒软件

17. 下面哪个功能属于操作系统中的安全功能(　　)。

A. 控制用户的作业排序和运行

B. 实现主机和外设的并行处理以及异常情况的处理

C. 保护系统程序和作业，禁止不合要求的对程序和数据的访问

D. 对计算机用户访问系统和资源的情况进行记录

18. 下面哪个功能属于操作系统中的日志记录功能(　　)。

A. 控制用户的作业排序和运行

B. 以合理的方式处理错误事件，而不至于影响其他程序的正常运行

C. 保护系统程序和作业，禁止不合要求的对程序和数据的访问

D. 对计算机用户访问系统和资源的情况进行记录

19. Windows NT 提供的分布式安全环境又被称为(　　)。

A. 域(Domain)　　B. 工作组　　C. 对等网　　D. 安全网

20. 下面哪一个情景属于身份验证(Authentication)过程(　　)。

A. 用户依照系统提示输入用户名和口令

B. 用户在网络上共享了自己编写的一份Office文档，并设定哪些用户可以阅读，哪些用户可以修改

C. 用户使用加密软件对自己编写的Office文档进行加密，以阻止其他人得到这份拷贝后看到文档中的内容

D. 某个人尝试登录到你的计算机中，但是口令输入不对，系统提示口令错误，并将这次失败的登录过程记录在系统日志中

答案　1～5:BCDDD　6～10:DBADD　11～15:CADBC　16～20:CCDAA

十一、有关法律法规基本知识

1. 在我国，对下列知识产权保护类型的保护期限最长的是(　　)。

A. 发明专利　　B. 外观设计专利

C. 公民的作品发表权　　D. 实用新型专利

2. 某软件公司规定，该公司软件产品的版本号由二至四个部分组成：主版本号.次版本号[.内部版本号][.修订号]。对该公司同一软件的以下四个版本号中最新的版本号是(　　)。

A. 4.6.3　　B. 5.0　　C. 5.2　　D. 4.7.2.3

3.《数据中心设计规范》GB 50174—2017 属于(　　)。

A. 国际标准　　B. 国家强制标准

C. 国家推荐标准　　D. 行业标准

4. 我国的信息安全法律法规包括国家法律、行政法规和部门规章及规范性文件等。属于部门规章及规范性文件的是(　　)。

A. 全国人民代表大会常务委员会通过的《关于维护互联网安全的决定》

B. 国务院发布的《中华人民共和国计算机信息系统安全保护条例》

C. 国务院发布的《中华人民共和国计算机信息网络国际联网管理暂行规定》

D. 公安部发布的《计算机病毒防治管理办法》

5.《信息安全技术 云计算服务安全指南》(GB/T 31167—2014) 属于(　　)。

A. 国际标准　　B. 国家强制标准

C. 国家推荐标准　　D. 行业标准

6. “互联网＋制造”是实施《中国制造 2025》的重要措施。以下对“互联网＋制造”主要特征的叙述中，不正确的是(　　)。

A. 数字技术得到普遍应用，设计和研发实现协同与共享

B. 通过系统集成，打通整个制造系统的数据流、信息流

C. 企业生产将从以用户为中心向以产品为中心转型

D. 企业、产品和用户通过网络平台实现连接和交互

7. 下列选项中，不受《著作权法》保护的作品是(　　)。

A. 电视节目预告表

B. WPS 2000 计算机文字处理软件

C. 某单位创作的北京市地图

D. 某艺术家创作的雕塑

8. 下列选项中，受《著作权法》保护的作品是(　　)。

A. 王某拍摄的淫秽录像带

B. 歌唱家即兴创作并表演的歌曲

C.《中华人民共和国合同法》的官方英文版译文

D. 通用表格

9.《著作权法》规定的“作品”是指(　　)。

A. 文学、艺术和科学领域内的以某种形式复制的智力创作成果

B. 文学、艺术和科学领域内，具有新颖性的以某种有形形式复制的智力创作成果

C. 文学、艺术和科学领域内，具有独创性并能以某种有形形式复制的智力创作成果

D. 文学、艺术和科学领域内，具有独创性的以某种有形形式复制的智力创作成果

10. 下列属于《著作权法》保护客体的是(　　)。

A.《红楼梦》　　B.《三国演义》　　C.《西游记》　　D. 莫言的小说《红高粱》

11. 自然人所有的计算机软件著作权的保护期限为（　　）。

A. 25 年　　B. 50 年

C. 作者终生及死后 50 年　　D. 40 年

12. 根据《计算机软件保护条例》的规定，计算机软件著作权要符合何种情况才能得到保护？（　　）

A. 作品发表

B. 作品创作完成即可

C. 作品创作完成并固定在某种有形物体上

D. 在作品上加注版权标记

13. 根据《著作权法》规定，中国公民的著作权在下列何种情况下产生？（　　）

A. 随作品的发表而自动产生

B. 随作品的创作完成而自动产生

C. 在作品以一定物质形态固定后自动产生

D. 在作品上加注版权标记后自动产生

14. 在下列选项中，不属于著作权客体的有（　　）。

A. 政府公告　　B. 计算机软件　　C. 小说　　D. 公共讲堂的演说

15. 根据《著作权法》的规定，下列作品中，不属于著作权客体的作品是（　　）。

A. 文字作品　　B. 工程设计

C. 历法、数表、通用表格和公式　　D. 计算机软件

16. 某电视台摄制电视剧《天龙八部》，编剧唐某根据金庸撰写的《天龙八部》创作了剧本，演员黄某在剧中扮演乔峰，该电视剧的著作权归谁享有？（　　）

A. 唐某　　B. 电视台　　C. 黄某　　D. 金庸

17. 胡某写了一篇长篇小说，题为《爱火难消》。某地方电视台未经胡某许可，也未向胡某支付报酬，将该作品改编成题为《干柴烈火》的情景喜剧。那么该电视台未侵犯胡某的哪种权利？（　　）

A. 发表权　　B. 著作权　　C. 改编权　　D. 获得报酬权

18. 王某由所在单位安排，承接了一个国家软科学研究项目，在工作期间出版了一本有关企业管理方面的专著并获稿费 6000 元，此稿酬应归谁所有？（　　）

A. 应全部归王某所在单位

B. 归王某所有，但王某应缴纳个人所得税

C. 归王某所有，由王某所在单位缴纳所得税

D. 归王某所在单位，但应拿出一部分奖励王某

19. 某出版社 1997 年 4 月 9 日收到某作家以挂号邮件寄来的一部小说书稿。至同年 10 月 9 日，出版社未给予任何答复。对上述情况，下列说法哪一个是正确的？（　　）

A. 出版社的沉默应视为已同意采用，该作家有权要求出版社正式签订合同

B. 出版社的沉默应视为不同意采用，该作家仅有权要求出版社退还原稿

C. 出版社还有三个月法定期限决定采用或不采用，该作家现在无权对出版社提出签约或退稿的要求

D. 出版社未在法定期限内做出采用或不采用的答复，该作家有权要求出版社退回原稿

和给予经济补偿

20. 甲厂以招标方法向社会公开征集企业形象标识设计。最后，甲厂职工乙的设计稿被选用作为企业形象标识。乙设计的标识属于(　　)。

A. 受工厂委托而创作的作品

B. 为完成工厂的工作任务而创作的职务作品

C. 由工厂主持并代表工厂意志创作的法人作品

D. 不受《著作权法》保护的作品

答案　1～5:CCBDC 6～10:CABCD 11～15:CCBAC 16～20:BABBA

十二、信息处理实务

1.(　　)是企业为提高核心竞争力，利用相应的信息技术以及互联网技术协调企业与客户间在营销和服务上的交互，从而提升其管理方式，向客户提供创新式的个性化的客户交互和服务的过程。

A. 客户关系管理(CRM)　　B. 供应链管理(SCM)

C. 企业资源计划(ERP)　　D. 计算机辅助制造(CAM)

2. 以下关于企业信息处理的叙述中，不正确的是(　　)。

A. 数据处理是简单重复劳动　　B. 数据是企业的重要资源

C. 信息与噪声共存是常态　　D. 信息处理需要透过数据看本质

3. 撰写数据统计分析报告的要求不包括(　　)。

A. 要选择适当数据来说明预定的意图

B. 要说明调查对象的选择以及数据的来源

C. 要说明采用的统计方法和工具

D. 要通俗地解释数据统计分析的结论

4. 企业数字化转型是指企业在数字经济环境下，利用数字化技术和能力实现业务的转型、创新和增长。企业数字化转型的措施不包括(　　)。

A. 研究开发新的数字化产品和服务

B. 创新客户体验，提高客户满意度

C. 重塑供应链和分销链，去中介化

D. 按不断增长的数字指标组织生产

5. 在信息改编与重组中，编制简报资料、年鉴名录与数据手册采用的方法是(　　)。

A. 比较法　　B. 综述法　　C. 摘录法　　D. 汇编法

6. 统计分析的功能只有通过(　　)才能得以体现。

A. 统计工作者　　B. 统计数据　　C. 统计分析报告　　D. 统计机构

7. 企业上云就是企业采用云计算模式部署信息系统。企业上云已成为企业发展的潮流，其优势不包括(　　)。

A. 将企业的全部数据、科研和技术都放到网上，以利共享

B. 全面优化业务流程，加速培育新产品、新模式、新业态

C. 从软件、平台、网络等各方面，加快两化深度融合步伐

D. 有效整合优化资源，重塑生产组织方式，实现协同创新

8. 电子商务网站上可以收集到大量客户的基础数据、交易数据和行为数据。以下数据中，(　　)不属于行为数据。

A. 会员信息　　B. 支付偏好　　C. 消费途径　　D. 消费习惯

9. 做社会调查时，问卷题型中一般不包括(　　)。

A. 开放题　　B. 多选题　　C. 排序题　　D. 填空题

10. 为支持各级管理决策，信息处理部门提供的数据不能过于简化，也不能过于烦琐，不要提供大量不相关的数据。这是信息处理的(　　)要求。

A. 准确性　　B. 适用性　　C. 经济性　　D. 安全性

11. 企业信息化总体架构的核心部分包括业务架构、信息架构、应用架构和技术架构四个部分，其中面向最终用户的是(　　)。

A. 业务架构　　B. 信息架构　　C. 应用架构　　D. 技术架构

12. 处理海量数据时，删除重复数据的作用不包括(　　)。

A. 加快数据检索　　B. 提升存储空间利用率
C. 防止数据泄露　　D. 降低存储扩展的成本

13. 企业建立生产和库存管理系统的目的不包括(　　)。

A. 提高生产效率并降低成本　　B. 改进产品并提高服务质量
C. 改进决策过程提高竞争力　　D. 向社会展示企业新的形象

14. 对数据分析处理人员的素质要求不包括(　　)。

A. 业务理解能力和数据敏感度　　B. 逻辑思维能力
C. 细心、耐心和交流能力　　D. 速算能力

15. 某机构准备发布中国互联网发展年度报告。报告分四个方面：全网概况、访问特征、渠道分析和行业视角。用户 24 小时上网时间分布应属于(　　)方面的内容。

A. 全网概况　　B. 访问特征　　C. 渠道分析　　D. 行业视角

16. 某企业信息处理技术员小王总结的以下几条工作经验中，(　　)并不正确。

A. 工作认真细致，态度严谨负责，客观评价问题
B. 逻辑思维清晰，对业务和实际情况有足够了解
C. 要有好奇心，善于发现数据背后隐藏的秘密
D. 尽量采用高级的处理方法，展示自己的能力

17. 数据处理是连接调查实施和统计数据分析的桥梁，其重大意义表现在(　　)。

A. 有利于发现调查工作中的不足　　B. 有利于提高信息资料的价值
C. 能够解决调查工作中的不足　　D. 能够直接得到统计分析结果

18. 标准化的作用不包括(　　)。

A. 项目各阶段工作有效衔接　　B. 提高项目管理的整体水平
C. 保障系统建设科学的预期　　D. 充分发挥各成员的创造性

19. 某商场统计了每个月的销售总额，坚持了多年，每次公布上月销售额时，还都采用同比和环比概念与历史数据进行对比。以下叙述中，正确的是(　　)。

A. 今年 9 月的销售额与去年 9 月相比的增长率，属于环比
B. 今年 9 月的销售额与今年 8 月相比的增长率，属于同比
C. 环比体现了较短期的趋势，同比体现了较长期的趋势

D. 同比往往受旺季和淡季影响而失去比较意义

20. 信息技术对传统教育方式带来了深刻的变化。以下叙述中，不正确的是(　　)。

A. 学习者可以克服时空障碍，实现随时、随地、随愿学习

B. 给学习者提供宽松的、内容丰富的、个性化的学习环境

C. 通过信息技术与学科教学的整合，激发学生的学习兴趣

D. 教育信息化的发展使学校各学科全部转型为电子化教育

答案　1～5:AAADD 6～10:CAACB 11～15:CCDDB 16～20:DBDCD

十三、专业英语

1. A(　　)copy is a copy of a current file made in order to protect against loss or damage.

A. soft　　B. file　　C. hard　　D. backup

2. The most commonly used tool in the design phase is the(　　).

A. topology chart　　B. flowcharts

C. object-relationship chart　　D. structure chart

3. (　　)refers to the parts of the computer that you can see and touch.

A. Hardware　　B. Instruction　　C. Hardship　　D. Software

4. If we want to retrieve data from the database with SQL, we should use the command of(　　).

A. insert　　B. update　　C. delete　　D. select

5. Which of the following is not the stages of programming? (　　)

A. Print the program.　　B. Debug the program.

C. Compile the program.　　D. Write a program.

6. Multimedia will become increasingly(　　)throughout every aspect of our lives.

A. precise　　B. pervasive　　C. permit　　D. pass

7. Communication through the Internet, the(　　)performs the reverse function.

A. CRT

B. a station controller (STACO)

C. data communications equipment (DCE)

D. DTE

8. High-level languages must first be translated into a(n)(　　)language before they can be understood and processed by a computer.

A. advanced　　B. common　　C. machine　　D. usual

9. Data(　　)can reduce the amount of data sent or stored by partially eliminating inherent redundancy.

A. compression　　B. configuration　　C. conversion　　D. compilation

10. What does Tim Berners-Lee's description about Web 2.0 mean? (　　)

A. Web 2.0 is an entirely new concept.

B. Web 2.0 is very popular now.

C. Web 2.0 is not defined clearly.

D. Web 2.0 is an revolution in the World Wide Web

11. E-commerce do business through (　　).

A. wire-photo　　B. face-to-face meeting

C. computer　　D. Internet and EDI

12. When a(　　)is used, all the devices in the network are connected to a single cable.

A. network　　B. bus network

C. star network　　D. ring network

13. A(　　)is used to communicate with another computer over telephone lines.

A. mouse　　B. printer　　C. keyboard　　D. modem

14. J2EE is a single-language platform; calls from/to objects in other languages are possible through(　　), but this kind of support is not a ubiquitous part of the platform.

A. CLR　　B. IIS　　C. OMG　　D. CORBA

15. (　　)as a significant majority of market share in the desktop.

A. Mac OS　　B. UNIX

C. Microsoft Windows　　D. Linux

16. Primary memory is stored on chips located(　　).

A. on the CPU　　B. outside

C. inside the processor　　D. on the motherboard

17. What does "neural network" mean? (　　)

A. 精神网　　B. 自然网络　　C. 神经网络　　D. 社会网络

18. Hardware components are used for the purpose of (　　).

A. central processing　　B. output

C. input　　D. all of the above

19. Small as it is, a personal computer can perform the same program instructions as (　　).

A. typewriter　　B. printers

C. larger computers　　D. human beings

20. The(　　)hidden in the infected system does not break out immediately; instead, it needs certain time or some condition before it breaks out.

A. virus　　B. file　　C. data　　D. software

答案　1～5:DDADA　6～10:BCCAD　11～15:DBDDC　16～20:DCDCA

参考文献

[1] 陈晓文,熊曾刚,王曙霞.大学计算机基础实验教程[M].2版.北京:清华大学出版社,2020.

[2] 卜言彬,陈婷,杨艳.大学计算机基础实验教程[M].2版.北京:人民邮电出版社,2020.

[3] 胡莹.计算机应用基础(项目式教程)[M].北京:机械工业出版社,2017.

[4] 杨剑宁.大学生计算机基础[M].北京:清华大学出版社,2019.

[5] 熊曙初.大学计算机基础习题与实验指导[M].北京:高等教育出版社,2018.

[6] 张莉,孙培锋.计算机应用基础项目式教程[M].上海:复旦大学出版社,2018.

[7] 程晓锦,等.大学计算机基础实验指导[M].北京:清华大学出版社,2017.

[8] 吴勇,周虹.大学计算机基础实践教程[M].3版.苏州:苏州大学出版社,2017.

[9] 孙姜燕.信息处理技术员教程[M].3版.北京:清华大学出版社,2018.

[10] 王亚平.信息处理技术员考试辅导教程[M].北京:清华大学出版社,2012.